# 工程合同法律制度

主　编　宇德明

参　编　张彦春　陈赛君

中南大学出版社
www.csupress.com.cn

**图书在版编目(CIP)数据**

工程合同法律制度/宇德明主编. —长沙：中南大学出版社,2015.4
ISBN 978－7－5487－1468－2

Ⅰ.工...　Ⅱ.宇...　Ⅲ.建筑工程－经济合同－合同法－中国
Ⅳ.D923.6

中国版本图书馆 CIP 数据核字(2015)第 088412 号

## 工程合同法律制度

主编　宇德明

| | |
|---|---|
| □责任编辑 | 刘颖维 |
| □责任印制 | 易红卫 |
| □出版发行 | 中南大学出版社 |

社址：长沙市麓山南路　　　邮编：410083
发行科电话：0731-88876770　传真：0731-88710482

□印　　装　长沙印通印刷有限公司

| | | | | | |
|---|---|---|---|---|---|
| □开　本 | 787×1092　1/16 | □印张 15.5 | □字数 395 千字 | □插页 | |
| □版　次 | 2015 年 5 月第 1 版 | □2015 年 5 月第 1 次印刷 | | | |
| □书　号 | ISBN 978－7－5487－1468－2 | | | | |
| □定　价 | 42.00 元 | | | | |

# 普通高校土木工程专业系列精品规划教材

# 编审委员会

# 总 序

土木工程是促进我国国民经济发展的重要支柱产业。近30年来，我国公路、铁路、城市轨道交通等基础设施以及城市建筑进入了高速发展阶段，以高速、重载和超高层为特征的建设工程的安全性、经济性和耐久性等高标准要求向传统的土木工程设计、施工技术提出了严峻挑战。面对新挑战，国内、外土木工程行业的设计、施工、养护技术人员和科研工作者在工程实践和科学研究工作中，不断提出创新理念，积极开展基础理论和技术创新，研发了大量的新技术、新材料和新设备，形成了成套设计、施工和养护的新规范和技术手册，并在工程实践中大范围应用。

土木工程行业日新月异的发展，对现代土木工程专业技术人才培养提出了迫切需求。教材建设和教学内容是人才培养的重要环节。为面向普通高校本科生全面、系统和深入阐述公路、铁路、城市轨道交通以及建筑结构等土木工程领域的基础理论和工程技术成果，由中南大学出版社、中南大学土木工程学院组织国内土木工程领域一批专家、学者组成"普通高校土木工程专业系列精品规划教材"编审委员会，共同编写这套系列教材。通过多次研讨，确定了这套土木工程专业系列教材的编写原则。

**1. 系统性**

本系列教材以《土木工程指导性专业规范》为指导，教材内容满足城乡建筑、公路、铁路以及城市轨道交通等领域的建筑工程、桥梁工程、道路工程、铁道工程、隧道与地下工程和土木工程管理等方向的需求。

**2. 先进性**

本系列教材与21世纪土木工程专业人才培养模式的研究成果密切结合，既突出土木工程专业理论知识的传承，又尽可能全面反映土木工程领域的新理论、新技术和新方法，注重各门内容的充实与更新。

**3. 实用性**

本系列教材针对90后学生的知识与素质特点，以应用性人才培养为目标，注重理论知识与案例分析相结合，传统教学方式与基于现代信息技术的教学手段相结合，重点培养学生的工程实践能力，提高学生的创新素质。这套教材不仅是面向普通高校土木工程专业本科生的课程教材，还可作为其他层次学历教育和短期培训的教材和广大土木工程技术人员的专业参考书。

## 4. 严谨性

本系列教材的编写出版要求严格按国家相关规范和标准执行，认真把好编写人员遴选关、教材大纲评审关、教材内容主审关和教材编辑出版关，尽最大努力提高教材编写质量，力求出精品教材。

根据本套系列教材的编写原则，我们邀请了一批长期从事土木工程专业教学的一线教师负责本系列教材的编写工作。但是，由于我们的水平和经验所限，这套教材的编写肯定有不尽人意的地方，敬请读者朋友们不吝赐教。编委会将根据读者意见、土木工程发展趋势和教学手段的提升，对教材进行认真修订，以期保持这套教材的时代性和实用性。

最后，衷心感谢全套教材的参编同仁，由于你们的辛勤劳动，编撰工作才能顺利完成。真诚感谢中南大学校领导、中南大学出版社领导和编辑们，由于他们的大力支持和辛勤工作，本套教材才能够如期与读者见面。

2014 年 7 月

# 前　言

　　我国正在完善社会主义市场经济体制，市场将在资源配置中发挥决定性作用。市场经济是法治经济，是合同经济。通过合同，能够有效维系工程项目的各个参与方在工程项目实施过程中形成的技术、经济、管理方面的协作关系，并将这些关系建立在法律基础上，确保工程项目顺利实施。工程项目参建各方在建设协作过程中，必须遵守相关法律法规的规定，严格依合同办事。因此，合同是实现工程项目目标的基本和主要法律手段。

　　根据高等学校工程管理专业指导委员会即将发布的《高等学校工程管理本科指导性专业规范》，高等学校工程管理本科专业培养目标是：培养适应社会主义现代化建设需要，德、智、体、美全面发展，掌握土木工程或其他工程领域的技术知识，掌握与工程管理相关的管理、经济和法律等基础知识，具备较高的专业综合素质与能力，具有职业道德、创新精神和国际视野，能够在土木工程或其他工程领域从事全过程工程管理的高级专门人才。依法管理工程项目，依法订立、履行和管理建设工程合同，依法进行工程项目交易是我国依法治国战略极为重要的组成部分，也是这一战略在工程建设领域的具体体现。因此，工程管理本科专业的学生必须掌握依法管理工程项目所必备的法律知识体系并具备相应的素质和能力。工程合同法律制度是该法律知识体系中不可缺少的重要组成部分。

　　本书以我国现行《民法通则》、《合同法》、《建筑法》、《招标投标法》、《担保法》、《保险法》、《仲裁法》、《民事诉讼法》等法律法规、最高人民法院相关司法解释及工程合同示范文本为依据，全面阐述我国工程合同法律制度体系。全书包括9章，分别为：第1章导论；第2章合同法基本理论，包括合同订立，合同效力，合同履行，合同保全，合同变更、转让和终止，违约责任及其承担等理论；第3章建设工程勘察设计合同；第4章建设工程施工合同；第5章建设工程相关合同（包括工程监理合同、工程咨询合同、租赁合同、融资租赁合同、工程物资采购合同和借款合同）；第6章工程担保法律制度；第7章工程保险法律制度；第8章工程合同争议解决制度；第9章建设工程合同纠纷典型案例（包括1个勘察合同纠纷案例，1个设计合同纠纷案例，3个施工合同纠纷案例）。各章内容相互联系，是一个有机整体。每章后有重点与难点、思考与练习两部分内容。建议本教材的总教学时数为32学时。

　　本书可作为高等院校工程管理、工程造价、房地产开发与管理、物业管理专业本科生教材。对土木工程本科专业师生，建设单位、勘察设计单位、施工单位、监理单位的经营管理人员和合同管理人员，本书亦有重要参考价值。

　　本书由中南大学宇德明教授主编，参编人员有张彦春副教授（参编第9章）和陈赛君老师

（参编第1章、第2章、第3章、第6章）。任巧娟、刘洋和马富晓参与了本书的资料收集、整理和文字输入、校对等工作。笔者对他们以及本书参考文献的作者表示衷心感谢。同时，本书的出版得到了中南大学出版社和中南大学土木工程学院大力支持。对这些单位，笔者表示衷心感谢。

由于作者水平有限，书中如有错误和不妥之处，欢迎读者指正。

宇德明
2015 年 2 月

# 目　录

# 第1章
# 导论

## 1.1　合同概述

### 1.1.1　合同的概念及特征

**1. 合同的概念**

合同又称合约、契约，如买卖合同等，是当事人意思表示一致而成立的法律行为。广义的合同是指以确定当事人之间的权利、义务为内容的协议，凡是确定权利义务关系的协议都是广义合同。狭义的合同仅指民事合同，即设立、变更、终止民事权利义务关系的协议。《合同法》第2条规定："本法所称合同是平等主体的自然人、法人、其他组织之间设立、变更、终止民事权利义务关系的协议。婚姻、收养、监护等有关身份关系的协议，适用其他法律的规定。"

本质上，合同是合同双方或者多方当事人的一种合意或者协议的意思表示。这种合意或者协议的目的，是为了完成合同主体双方或者多方之间的民事交易或者利益互换，因此，理解合同的第一要点，是要关注和观察合同存在与适用的目的，即为了民事交易或者利益互换，合同是一种交换工具或者手段。

理论上，合同是产生债的一种最普遍和重要的根据，故又称之为债权合同。《合同法》所规定的合同，都属于债权合同范围。在《经济合同法》(已废止)的年代，合同被界定为经济合同，以"为实现一定的经济目的"或者"经济利益"为合同定义的核心。

**2. 合同的特征**

(1)合同是一种协议

汉语中，"协"具有协商、协作、共同合作等含义，"议"具有意见、提议、商议等含义，"协议"是当事人之间形成合意的产物，合同的成立必须有双方或多方当事人从自身利益的角度出发做出某种意思表示，各意思表示经过各方当事人在平等、自愿基础上的协议，最终达成一致。因此，合同是法律地位平等的民事主体协商一致的结果，是交易当事人意思表示一致的协议。

(2)合同主体地位具有平等性

合同的实质是主体之间达成协商一致的协议，因此必须进行充分地、自愿地沟通协商，自由地表达自己的意愿，其前提是当事人之间的法律地位平等。合同当事人各方，不论是组织或是个人，不论实力强弱、级别高低、条件好坏，也不论所有制形式或行政上有无隶属关系，都是平等的当事人，合同关系中没有领导与被领导、命令与服从的关系，作为平等的民事主体的法人、非法人组织、自然人都可作为合同当事人。

（3）合同是一种民事法律行为

合同的订立并非仅仅是建立人与人之间的某种联系，也不单单是一种经济联系，而是建立一种以权利义务为内容的法律关系，是一种民事法律行为，以意思表示为要素，并且按意思表示的内容赋予法律效果，因此是民事法律行为，是平等主体的自然人、法人和其他组织实施的民事法律行为。

（4）合同以确定民事权利义务为目的

作为一种民事法律行为，合同的目的在于设立、变更或终止民事权利义务。合同通过设立、变更、终止民事权利义务关系，以达到当事人预期的民事法律后果。通常合同所确定的当事人的权利义务，在大多数情况下既对应又对等，各方当事人的权利义务对等，一方当事人的权利即为对方当事人的义务，同时一方当事人的义务又恰好为对方当事人的权利。但有时，合同当事人的权利义务只有对应关系而不一定对等，如赠与合同中，赠与人只有交付的义务而无权利，受赠人只有取得权利而无义务。

合同一旦经过依法订立，就在当事人之间产生一定的权利义务关系，就依法受法律保护，对当事人都有法律约束力，应认真履行合同约定的义务，承担相应的法律后果。

## 1.1.2　合同关系

### 1. 合同关系的构成

合同关系作为一种法律关系，由主体、内容及客体三要素构成。

（1）合同关系的主体

合同关系的主体即合同当事人，是缔结合同的双方或者多方民事主体，也就是合同的债权人与债务人。在合同关系中，享有权利的一方当事人是债权人，承担义务的一方当事人为债务人。合同关系的主体具有相对性，仅在特定的民事主体之间产生，合同的债权人只能向该合同的债务人主张合同权利，而不能向合同关系之外的其他人主张，因其与第三人不存在合同关系的束缚。合同的债权只能对抗特定的债务人，因此合同的债权具有相对性和对人性。

在合同关系主体的表述中，《合同法》将其表述为"平等主体的自然人、法人、其他组织"。而《民法通则》第85条将其规定为"当事人"，在该法中，只有公民（自然人）和法人才具有民事主体资格，并不包括其他组织。

（2）合同关系的客体

合同关系的客体也称为合同的标的，是指合同债权与合同债务共同指向的对象，合同债权的实现依靠的不是某一项财产，而是债务人对该项财产所做的行为，即债权人通过要求债务人为一定的行为来实现自身的债权。因此合同关系的客体应是债务人履行合同义务的行为，既可以是作为也可以是不作为。

（3）合同关系的内容

合同关系的内容是指基于合同而产生的合同权利和义务，也叫做合同债权与债务。合同债权，具体表现为一种请求权，债权人可据以请求债务人履行债务。在债务人不履行债务时，债权人可以通过公力救济的方式寻求帮助。合同债务是合同债务人依合同关系所承担的义务,即债务人向债权人所为的特定行为,债务人必须按照合同的约定或者法律规定履行债务,否则债务人就应承担违约责任。合同债务可以依据合同当事人的约定而产生,也可以因为法律法规或者根据诚实信用原则而产生。

**2. 合同关系的相对性**

合同关系是一种存在于特定当事人之间的权利义务关系,原则上仅在当事人之间发生效力,并不及于第三人。此种特性,在英美法系上称为"合同的相对性",在大陆法系上则称为"债的相对性"。该规则指只有合同当事人一方能够基于合同向对方当事人提出请求,而不能向与其没有合同关系的第三人提出合同上的请求,也不能擅自为第三人设定合同上的义务。合同的相对性主要包括如下几个方面。

(1)合同主体的相对性

合同主体的相对性是指合同关系只能发生在特定的当事人之间,只有特定的主体才能基于合同向对方当事人提出请求或相关主张。这一相对性表现在合同关系只能发生在特定的主体之间,这就是合同债权对人权的特征。合同一方当事人只能向另一方合同当事人提出实现债权的请求,而不能向与合同无关的第三人提出请求。合同法规定的由第三人履行的合同只是一种特例,且必须由法律专门规定,它与合同主体的相对性原则并不矛盾。

(2)合同内容的相对性

合同内容的相对性是指合同的权利义务相互对应,并为合同当事人所享有。主要表现在:第一,除了法律和合同另有规定或者约定之外,合同的债权和债务相互对应,并由合同约定或者法律规定,超出合同约定或者法律规定的债权和债务,不能约束合同当事人,其他任何人也不得主张合同规定的债权。第二,在双务合同中,合同内容的相对性还表现在,一方的债权就是对方的债务,权利和义务是相对应的。

(3)合同责任的相对性

合同责任是指当事人不履行合同债务而应承担的法律后果,债务是责任产生的基础,责任与债务是相互依存,不可分离的。合同内容的相对性决定了合同责任的相对性。主要表现为:第一,违约债务人应当对自己的过错承担违约责任,即使存在债务履行辅助人,包括债务人的代理人,或者代理人之外的根据债务人的意思事实从事债务履行的人,它们都与合同债权人没有特定关系,因此债务人对债务履行辅助人的行为向债权人负责。第二,在因第三人的行为造成债务不能履行的情况下,债务人仍应向债权人承担违约责任。债务人承担责任后,有权向第三人请求赔偿。第三,债务人承担违约责任并不是向国家承担责任,而是向合同债权人承担。即使违约行为造成了国家、集体的损失,债务人应当向国家或者集体承担责任时,国家或者集体也是作为一个民事主体接受责任的履行。

合同相对性规则,体现了意思自治的精神,合同的权利义务只能对自主、自愿地签订合同的当事人具有约束力。

## 1.1.3 合同的分类

**1. 有名合同和无名合同**

按照法律是否设有规范并赋予一个特定名称为标准,合同分为有名合同和无名合同,也叫做典型合同与非典型合同。

有名合同又称为典型合同,是指法律设有规范,并赋予其一定名称的合同。《合同法》规定的 15 类合同(买卖合同,供用电、水、气、热力合同,赠与合同,借款合同,租赁合同,融资租赁合同,承揽合同,建设工程合同,运输合同,技术合同,保管合同,仓储合同,委托合同,行纪合同和居间合同)都属于有名合同。对于有名合同,法律通常设有一些规定,主要为了规范合同的内容,从合同法的发展趋势看,主要是为了规范合同关系,保护合同当事人的利益,提高订约效率,减少法律纠纷,加快经济流转。

无名合同又称为非典型合同,指法律上尚未确定一定的名称与内容的合同。由于社会的发展、交易形态纷繁复杂,合同法无法预见所有合同关系并对所有的合同作出规范,因而无名合同的存在具有必然性。合同当事人只要不违背法律规定和社会公共利益,可自由决定合同的名称和内容。研究无名合同的重要问题是确定无名合同的法律适用。

区分有名合同和无名合同的意义在于两者适用的法律规则不同。对于有名合同,在当事人没有约定的情况下,可直接适用《合同法》关于该类合同的规定。对于无名合同,首先应根据合同当事人的意思及合同的经济目的等对其进行处理,《合同法》第 124 条规定:"本法分则或者其他法律没有明文规定的合同,适用本法总则的规定,并可以参照本法分则或者其他最相类似的规定。"

**2. 诺成合同和实践合同**

根据合同的成立是否以交付标的物为成立条件,可将合同分为诺成合同与实践合同。诺成合同又称不要物合同,是指仅以当事人意思表示一致为成立要件的合同,诺成合同自当事人双方意思表示一致时即可成立,不以一方交付标的物为合同成立的要件,当事人交付标的物属于履行合同,而与合同的成立无关。实践合同又称要物合同,是指除了当事人意思表示一致外,还需交付标的物方能成立的合同。诺成合同与实践合同的确定,通常应根据法律的规定及交易而定。例如,根据传统民法,买卖、委托等属于诺成合同。保管、运输等属于实践合同,质权设定合同及定金合同也属于实践合同。然而此种分类并非绝对不变。例如,运输合同并非都是实践合同,也有一些为诺成合同。

区分诺成合同与实践合同,对于确定合同是否成立以及风险的转移时间等都有重大意义。在诺成合同中,交付标的物或完成其他给付是当事人的合同义务,违反该义务便产生违约责任;在实践合同中,交付标的物或完成其他给付只是先合同义务,违反该义务不产生违约责任,可构成缔约过失责任。

**3. 要式合同和不要式合同**

根据合同的成立是否需要特定的形式,可将合同分为要式合同与不要式合同。

要式合同是指法律要求必须具备一定的形式和手续的合同。值得注意的是要式合同要式的不具备并不必然会导致要式合同的无效,只有当要式的规定属于法律强制性规定时,要式的不具备才会产生合同无效的结果。不要式合同,是指对合同的成立法律没有要求采取特定方式的合同。合同形式取决于当事人的自由意愿,可以采用口头形式,也可以采取书面形式,不要式合同采取不特定的形式不影响合同的成立和生效。合同以不要式合同为常态,如买卖合同、赠与合同、承揽合同、仓储合同、委托合同、居间合同等一般都属于不要式合同,不要式合同成立、生效时间同诺成合同一样,在合意达成时合同即成立,但对于一些重要的交易,如不动产买卖,法律常规定当事人应当采取特定的形式订立合同。

区分要式合同与不要式合同的主要意义在于某些法律和行政法规对合同形式的要求可能成为影响合同效力的因素。

#### 4. 双务合同和单务合同

合同中根据当事人双方是否互负给付义务，合同可以分为双务合同和单务合同。

双务合同是指当事人双方互相承担对待给付义务的合同。在双务合同中，当事人双方均承担合同义务，并且双方的义务具有对应关系，一方的义务就是对方的权利，反之亦然。从另一个角度，双务合同也就是当事人双方互享债权的合同。双务合同是合同的主要形态，合同法所规定的多数为双务合同。

单务合同是指只有一方当事人承担给付义务的合同。在单务合同中，当事人双方不存在对待给付关系，一方承担义务而不享有权利，另一方则相反。单务合同有两种情况：一种是只有单方承担义务的情况，如在借用合同中，只有借用人负有按约定使用并按期返还借用物的义务，出借人不负有合同义务；另一种情况是一方承担合同的主要义务，另一方只承担附属义务，双方的义务不存在对待给付关系，例如，《合同法》第 190 条第 1 项规定赠与可以附义务，但赠与人交付赠与财产与对方的附属义务之间不存在对价关系，因而赠与合同仍然属于单务合同。双务合同与单务合同特点比较如表 1 - 1 所示。

表 1 - 1　双务合同与单务合同特点比较

| | 双务合同 | 单务合同 |
|---|---|---|
| 甲方 | 具有履行债务义务 | 无权要求乙方履行 |
| | 自己也有要求乙方履行的权利 | 如果乙方履行，则自己负有履行的义务 |
| 乙方 | 有要求甲方履行的权利 | 没有履行的义务 |
| | 自己也有履行的义务 | 如果自己履行，则有要求甲方履行的权利 |

#### 5. 有偿合同和无偿合同

以合同当事人能否从合同中获得利益为标准，将合同分为有偿合同和无偿合同。

有偿合同是指一方当事人在享有合同规定的利益的同时负有一定对等价值的给付义务的合同。这种合同是商品交换关系中最典型的形式，如买卖、租赁、承揽合同等。其特点是当事人双方均有给付义务，并且双方所为的给付具有财产内容。

无偿合同又称恩惠合同，是指一方当事人只享有合同规定的权益而不偿付任何代价的合同。无偿合同的一方当事人虽然不向他方支付任何报酬，但并非不承担任何义务。如借用他人物品，负有按期返还的义务。

有偿合同与无偿合同的划分与双务合同和单务合同的划分不尽相同，一般说来，双务合同都是有偿合同，单务合同原则上为无偿合同，但有的单务合同也可为有偿合同，如有息贷款合同。

区分有偿合同和无偿合同的主要意义在于：第一，义务内容不同。在无偿合同中，利益的出让人原则上只需承担较低的注意义务；而有偿合同，当事人所承担的注意义务显然大于无偿合同。第二，主体要求不同。对有偿合同，当事人双方均必须是完全行为能力人；而对于无偿合同，无行为能力人和限制行为能力人也可以成为纯受益的一方当事人。第三，债权人撤销权的行使不同。如果债务人将其财产无偿转让给第三人，严重减少债务人的财产，有害于债权人的债权，债权人可以请求撤销该转让行为。撤销权自债权人知道或者应当知道撤销事由之日起 1 年内行使。自债务人的行为发生之日起 5 年内没有行使撤销权的,该撤销权消灭(《合同法》第 74 条、第 75 条)。但对于有偿合同而且不是明显的低价处分合同,债权人的撤销权只有在第三人有恶意时方能行使。

**6. 主合同和从合同**

根据两个或者多个合同相互间的依附关系,可将合同分为主合同与从合同。

主合同是不以他种合同的存在为前提,不受其制约而能独立存在的合同。从合同又称附属合同,必须以他种合同的存在为前提,是自身不能独立存在的合同。抵押合同、保证合同、定金合同与被担保的合同之间的关系,就是从合同与主合同的关系。其中,抵押合同等是从合同,被担保的合同为主合同。故主合同的成立与效力直接影响到从合同的成立与效力。但从合同的不成立或失效,一般不影响主合同的成立与效力。

区分主合同和从合同的法律意义在于:明确其制约关系,从合同的效力附属于主合同,主合同的产生、变更、转让,其效力及于从合同,而从合同不能脱离主合同独立存在。

**7. 一时性合同和继续性合同**

根据时间因素在合同履行中所处的地位,合同分为一时性合同和继续性合同。

一时性合同是指履行行为为一次性的合同。也就是说,一次性给付即可实现合同内容的合同,如买卖合同、赠与合同。继续性合同是指履行行为为多次的合同。该种合同的时间因素在合同履行上占据重要地位,随着时间的推移,在当事人之间不断地产生新的权利义务。保管合同、劳动合同、合伙合同等均属于继续性合同。

区分一时性合同和继续性合同的法律意义在于:第一,在合同履行方面,一时性合同,一次性给付义务一经履行,债权关系便归于消灭。继续性合同义务的履行呈持续状态,其债权需要继续性给付。第二,在合同解除方面,一时性合同在被解除时能够恢复原状,即已经履行的给付可以返还给付人,因此一时性合同的解除具有溯及力。继续性合同的履行必须是在一定继续的时间完成,合同被解除时无法恢复原状或者不易恢复原状,合同解除所发生的效力应针对未来,继续性合同的解除不具有溯及力。

# 1.2 工程合同概述

## 1.2.1 工程合同的概念和特征

**1. 工程合同的概念**

工程合同是指为完成约定的工程项目,发包人与承包人签订的明确权利义务关系的协议。这里所说的工程是指建筑工程、线路管道、设备安装工程及装修工程,包括房屋、港口、桥梁、隧道、铁路、机场、电站、水库、道路工程等。《合同法》第 269 条规定,建设工程合同是指承包人进行工程建设,发包人支付价款的合同。建设工程合同包括勘察合同、设计合同、施工合同以及总承包合同等。其中建设单位或总承包商、专业承包商为发包人,勘察、设计、施工单位为承包人。《合同法》第 287 条规定:"本章没有规定的,适用承揽合同的有关规定。"因此建设工程合同本质上属于承揽合同。

**2. 工程合同的特征**

工程合同作为合同的一种,除了具有合同的一般特征之外,该类合同以完成特定的建设工作为目的，对社会公共安全影响较大，受到国家诸多方面的调控，因此工程合同具有自身的特征。

(1)工程合同履行的长期性

建设工程一般结构复杂、工种繁多、体积庞大、工作量大，工程合同作为一种连续性合同，合同履行的周期比较长，并且建设工程合同的订立和履行一般都需要较长的准备期，合同履行时，存在较大的不确定性，工程变更、不可抗力、材料供应不及时等原因导致合同期限顺延。因此，上述情况决定了合同履行期限的长期性。

(2)工程合同主体的限制

工程合同的主体一般只能是法人不能是公民，工程合同的标的是工程本身，具有投资大、周期长、质量要求高、影响国计民生等特点，作为公民个人是不能够独立完成的。所以，公民个人不能作为承建人。发包人对需要建设的工程，应经过计划管理部门审批、核准或备案，落实投资计划，并且具备相应的协调能力，对于承包人，只有经过批准的持有相应资质证书的勘察、设计、施工单位等企业法人才可以在其资质等级许可的范围内承揽工程，成为工程合同的主体。法律禁止企业无资质或超越本企业资质等级许可的范围承揽工程。

(3)工程合同标的的特殊性

工程合同标的是建筑产品，其体积庞大、资金消耗多、工期长，对社会影响较大且建设工程又具有产品固定、不能流动的特征，这就决定了每项工程的合同标的物都是特殊的，相互间不同并不可代替。另外，建筑产品的类别庞杂，其外观、结构、使用功能等都各不相同，这就要求每一个建筑产品都需要单独设计和施工，建筑产品单体性生产也决定了建设工程合同标的的特殊性。

(4)工程合同形式和程序的严格性

工程建设过程周期长、涉及因素多、专业技术性强，当事人之间的权利、义务关系十分复杂，因此我国法律规定，工程合同应为要式合同，必须采用书面形式。此外由于工程建设对于国家经济发展、公民工作生活有重大影响，国家对工程的投资和程序有严格的管理程序，工程合同的订立和履行也必须遵守国家关于基本建设程序的规定。

(5)工程合同较强的国家管理性

工程建设对国家和社会活动影响较大，工程合同的订立和履行，受到国家的严格管理和监督。除了《合同法》、《建筑法》等法律外，还存在大量的行政法规、部门规章、地方性法规和规章。上述法规中以行政法规为主，对工程建设的各个环节都进行严格管制，这其中有大量的强制性规定和禁止性规定，违反其中任何一项都能导致合同效力的丧失。

## 1.2.2　工程合同的分类

工程合同的建设具有投资大、周期长、涉及面广、项目参与者多等特点，因此涉及的合同种类繁多。

**1. 按照工程合同的标的分类**

按工程项目实施的不同阶段和工作内容不同，发包人的委托工作任务不同，可以将工程合同分为勘察合同、设计合同、施工合同等。

**2. 按照承包工作范围划分**

发包人可以将某一阶段的工作任务委托给承包人，也可以将几个阶段的工作任务合在一起，委托给一个承包人实施。因此，除了上述分别发包的各类合同外，还可能有承担勘察设计—采购—施工全部或多项任务的总承包合同、不负责勘察设计的施工总承包合同，以及分包合同。

**3. 按照承包工程计价方式划分**

按照承包工程计价方式划分，建设工程合同可以分为总价合同、单价合同、成本加酬金合同三种形式。

（1）总价合同

是指发包人在合同中确定一个完成项目的总价，承包人依此完成合同的全部工作。这种类型合同有利于发包人确定最低报价的承包人，并有利于支付进度款及结算。这种合同适用于工程量不太大且能精确计算，工期较短的项目。发包人必须具备详细的设计图纸，一般要求详尽到施工图，使承包人能够计算出工程量。

总价合同又可分为两种：固定总价合同和可调总价合同。

1）固定总价合同。

在图纸及工程要求不变情况下，总价不变。当施工中图纸或工程质量或工期有变动时，总价也应相应变动。这种合同中承包人承担了绝大部分风险，因此报价较高，对发包人并不完全有利。

2）可调总价合同。

合同条款中约定，如果在执行合同中由于通货膨胀引起工程成本增加到一定限度时，合同总价根据事先约定的调价公式作相应调整。

（2）单价合同

是指承包人就招标文件中列出的分部分项工程确定各分部分项工程费用的合同。这种类型的合同风险得到较合理分摊。对于发包人来说，单价合同可以缩减发包人在招标阶段的工作量及准备时间，并可鼓励承包人通过提高工效等手段从成本节约中提高利润。发包人的风险在于工程结束前总价是未知的，尤其是无法在招标阶段准确确定工作量的项目；在遇到善于运用不平衡报价的承包人时，发包人风险会加大。对承包人来说，出现工程量列表以外的漏项，可就此再报价，减小了风险。

单价合同分为以下几种方式：估计工程量单价合同、纯单价合同和单价与包干混合式合同。

1）估计工程量单价合同。

发包人在招标文件中就分部分项工程的工作量作出估计，承包人在工程量表中填入项目单价，并可依此算出总价作为投标报价。中标后，在月进度款支付中以实际完成的工程量和该单价确定数额，结算中据竣工图结算总价格。

这种类型的合同一般约定，当工程量增减到一定幅度（如增减15%）时，单价作相应的调整。最好在合同中约定单价的调整方式，以减少合同争议。

2）纯单价合同。

发包人不能提供施工图或给出准确的工程量清单，承包人根据发包人提供的工作项目一览表，报出相应项目的单价，施工时按实际工作量结算。

3）单价与包干混合式合同。

以单价合同为基础，仅对某种不易计算工程量的分部分项工程采用包干办法。其余均要求报出单价，并按实际工作量结算。

（3）成本加酬金合同

是由发包人向承包人支付工程项目的实际成本，并按照事先约定的某一种方式支付酬金的合同类型。这类合同的缺点是发包人对工程总造价不易控制，承包人也往往不注意降低项目成本。除因迫于形势须立即开展工作的项目、风险很大的项目或质量要求极高的项目外，一般不适用这种承包方式。

## 1.2.3 工程合同中的主要合同体系

工程建设是一个复杂的综合性社会生产过程，随着社会进步和建筑技术的发展，建筑业也实现了社会化大生产和专业化分工，一项工程项目可能涉及十几个、几十个甚至成百上千个参与方，而合同是联系众多参与方的桥梁和纽带，各个参与方之间所签订的合同形成该工程复杂的合同网络，在这个复杂的网络中，业主和承包商是两个最重要的节点。

**1. 业主的主要合同关系**

在工程合同中，业主又称为建设单位，是工程项目的所有者和主要投资人，它可能是政府、企业或其他投资者。业主根据对工程的需求，确定工程项目的整体目标。这个目标是工程合同的所有相关者的核心。而该目标的实现必须经过一系列工程活动的实施来实现，如咨询（监理）、勘察、设计、施工、设备和材料采购、借款等。业主将这些工程活动一一委托给相关专业化单位并与之签订合同。

按照工程承包方式和范围的不同，业主可能订立许多份合同。例如将工程合同分专业、分阶段委托，将材料和设备供应分别委托，也可能将上述委托以各种形式合并，如把土建和安装委托给一个承包商，把整个设备供应委托给一个成套设备供应企业。当然，业主还可以与一个承包商订立全包合同（一揽子承包合同），由承包商负责整个工程设计、供应、施工甚至管理工作。因此，不同合同的工作范围和内容有很大的区别。

业主的主要合同关系如图1-1所示。

**2. 承包商的主要合同关系**

承包商是工程的具体实施者，是工程承包合同的执行者，承包商要完成承包合同的责任，包括工程量表范围内工程的施工、竣工和保养，并为完成这些工程提供劳动力、施工设备、材料，有时也包括技术设计。但是任何承包商都不可能，也不必具备所有专业工程的施工能力、材料和设备的生产和供应能力，如此，承包商必须将他不具备能力的专业工程委托出去，所以承包商常常又有复杂的合同关系。承包商的主要合同关系如图1-2所示。

（1）分包合同

承包商将自己承担工程中的某些专业工程或分项工程分包给另一承包商来完成，承包商与分包商签订分包合同，分包商完成总承包商分包给他的工程，与业主并无合同关系。但《建筑法》等相关法律法规规定，总承包商和分包商就分包工程，对业主承担连带责任。

（2）物资采购合同

承包商为保证设备与材料的及时采购与供应而必须与供应商签订物资采购合同。

（3）劳务供应合同

工程建设中需要大量的劳动力，承包商为降低成本，通常只有少量技术骨干是固定工，为满足临时工作的需要，需要承包商与劳务供应商之间签订劳务供应合同，劳务供应商提供劳务。

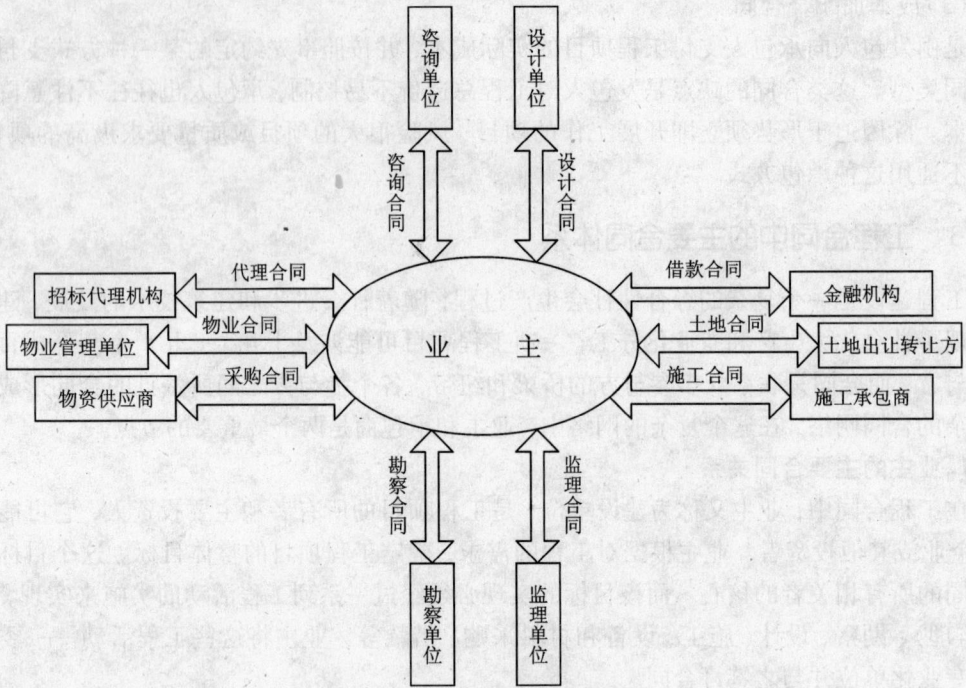

图 1 - 1　业主的主要合同关系

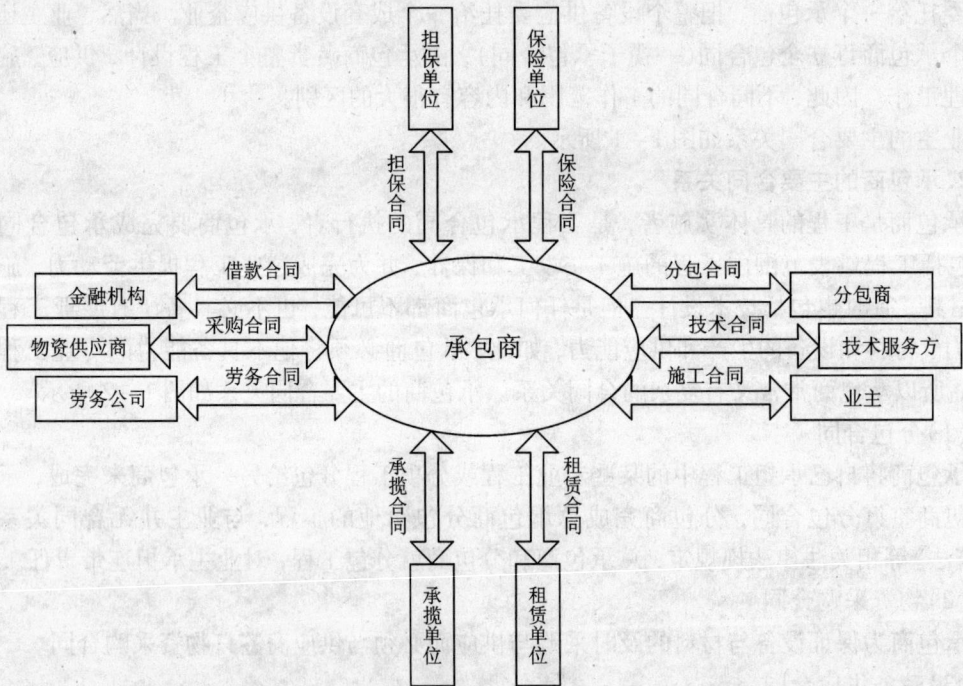

图 1 - 2　承包商的主要合同关系

(4)加工合同

加工合同即承包商将建筑构配件、特殊构件加工任务委托给加工承揽单位而签订的合同。

(5)租赁合同

工程建设中承包商需要许多施工设备、运输设备和周转材料等。当有些设备、周转材料在现场使用率较低但又不可或缺，或承包商又不具备自己购置设备的能力时，可以采用租赁方式，与租赁单位签订租赁合同。

(6)运输合同

承包商为解决材料和设备的运输问题而与运输单位签订的合同。

(7)保险合同

承包商按工程合同的要求对工程进行保险，与保险公司签订保险合同。

(8)担保合同

担保人应承包商的请求，与业主签订担保合同，向业主保证承包商将履行工程合同义务，否则，担保人将向业主支付违约金或代为履行工程合同。

# 1.3  法律概述

## 1.3.1  法律基本概念

### 1. 法律的含义

法律有狭义和广义之分。狭义的法律是指由全国人民代表大会及其常务委员会通过并以国家主席令的形式发布的各项法律，如：《建筑法》、《招标投标法》、《合同法》、《安全生产法》、《保险法》和《担保法》。广义的法律是指国家制定或认可、由国家强制力保证实施、以规定当事人权利和义务为内容的具有普遍约束力的社会规范，包括狭义的法律、行政法规、部门规章、地方性法规和地方规章。行政法规是指国务院依法制定并以总理令的形式颁布的各项法规，如：《建设工程质量管理条例》、《建设工程安全生产管理条例》、《安全生产许可证条例》、《招标投标法实施条例》。部门规章是指国务院各部门根据法律和国务院的行政法规、决定、命令，在本部门的权限内按照规定的程序所制定的规定、办法、规则等规范性文件的总称，如《建设工程监理规模范围与标准》、《建设工程监理与相关服务收费管理规定》、《工程监理企业资质管理规定》、《注册监理工程师管理规定》、《实施工程建设强制性标准监督规定》等。地方性法规是指在不与宪法、法律、行政法规相抵触的前提下，由省、自治区、直辖市人民代表大会及其常务委员会制定并发布的法规，包括省会（自治区首府）城市和经国务院批准的较大的市人民代表大会及其常务委员会制定的，报经省、自治区人民代表大会或其常务委员会批准的各种法规。地方规章是指省、自治区、直辖市以及省会城市和经国务院批准的较大城市的人民政府，根据法律和国务院行政法规制定并发布的规章。

### 2. 法律的本质

法律的本质是指法律本身所固有、相对稳定、普遍的内部联系，是法律存在的基础和发展变化的决定力量。主要表现在以下几个方面：

(1)统治阶级意志的体现

第一，法律是人们有意识活动的产物，或其主观意志的体现。第二，法律是掌握国家政权的"统治"阶级意志的反映。第三，法律反映的意志是统治阶级的共同意志。第四，除制定法外，法律的内容往往还包括最高统治者的言论、由国家认可的习惯、判例、权威性法理、法学家的注解等。

（2）实现阶级统治的工具

法律是由国家公共权力机关制定或认可的社会规范，在阶级社会里，它体现了统治阶级的意志和根本利益，国家权力机关利用警察、法庭、监狱、军队等国家统治机构保障法律在其疆域内实施。统治阶级要强迫被统治阶级就范就必须依靠法律来实现。

（3）一定经济基础上的上层建筑

法律由特定的社会物质生活条件决定，并且它是在物质生活发展到一定水平之上而产生的上层建筑。物质生活条件指生活资料的生产方式、地理环境和人口状况等因素，这些因素构成了社会的基本经济关系，经济关系中蕴藏着阶级利益，从而产生统治阶级的物质欲望和要求，并不断形成着其阶级意志的具体内容。没有这些经济基础的存在就不会有统治阶级的统治意志。

**3. 法律的特征**

法律是社会上层建筑的重要组成部分，作为一种社会规范，区别于政治规范、道德规范、社会习惯、宗教规范等，具有其明显的特征。

（1）一种概括、普遍、严谨的行为规范

法律作为一种社会规范，它为人们规定了一个行为模式、标准和方向，具有概括性、普遍性和严谨性。

法律的概括性包括以下几层含义：第一，它所指的对象是抽象的一般的人，而非具体的特定的人；第二，它的效力不是一次适用，而是反复多次适用。法律具有普遍性，它不针对特定的人和事，法律在国家权力管辖范围内适用于任何个人和组织。法律的严谨性是指法律在制定、实施过程中必须足够缜密、严谨。如果不够细致，有些不法分子可能专挑有关漏洞牟取私利，破坏国家利益。

（2）国家制定或认可的行为规范，具有国家意志性

一般法律的成立是由国家制定或认可来实现的。国家制定法律一般是指由国家机关按照一定的程序制定的成文法。如全国人民代表大会及其常务委员会制定的各项法律。国家认可的法律通常是习惯法或不成文法，通常包括以下几种情况：国家根据需要赋予社会上已经存在的某些习惯具有法律效力；以加入国际组织、承认或签订国际条约等方式，认可国际法规范；特定的国家机关对具体案件的裁决作出概括，产生规则或原则，并赋予这些规则或原则以法律效力。法律具有国家意志性，是统治阶级的意志，即统治阶级通过国家政权把自己的意志转化为国家的意志，取得普遍遵守的形式。因此，法律是由国家制定或认可，以"国家意志"的形式出现，具有国家意志的属性。

（3）国家确认权利和义务的行为规范

权利即法律规定人们可以作为或不作为以及要求他人作为或不作为；义务指人们必须作为或不作为。权利和义务是法律的核心内容。权利和义务贯穿法律的全部内容。法律是权利和义务的形式和符号表达。法律以权利义务为内容意味着法律具有利导性。法律承认人们是追求利益的动物，趋利避害是人的本能。因而，法律把能够给国家、社会和个人带来利益的

内容设定为权利，鼓励人们通过行使权利而得到利益，人们在通过行使权利而得到自身利益的同时也使国家和社会受益。同时，法律把有利于国家和社会而需要个人付出牺牲的内容设定为义务，要求人们通过履行义务而使国家和社会受益，如果人们拒绝履行义务将面临不利的后果。为了不受到惩罚或者避免更大的损失，人们不得不履行义务。法律是靠利益的得失来引导人们的活动，而非道德、信仰等方式引导人们的活动。

（4）由国家强制力保障实施的行为规范

法律是由国家机关制定或认可的社会规范，由国家强制力保证实施，人们必须遵守法律，否则将会受到法律的制裁，国家强制力还表现为国家对公民或社会组织合法权利与行为的肯定和保护。法律的强制性保证了人们权利义务的顺利实施。

（5）调整社会关系的行为规范

法律以规定人们的权利和义务为主要内容，以其明确的关于权利义务的规定，为人们提供特定的行为模式，通过影响人们的动机和行为来调整社会关系。

**4. 法律规范**

法律规范，是指通过国家的立法机关制定或者认可，用以指导、约束人们行为的行为规范的一种，并以国家强制力保证实施，是具有普遍约束力的行为规则。它具体规定社会关系参加者在法律上的权利和义务以及违反之后的法律责任，是法律适用的依据。

法律规范是一种特殊的、逻辑上周延的行为规则。一个完整的法律规范在逻辑上由"假定"、"处理"和"制裁"三个要素构成。

（1）假定

假定是指适用规范的必要条件。每一个法律规范都是在一定条件出现的情况下才能适用，而适用这一法律规范的这种条件就称为假定。即法律规则在什么时间、空间，对什么人适用以及在什么情形下适用。假定条件在许多法律规范中并没有直接规定，可能隐含在法律原则或者其他法律规范中。如《刑事诉讼法》第 37 条："凡是知道案件情况的人，都有作证的义务。"其中"凡是知道案件情况的人"就是假定部分。又如《婚姻法》第 18 条："夫妻有相互继承遗产的权利。"该条亦没有明确写出假定部分，但由推理可得其假定条件为夫妻一方先亡而有遗产。

（2）处理

处理指行为规范本身的基本要求。它规定人们的行为允许做什么、应当做什么、禁止做什么。即可为模式、应为模式和勿为模式。这是法律规范的中心部分，是规范的主要内容。如《民法通则》第 63 条 规定"公民、法人可以通过代理人实施民事法律行为"就是可为模式；《婚姻法》第 15 条："父母对子女有抚养教育的义务；子女对父母有赡养扶助的义务"就是应为模式；《民法通则》第 73 条第 2 款规定的"国家财产神圣不可侵犯，禁止任何组织或者个人侵占、哄抢、私分、截留、破坏"就是勿为模式。

（3）制裁

制裁是指违反法律规则的规定时行为人应当承担的法律责任以及国家将采取的强制性措施，如损害赔偿、行政处罚、经济制裁、判处刑罚。有些法律明确规定了制裁方法。如《建筑法》第 69 条规定"工程监理单位与建设单位或者建筑施工企业串通，弄虚作假、降低工程质量的，责令改正，处以罚款，降低资质等级或者吊销资质证书；有违法所得的，予以没收；造成损失的，承担连带赔偿责任；构成犯罪的，依法追究刑事责任。工程监理单位转让监理业务的，责令改正，没收违法所得，可以责令停业整顿，降低资质等级；情节严重的，吊销资质证书"。制裁是保证法律规范实现的强制措施，是法律规范的一个标志。另外当行为人的行为符合应为模式或者可为模式的法律规则，法律应对行为人的行为予以保护、许可甚至奖励的评判。如《行政许可法》第 38 条第 1 款规定"申请人的申请符合法定条件、标准的，行政机关应当依法作出准予行政许可的书面决定"；《环境保护法》第 8 条规定"对保护和改善环境有显著成绩的单位和个人，由人民政府给予奖励"。

法律规范这三个部分密切联系不可缺少，否则失掉法律规范的意义。但这三个部分不一定都明确规定在一个法律条文中，有的条文未叙述假定部分，有的把假定与处理结合在一起，特别是刑事法律规范往往把假定与处理结合在一起，从表面上看它只由处理与制裁两个要素构成。有的未直接规定制裁。因此，法律规范与法律条文是有区别的。

## 1.3.2 法律体系与法律部门

### 1. 法律体系

法律体系是指由一国现行的全部法律规范按照不同的法律部门分类组合而形成的一个呈体系化的有机联系的统一整体。主要有以下特征：第一，法律体系以国家为单位构建；第二，法律体系是一个国家全部现行法律构成的整体；第三，法律体系是一个由法律部门分类组合而形成的呈体系化的有机整体；第四，法律体系的理想化要求是门类齐全、结构严密、内在协调；第五，法律体系是客观法则和主观属性的有机统一。

### 2. 法律部门

法律部门也称部门法，是指按照法律规范调整社会关系的不同和调整方法的不同进行划分而形成的一个国家同类法律规范的总称。由于社会的复杂性和交错性，各个法律部门之间不是单独存在的，而是紧密联系的，因此有的社会关系需要由几个法律部门来调整。如经济关系就需要由经济法、民法、行政法等来调整。

中国特色社会主义法律体系以宪法为统帅，以法律为主干，以行政法规、地方性法规为重要组成部分，是由宪法、行政法、民法、商法、经济法、社会法、自然资源与环境保护法、刑法、诉讼与非诉讼程序法等多个法律部门组成的有机统一整体。

（1）宪法

当代中国的法律体系中，宪法这个法律部门占据着特殊的地位，是整个法律体系的基础。除了《宪法》这一主要的规范性法律文件，宪法还包括国家组织方面的法律，特别是行政区基本法，保障公民政治权利方面的法律以及有关国家领土、主权和公民国籍方面的法律等，如选举法、授权法、民族自治区域自治法、国籍法。

（2）行政法

行政法是调整国家行政管理中各种社会关系的法律规范的总和。行政法部门泛指有关国家行政管理的法律法规，有一般行政法和特别行政法之分。一般行政法主要规定国家行政管理的基本原则、方针、政策；国家机关及其负责人的地位、职权和职责；国家机关工作人员的任免、考核、奖惩；有关行政体制改革和提高行政机关的工作效率等，主要包括行政处罚法、行政复议法、行政监察法、治安管理处罚法等。特别行政法指规范各专门行政职能部门如教育、民政、卫生、统计、邮政、财政、海关、人事、土地、交通等方面的管理活动的法律法规。

（3）民法

民法是调整平等主体的公民、法人及其他组织之间的财产关系和人身关系的法律。民法部门的法律规范主要由民法通则和单行民事法律组成。单行民事法主要有《合同法》、《公司法》、《担保法》、《婚姻法》、《继承法》、《著作权法》等,此外还包括一些单行的民事法规,如《企业法人登记管理条例》、《著作权法实施条例》等。

（4）商法

商法是调整平等主体之间的商事关系或商事行为的法律。从表现形式上看,商法包括证券法、票据法、保险法、企业破产法、海商法等。商法作为一个法律部门,但民法规定的有关民事关系的很多规则、条款也通用于商法。因此我国实行"民商合一"的原则。

（5）经济法

经济法是国家从整体经济发展的角度,对具有社会公共性的经济活动进行干预、管理和调控的法律规范的总称。经济法这一法律部门的表现形式包括有关企业管理的法律,如《全民所有制工业企业法》、《中外合资经营企业法》、《外资企业法》、《中外合作经营企业法》、《乡镇企业法》等;有关财政、金融和税务方面的法律法规,如《中国人民银行法》、《商业银行法》、《个人所得税法》等;有关宏观调控的法律法规,如《预算法》、《统计法》、《会计法》、《计量法》等;有关市场主体、市场秩序的法律法规,如《产品质量法》、《反不正当竞争法》、《消费者权益保护法》等。

（6）社会法

社会法是我国近年来在完善法律体系,落实科学发展观、构建社会主义和谐社会的历史大潮中应运而生的新兴法律门类。社会法的主旨在于保护公民的社会权利,尤其是保护弱势群体的利益。这一法律部门的法律包括有关劳动用工、劳动合同、工资福利、社会保障等方面的法律法规,如《劳动法》、《安全生产法》、《工会法(2001年修正本)》、《矿山安全法》、《残疾人保障法》等。

（7）自然资源与环境保护法

改革开放以来,我国进行粗放型基础设施建设,虽然实现了经济快速增长,但是资源环境受到严重损害,环境保护越来越受到人们的重视。自然资源与环境保护法是关于保护环境和自然资源、防治污染和其他公害的法律。通常分为自然资源法和环境保护法。自然资源法方面的法律规范主要包括《森林法》、《草原法》、《渔业法》、《土地管理法》、《水法》、《野生动物保护法》等;环境保护方面的法律法规主要有《环境保护法》、《海洋环境保护法》、《水污染防治法》、《大气污染防治法》、《环境影响评价法》等。

（8）刑法

刑法作为一个基本的法律部门,以规定犯罪和刑罚为主要任务。相关的法律法规主要包括《刑法》及其修正案,还包括一些单行法律。

（9）诉讼法

诉讼法又称为诉讼程序法,是规范各种诉讼活动的法律。主要有《刑事诉讼法》、《民事诉讼法》、《行政诉讼法》。另外,诉讼法部门的法律还包括《仲裁法》、《监狱法》以及《律师法》等。

### 1.3.3 大陆法系与英美法系

#### 1. 大陆法系

大陆法系又称罗马法系或民法法系，是指以罗马法并以其法律制度为基础演进发展而成的法律传统。大陆法系最先产生于欧洲大陆，以罗马法为历史渊源，以民法为典型，以法典化的成文法为主要形式。大陆法系包括两个支系，即法国法系和德国法系。法国法系是以1804年《法国民法典》为蓝本建立起来的，它以强调个人权利为主导思想，反映了自由资本主义时期社会经济的特点。德国法系是以1900年《德国民法典》为基础建立起来的，强调国家干预和社会利益，是垄断资本主义时期法的典型。

大陆法系的特征包括：

（1）采纳了罗马法的体系、概念和术语

大陆法系是以罗马法为基础建立和发展起来的法律体系。一方面，它大量吸收和继承罗马法的体系、概念、术语和基本制度，尤其是那些与商品经济的发展密切相关的私法原则和制度，例如权利主体的权利能力和行为能力，所有权的概念、性质、转移和保护，他物权的概念、分类和保护等都对大陆法系的形成和发展产生了重大影响，成为大陆法系各国私法的共同基础。另一方面，大陆法系也全面继承了罗马法学家用以分析法律、发展法律的思想方法和技术。罗马法的思想方法和技术对于大陆法系的构成至关重要，正是这些思想方法和技术决定了大陆法系的发展道路，构成了大陆法系与英美法系的根本区别。

（2）形成了较为完整的成文法体系

大陆法系对罗马法并不是完全复制，而是对其原则和制度有选择的继承并加以扬弃。如将所有权视为有体物以及将占有视为事实而非权利等，并没有被大陆法系的国家普遍继承。在罗马帝政后期，皇帝和法学家都很注重对罗马法典各项渊源的编纂，出现过许多皇帝敕令汇编、历代法令汇编、历代裁判官告示汇编和历代法学家著作节录等，而最著名也最权威的法典编纂工作则是公元6世纪东罗马皇帝优士丁尼一世主持编纂的《优士丁尼法典》、《优士丁尼法学阶梯》、《优士丁尼学说汇编》和《新律》，后来被合称为《国法大全》，在中世纪后期的罗马复兴运动中，《国法大全》成为欧洲各国用以研究和复兴罗马法的主要依据。1804年《法国民法典》以《法学阶梯》为蓝本，1900年《德国民法典》则以《学说汇纂》为基础。拿破仑所领导的法典起草者已经清楚地认识到各种法律关系的不同性质，并将它们分门别类归入不同法典。宪法、民法、刑法、商法、民事诉讼法和刑事诉讼法共同构成了法国的"六法"体系，同时也奠定了整个大陆法系"六法"的基础，大陆法系的不断发展，已经形成了较为完整的成文法体系。

（3）法官遵从法律明文办理案件，没有立法权

西方国家一般都确立三权分立原则，立法权、行政权和司法权分别由国会、政府和法院行使，法官是司法的主体，本身并不享有立法权。在法官的职责上，大陆法系法官的职责只在于严格按照现行法律规范来审理案件，不允许对法律条文有丝毫的更改和发展，也不允许法官在缺乏现成法律规范的情况下自行创制法律规则。在法律条文不明确的情况下，法官可以进行法律解释，但其解释的功能仅仅在于阐明法律的真谛，探求立法者的真实意图，弄清立法者赋予法律条文的真实含义，不能曲解法律条文，从而侵犯立法权，更没有立法权。

（4）重视实体法与程序法的区分

　　大陆法系一般采取法院系统的双轨制，重视实体法与程序法的区分。大陆法系一般采用普通法院与行政法院分离的双轨制，法官经考试后由政府任命，严格区分实体法与程序法，一般采用询问式诉讼方式。

　　（5）在法律思维方式和运作方式上，用演绎方式

　　大陆法系国家一般不存在判例法，对重要的部门法制定了法典，并辅之以单行法规，构成较为完整的成文法体系。由于大陆法系法官只需根据现行的法律规范来审理案件，而且他们用以审理案件的法律依据主要是高度抽象概括的法典，所以，他们首先要去寻找隐藏在法律条文中的法律原理，再将这些法律原理直接运用到具体案件中。从逻辑学角度看，法律条文是大前提，案件事实是小前提，判决结果则是结论。这是一个典型的演绎推理过程。大陆法系采用了从一般到具体的演绎推理方法。

　　**2. 英美法系**

　　英美法系又称海洋法系或普通法系，是指以英国中世纪以来的法律，特别是以它的普通法为基础，发展起来的法律制度体系。这种法律形成于英国，扩展至英国的殖民地，以普通法为代表，而普通法则以判例法为主。英国、美国、加拿大、爱尔兰、澳大利亚、新西兰、印度、新加坡、马来西亚等都应用该法系。

　　英美法系法律制度的主要特点包括：

　　（1）在法律思维方式和运作方式上，运用归纳方式

　　英美法系国家法官首先从无数类似的先例中归纳出法律原理，然后与当前审理的案件事实进行对比，最后得出判决结果。每一个判例都需要重新对以往的先例进行归纳和分析，因此它的推理过程主要是一个归纳的过程。

　　（2）在法律形式上，判例法占有重要地位

　　从传统上讲，英美法系的判例法占主导地位。但从 19 世纪到现在，其制定法也不断增加，但是制定法仍然受判例法解释的制约。判例法一般是指高级法院的判决中所确立的法律原则或规则。这种原则或规则对以后的判决具有约束力或影响力。判例法也是成文法，由于这些规则是法官在审理案件时创立的，因此，又称为法官法。除了判例法之外，英美法系国家还有一定数量的制定法。同时，还有一些法典，如美国的《宪法》、《统一商法典》等。但和大陆法系比较起来，它的制定法和法典还是很少的，而且对法律制度的影响远没有判例法大。判例法和制定法的关系是一种相互作用、相互制约的关系。制定法可以改变判例法，同时，制定法在适用的过程中通过法官的解释，判例法又可以修正制定法。如果这种解释过分偏离了立法者的意图，又会被立法者以制定法的形式予以改变。

　　（3）在法律分类方面，没有严格的部门法概念

　　英美法系没有严格的部门法概念，即没有系统性、逻辑性很强的法律分类。它们的法律分类比较偏重实用。其原因有以下几点：第一，英美法系从一开始就十分重视令状和诉讼的形式。这种诉讼形式的划分本身就缺乏逻辑性和系统性。因此阻碍了英国法学家对法律分类的科学研究；第二，英美法系重判例法，而反对法典编纂。判例法偏重实践经验，忽视抽象的概括和理论探讨；第三，英美法系在法院的设置上分为普通法院和衡平法院。普通法和衡平法的划分从政治的角度看是国会和国王争夺权利的表现，从法律技术的角度看是衡平法对普通法缺陷的修改和补充。衡平法以普通法为基础，它的价值在于指出了一般正义和个别正义的冲突和矛盾，而没有普通法院和行政法院的区分。因此，对涉及政治权力的案件和普通

私人案件在处理时没有明显的区分。这也阻碍了对法律的分类，尤其是难以形成公法和私法观念；第四，在英美法系发展过程中，起主要推动作用的是法官和律师，而且其教育方式也是以学徒制为主，这就决定了他们更加关心具体案件，轻视抽象理论意义上的法律分类。另外，英美法系有悠久的划分普通法和衡平法的传统。尽管在它们那里目前已经没有普通法院和衡平法院的划分，但普通法和衡平法的区分仍然保留到现在。

（4）将法学教育定位于职业教育

英美法系主要是美国将法学教育定位于职业教育。学生入学前已取得一个学士学位。教学方法是判例教学法，重视培养学生的实际操作能力。毕业后授予法律博士学位，而且各学校有较大的自主权，不受教育行政机关的制约。英国大学的法学教育和大陆法系有些相似，也偏重于系统讲授，但学生大学毕业从事律师职业前要经过律师学院或律师协会的培训，而这时的教育主要是职业教育，仍然受学徒制教育传统的影响。

（5）法律职业流动性大，法官一般来自律师

法官尤其是联邦法院的法官一般来自律师，而且律师在政治上非常活跃，法官和律师的社会地位也比大陆法系高。

**3. 两大法系的对比**

大陆法系和英美法系都是资本主义类型的法律，在经济基础、阶级本质、法律基本原则方面是一致的，但由于不同历史传统的影响，在法律形式和法律运行方式上存在很大差别。从宏观方面来看，两大法系的主要区别表现为以下几个方面：

第一，法的渊源不同。大陆法系是成文法，其法律以制定法，首先是法典的方式存在，正式的法律渊源是指立法机关制定的规范性法律文件，行政机关制定的各种行政法规，只有它们才具有法律上的约束力，法院的判例不是法律渊源。而在英美法系既包含各种制定法，也包括判例法，而且判例法在整个法律体系中占有非常重要的地位。

第二，法律分类不同。在大陆法系国家，法律结构的一个共同特征是：公法和私法是法律的基本分类。公法和私法划分的理论依据是私人自治，其主要含义是：个人享有财产和缔结合同的绝对权利，国家的活动仅限于保障这些权利并充当私人之间纠纷的裁决人，而不应干预个人的自由。法律分为公法和私法，分别代表了两个不同的主体，国家和个人。英美法系国家在传统上并没有公法和私法之分，它的法律基本分类是普通法和衡平法，这两种法律包含的法律部门比较分散，很不明确。在英美法系国家，属于私法性质的法律规范是在普通法基础上发展起来的，而普通法又与民事诉讼的形式不可分，因此英美法系没有像大陆法系那样，民法成为一个独立的法律部门。在调整私人财产关系等方面的法律，有合同法、财产法、侵权行为法、继承法和婚姻家庭法等。但是，在大陆法系，民法是整个法律制度中最重要的法律部分。

第三，法典编纂不同。大陆法系倾向于法典形式，对某一法律部门所包含的规范作统一的系统规定，法典构成了法律体系结构的主干，而英美法系习惯用单行法的形式对某一类问题作专门的规定，是以单行法和判例法为主干而发展起来的。单行法是指一些单行条例，与大陆法系制定法典的做法是相对的。如税收单行法是就某一类纳税人，某一类征税对象或某一类税收问题单独设立的税收法律、法规和规章。

第四，审讯制度不同。大陆法系国家审讯以法官为主，采取询问制；英美法系国家主要采取辩论制或对抗制。

第五，陪审制度不同。大陆法系国家由陪审员和法官共同组成法庭——合议庭，共同决定问题；英美法系国家陪审团不是法庭组成人员，只负责案件性质的调查和案件性质的认定。

第六，资本制度不同。大陆法系历来采取的是法定资本制，有最低的注册资本要求，而且股东必须一次性地缴纳全部的出资，这是这个制度最大的特点。有一个最低资本额的要求，可以保障公司信用，保证公司一旦出现债务能够具有一个最低的责任资产，这是非常必要的。但这种制度要求出资一次到位，不一定很有效率，可能会造成资本的闲置。英美法系主要采用的是授权资本制。授权资本制的主要特点，就是公司在设立时，没有严格的最低资本的要求，也不要求股东必须一次性出资，可以分期分批出资。这实际上就是要求资本不一定要在公司设立时就全部到位。这种制度非常灵活，股东可以根据实际需要出资，而且也比较有效率，因为如果资本一次性到位，可能就会造成闲置、浪费。所以英美法系的授权资本制，确实有一定的合理性。

总之，这两大法系都在不断地发生变化。一方面，二者之间的差距已逐渐缩小，特别是英国加入欧共体后，客观形势也迫切要求这两大法系间的融合；另一方面，由于传统的不同，两大法系间的某些差别也将长期存在。

## 1.3.4　法律关系

**1. 法律关系的概念**

法律关系是法律在调整人们行为过程中形成的权利和义务关系。它是以法律为前提而产生的社会关系，没有法律的规定，就不可能形成相应的法律关系。当法律关系受到破坏时，国家会动用强制力进行矫正或恢复。法律关系由主体、客体和内容三要素构成。

**2. 法律关系的要素**

（1）法律关系的主体

法律关系的主体是指法律关系的参加者，即在法律关系中享有权利或承担义务的人，享有权利的一方称为权利人，承担义务的一方称为义务人。我国法律关系主体包括公民、法人和其他组织。

并不是所有的公民、法人和其他组织都是法律关系主体，只有具有权利能力和行为能力的公民、法人和其他组织才能享受权利和承担义务，构成法律关系主体。

1）权利能力。

权利能力，又称法律人格，是指能够参与一定的法律关系，依法享有权利和承担义务的能力或资格。它是法律关系主体实际取得权利、承担义务的前提条件。根据享有权利的主体范围不同，可以划分为一般权利能力和特殊权利能力。一般权利能力又称为基本权利能力，是一个国家所有公民均具有的权利能力，它是任何人取得公民法律资格的基本条件，不能被任意剥夺或解除。特殊权利能力是公民在特定条件下具有的法律资格。这种资格并非每个公民都可以享有，而只授予某些特定的法律主体。如国家机关及其工作人员行使职权的资格，就是特殊的权利能力。其次，按照法律部门的不同，可以分为民事权利能力、政治权利能力、劳动权利能力、诉讼权利能力等。

法人和其他组织的权利能力没有上述类别。一般来说，法人和其他组织的权利能力自法人和其他组织成立时产生，至法人和其他组织解体时消灭。其范围由法人和其他组织成立宗旨和活动范围决定。其中法人是指具有民事权利能力和民事行为能力，依法独立享有民事权利和承担民事义务的组织。法人成立的要件包括：依法成立；有必要的财产和经费；有自己的名称、组织机构和场所；能独立承担民事责任。

2）行为能力。

行为能力是指法律关系主体能够通过自己的行为实际取得权利和履行义务的能力。公民的行为能力是公民的意识能力在法律上的反映。确定公民有无行为能力，其标准为能否认识自己行为的性质、意义和后果，能否控制自己的行为并对自己的行为负责。因此，公民是否达到一定的年龄、神智是否正常等就成为公民享有行为能力的标志。需要注意的是具有行为能力必须首先具有权利能力，但具有权利能力并不必然具有行为能力。这也表明在每个公民的法律关系主体资格构成中，这两种能力可能是统一的，也可能是分离的。

（2）法律关系的客体

法律关系的客体是指主体之间权利义务所指向的对象。没有客体，便不会发生民事法律关系。按照法律关系客体的利益表现形式，可分为物、行为、人身利益、智力成果等。

1）物。

物是除人身之外，能为人们所支配，独立满足人类社会生活需要的物质实体或自然力。民法上的物虽具有物理属性，但又不同于物理意义上的物。要求有支配性、存在性和效用性。大多数民事法律关系与物有密切联系，有的以物为客体，如所有权、担保物权等，有的虽以行为为客体，但是仍以物为利益体现，如交付物的买卖合同。

2）行为。

作为客体的行为特指满足债权人利益的行为，通常也称给付。行为主要是债这一民事法律关系的客体，因为债权是请求权，债权人只能就自己的利益请求债务人给付，如交付物、完成工作任务，而不能对债务人的物或其他财产直接加以支配。

3）人身利益。

人身利益主要包括人格利益和身份利益。人格利益指能够作为权利义务主体的独立的资格。它是一个抽象的概念，由生命、健康、名誉、姓名、肖像等要素构成。这些要素是任何公民都必须具备的，是公民最基本的需要或利益。身份利益是身份权所保护的对象，主要包括荣誉、职称等。

4）智力成果。

智力成果是人脑力劳动创造的精神财富，是知识产权的客体，包括文学、艺术、科技作品、发明、外观设计、商标等。知识产权保护的不是智力成果的载体，而是载体上的信息，载体本身属物权保护对象。

（3）法律关系的内容

法律关系的内容，是指法律关系主体在一定条件下依照法律或约定所享有的权利和承担的义务，是人与人之间利益的获取或付出的状态。权利是规定或隐含在法律规范中、在法律关系中实现、主体以相对自由的作为或不作为的方式获得利益的手段。义务是规定或隐含于法律规范中，在法律关系中实现、主体以被动的作为或不作为方式保障权利主体利益的约束手段。

## 1.3.5　诉讼时效

**1. 诉讼时效的概念与功能**

（1）诉讼时效的概念

时效是指一定的事实状态在法定期间持续存在，从而产生与该事实状态相适应的法律效力的法律制度，如当事人对财产的占有或不行使权利的行为，经过一定的时间，发生当事人取得权利或者权利效力减损的法律效果。时效应具备两方面的条件：第一，要有一定的事实状态的存在；第二，该种事实状态必须不间断地持续一定的时间。时效制度属于强制性法律规定，当事人不得约定不受时效制度的限制或变更法定的时效制度。时效具有强制性，任何时效都由法律、法规强制规定，任何单位或个人对时效的延长、缩短、放弃等约定都是无效的。

诉讼时效，又称消灭时效，是指权利人在法定期间内不行使权利而丧失胜诉权的民事法律制度，是权利人行使请求权，获取人民法院保护其民事权利的法定时间界限。它包含三层意思，一是权利人在法定期间内享有依诉讼程序请求人民法院予以保护的权利；二是不行使请求权的事实状态不间断地持续到满法定期间即归于消灭；三是导致一定法律后果的发生，即权利人丧失请求法院保护其权利的胜诉权。

（2）诉讼时效的功能

诉讼时效的设定具有重要意义。主要体现在以下几个方面：

1）督促权利人及时行使权利。

权利人虽享有请求法院保护的胜诉权，但不及时行使，将导致其权利归于消灭。权利人若不积极行使自身所享有的权利，则不利于物尽其用，所以法律并不保护睡眠于权利之上者。

2）避免义务人举证困难。

《德国民法典》关于规定消灭时效的立法理由在于：不要使当事人去纠缠陈年旧账。因为随着时间的流逝，许多证据可能难以保存或者难以查找，如无时间的限制，则义务人的举证负担繁重，这样对于义务人的要求过于苛刻。诉讼时效制度可以发挥证据替代的功能：一旦诉讼时效届满，即使义务人已履行义务的凭证消失，也可通过诉讼时效制度对权利人的主张进行抗辩。

3）维持既定法律秩序的稳定。

社会生活中，一定的事实状态的继续必然会产生相应的社会秩序。在交易中，如果权利人长期不主张其权利，则会使义务人基于这种事实状态产生合理的信赖，并产生相应的预期，从而形成当事人之间的稳定关系。如果允许权利人任何时候都可以主张其权利，势必会影响到法律秩序的稳定，因此有必要设立诉讼时效制度。

**2. 诉讼时效的分类**

诉讼时效按照其使用范围和时效期间长短不同分为普通诉讼时效、特别诉讼时效和最长诉讼时效。

（1）普通诉讼时效

普通诉讼时效，又称一般诉讼时效，指由民事基本法统一规定，在一般情况下普遍适用的时效。《民法通则》第 135 条规定："向人民法院请求保护民事权利的诉讼时效期间为 2 年，法律另有规定的除外。"这表明,我国普通民事诉讼的一般诉讼时效为 2 年。凡是法律没有特别规定诉讼时效的,都应适用普通诉讼时效的规定。

(2)特别诉讼时效

特别诉讼时效,指民事基本法或者特别法针对某些特定的民事法律关系而制定的诉讼时效。按照特别法优先于普通法的一般规则,不难得出特殊时效优于普通时效,凡有特殊时效规定的,适用特殊时效,《民法通则》第 141 条规定:"法律对时效另有规定的,依照法律规定。"在法律规定的诉讼时效期间内,权利人提出请求的,人民法院就强制义务人履行所承担的义务。而在法定的诉讼时效期间届满之后,权利人行使请求权的,人民法院就不再予以保护。

特别诉讼时效通常短于普通诉讼时效,即短期时效。如《民法通则》第 136 条规定:"下列时效为 1 年:1)身体受到伤害要求赔偿的;2)出售质量不合规格的商品未声明的;3)延付或拒付租金的;4)寄存财物被丢失或被损坏的。"《担保法》中规定的"连带责任保证的保证人与债权人未约定保证人承担保证责任的,债权人有权自主债务履行期届满之日起 6 个月内要求保证人承担保证责任"等都属于特别诉讼时效;在某些特殊情况下,法律规定长于普通诉讼期间的时效。如《环境保护法》第 42 条规定:"因环境污染损害赔偿提起诉讼的时效期间为 3 年,从当事人知道或者应当知道受到污染损害时计算。"《海商法》第 265 条规定:"有关船舶发生油污损害的请求权,时效期间为 3 年,自损害之日起计算;但是在任何情况下时效期间不得超过从造成损害的事故发生之日起 6 年。"《保险法》第 26 条第 2 款规定:"人寿保险的被保险人或者受益人向保险人请求给付保险金的诉讼时效期间为 5 年,自其知道或者应当知道保险事故发生之日起计算。"

(3)最长诉讼时效

最长诉讼时效,是指对侵害的民事权利给予诉讼保护的最长期限。《民法通则》第 137 条规定:"诉讼时效期间从知道或者应当知道权利被侵害时起计算。但是,从权利被侵害之日起超过 20 年,人民法院不予保护。"根据这一规定,最长诉讼时效期间是从权利被侵害之日起计算,超过 20 年,人民法院不予保护。最长诉讼时效的设立是为了克服普通诉讼时效和特别诉讼时效制度可能导致的无限期的保护权利的缺点。

**3. 诉讼时效的开始、中止、中断和延长**

(1)诉讼时效的开始

诉讼时效的开始是指确定诉讼时效期间的开始时间点。《民法通则》第 137 条规定:"诉讼期间从知道或者应当知道权利被侵害时起算。"此条规定明确了诉讼时效的开始。另外诉讼时效的起算必须满足以下两个条件:第一,发生了权利被损害的事实;第二,权利人知道或者应当知道其权利被侵害。

诉讼时效的开始应从权利人知道或者应该知道权利被侵害之日起计算。相关具体规定如下:1)债权请求权:有履行期限的债权,自履行期限届满之日起计算;无履行期限的债权,自宽限期届满之日起计算;但债务人在债权人第一次主张权利即拒绝的,自拒绝之日起计算;分期付款的债权,自最后履行期限届满之日起计算。2)侵权行为持续发生的,自行为实施终了之日起计算。3)人身伤害赔偿的,伤害明显的,自受伤害之日起计算,伤害不明显的,自确诊之日起计算。4)无行为能力人、限制行为能力人受伤害的,自监护人知道或者应当知道权利被侵害之日起计算。5)撤销权是形成权,不适用于诉讼时效,但返还赔偿请求权自撤销之日起计算。6）不当得利之债，自知道不当得利事实及对方当事人之日起计算。7）无因管理之债，自管理结束且管理人知道或者应当知道本人之日起计算。

（2）诉讼时效的中止

诉讼时效的中止是指在诉讼时效进行中，因发生法定事由暂时使权利人无法行使请求权，暂停诉讼时效的计算，待中止事由消除后继续计算时效期间的制度。《民法通则》第139条规定："在诉讼时效期间的最后6个月内，因不可抗力或者其他障碍不能行使请求权的，诉讼时效中止，从中止时效的原因消除之日起，诉讼时效期间继续计算。"

诉讼时效中止的主要事由包括不可抗力和其他障碍。不可抗力为不能预见、不能避免和不能克服的客观情况。如地震、洪水等自然灾害，战争、罢工等人类活动等。发生不可抗力时，权利人主观上要求行使权利，但客观上无法行使，处于无奈的状态，法律遂予之以中止的救济手段。《关于审理民事案件适用诉讼时效制度若干问题的规定》第20条规定，下列事由可视为《民法通则》第139条中的"其他障碍"。1）继承开始后尚未确定继承人或遗产管理人。2）权利被侵害的无民事行为能力人或者限制民事行为能力人无法定代理人或者法定代理人死亡、丧失代理权、丧失行为能力。3）权利人被义务人或者其他人控制，无法主张权利。4）其他导致权利人不能主张权利的客观情形。由于事物本身的不断发展，时效中止原因的外延亦具有不确定性，凡是使权利人无法行使权力的客观情况，都应视为时效中止事由。

（3）诉讼时效的中断

诉讼时效的中断是指在诉讼时效进行期间，因发生一定的法定事由，使已经经过的时效期间统归无效，待时效期间中断的事由消除后，诉讼时效期间重新计算的诉讼时效制度。《民法通则》第140条规定："诉讼时效因提起诉讼、当事人一方提出要求或者同意履行义务而中断。从中断时起计，诉讼期间重新计算。"据此，中断诉讼时效的事由为提起诉讼、当事人一方提出要求或者履行义务。

诉讼时效中止与中断的区别主要体现在以下几个方面：首先，诉讼时效的中止和中断的原因不同。诉讼时效中止的原因是客观上阻碍权利人行使请求权的不可抗力或者其他障碍；诉讼时效中断是因当事人的主观行为，即请求、允诺、起诉等起因。其次，诉讼时效的中止和中断发生的时间要求不同。诉讼时效中止只能发生在诉讼时效期间的最后6个月内；而诉讼时效中断可以在时效进行的任何时间发生。再次，诉讼时效中断和中止的后果不同。诉讼时效中止导致诉讼时效的暂停计算；诉讼时效中断导致诉讼时效的重新计算。

（4）诉讼时效的延长

诉讼时效的延长是指权利人因为正当原因未能在诉讼时效期间内行使权利的，在诉讼时效期间届满后法院延长诉讼时效期间的制度。通常情况下，权利人在诉讼时效期间内不行使权利，于时效期间届满后，向法院要求保护权利的，法院不予支持。但有的权利人在诉讼期间内未能行使权利确有正当原因，而它们又不包括在使时效中止、中断的法定事由内，严格适用诉讼时效将造成不公。针对这种情况，《民法通则》第137条规定，有特殊情况的，人民法院可以延长诉讼时效的期间，以便保护特殊情况下权利人由于特殊原因未能及时行使的权利，避免不公平的结果。

### 1.3.6 法律用语的区分

**1. 法制与法治**

（1）法制

法制，是法律和制度的总称，又称为依法而治和以法治国，统治阶级以法律化、制度化的方式管理国家事务，并且严格依法办事的原则也是统治阶级按照自己的意志通过国家权力建立的用以维护本阶级专政的法律和制度。社会主义法制的基本要求是"有法可依、有法必依、执法必严、违法必究"。任何国家都有法，但不一定有法制。法制在不同国家其内容和形式不同。在君主制国家，君主之言就是法；在资本主义国家，虽然排除了奴隶制、封建制国家法制的专制性质，但资产阶级受阶级本性的局限，当有的法律规定不符合本阶级利益时，就加以破坏，因此，不可能有真正法制。只有彻底消灭剥削制度，实现人民民主的社会主义国家，才可能真正实现社会主义法制。

（2）法治

法治即立法与守法的结合，是一种治国方法。其实质是制约政府权力，保障公民权利。

法治具体表现在以下几个方面：第一，立法方面，必须遵守一定的原则，必须研究国家的情况，反映国家利益，必须考虑对公民尤其是青少年加强教育，必须将法律的灵活性与稳定性相结合；第二，执法思想，国家执法人员要求执行法律。法律有明确规定的，应严格依法执行；法律规定不详的或没有规定的，必须按照法律的原则来公正地处理和裁决案件。第三，守法思想。守法是法治的关键。国家必须加强对公民守法观念的培养和训练。

法治不同于其他治国方法，具有明显的优越性，主要表现在：第一，法律是集体智慧和审慎考虑的产物；第二，法律没有感情，不会偏私，具有公正性；第三，法律不会说话，不能像人那样信口开河；第四，法律借助规范形式，具有明确性；第五，实行人治容易贻误国家大事，特别是世袭制更是如此；第六，时代要求实行法治，不能实行人治；第七，实行一人之治较为困难，元首的能力和精力毕竟有限。当然它也存在一定的缺陷，比如缺乏一定的灵活性，针对这些缺陷可以采取以下几种补救措施，以个人的权力或若干人联合组成的集体的权力"作为补助"；对某些不完善的法律进行适当的变更；加强法律解释，主要是指根据法律的精神来对案件作出公正的处理和裁决。

（3）法制与法治的区别与联系

法制和法治的主要区别表现在以下几个方面：第一，法制是法律制度的简称，属于制度的范畴，是一种实际存在的东西；而法治是法律统治的简称，是一种治国原则和方法，是相对于"人治"而言的，是对法制这种实际存在的东西的完善和改造；第二，法制的产生和发展与所有国家直接相联系，在任何国家都存在法制；而法治的产生和发展却不与所有国家直接相联系，只在民主制国家才存在法治；第三，法制的基本要求是各项工作都法律化、制度化，并做到有法可依、有法必依、执法必严、违法必究；而法治的基本要求是严格依法办事，法律在各种社会调整措施中具有至上性、权威性和强制性；第四，实行法制的主要标志，是一个国家从立法、执法、司法、守法到法律监督等方面，都有比较完备的法律和制度；而实行法治的主要标志，是一个国家的任何机关、团体和个人，包括国家最高领导人在内，都严格遵守法律和依法办事。

法制和法治的联系主要表现在，法治的实施必须建立在法制上。法制是法治的基础和前提条件，要实行法治，必须具有完备的法制；法治是法制的立足点和归宿，法制的发展前途必然是最终实现法治。

**2. 法律权利与法律义务**

（1）法律权利

法律权利是国家通过法律规定，对法律关系主体可以自主决定作出某种行为的许可和保障手段。其结构和内容包括：权利人可以自主决定一定行为的权利；权利人要求他人履行一定法定义务的权利；权利人在自己的权利受到侵犯时，请求国家机关予以保护的权利。其中权利人自主决定做出一定的行为是权利结构的核心。另外两要素都为该要素的延伸，也是为实现该要素而自然产生的保护手段。

权利和权利能力既有联系又有区别。首先，权利以权利能力为前提，是权利能力这一法律资格在法律关系中的具体反映。二者的区别表现在任何人具有权利能力，并不必然表明他可以参与某种法律关系，而要能够参与法律关系，就必须要有具体的权利，另外权利能力包括享有权利和承担义务两方面的法律资格，而权利本身并不包括义务。

（2）法律义务

法律义务是国家通过法律规定，对法律主体行为的一种约束手段。它或者表现为要求人们必须根据义务的内容做出一定的行为，或者表现为要求人们不得做出一定的行为。要求人们必须积极做出一定行为的义务，在法学上被称为"作为义务"，或"积极义务"（如赡养父母、纳税）。要求人们不得做出一定行为的义务，被称为"不作为义务"或"消极义务"（如不得破坏公共财产、禁止非法拘留等）。

法律义务的履行是实现法律规范、保障法律权利实施的重要保障。义务人履行义务是法的遵守的重要内容。而不履行义务就构成了对他人权利的侵害，就是违法，须承担一定的法律责任。因此，法律义务不等同于法律责任，它是构成法律责任的法定前提条件。

（3）法律权利与法律义务的联系

权利和义务作为构成法律关系内容的要素，紧密联系、不可分割，它们共处于法律体系的统一体中。没有无义务的权利，也没有无权利的义务。因此，权利和义务都不可能孤立存在和发展。它们的存在和发展都必须以另一方的存在和发展为条件。一方不存在，另一方也不可能存在。

权利和义务又相互独立、相互区别。权利和义务有各自的范围和限度。超出了这个限度，就不为法律所保护，甚至是违反法律的。超出了权利的限度，就可能构成"越权"或"滥用权力"，属于违法行为。要求义务人做出超出义务范围的行为，同样是法律所禁止的。

**3. 法律责任与法律制裁**

（1）法律责任

法律责任是指因违反了法定义务或契约义务，或不当行使法律权利而产生的由行为人承担的不利法律后果。

法律责任和法律权利、义务具有密切的联系。法律责任是保障法律权利实现和法律义务履行的重要手段。法律责任是法律关系主体违反法律义务之后承担的不利后果，是违反第一性义务之后产生的第二性义务。行为人在违反法律义务的同时，侵害了相对人或社会、国家的权利，相对人因此又获得了救济权利，即可以通过法律途径维护其原权利的救济权及请求恢复原状，获得补偿或者赔偿的权利，甚至处以刑罚。基于违反法律义务的不同，法律责任可以分为民事责任、行政责任、刑事责任和违宪责任。

法律责任与违反法定(或约定)义务或不当行使法律权利存在前因与后果的逻辑关系,破坏权利义务关系是前因,追究责任或承受制裁是后果。

(2)法律制裁

法律制裁是由国家专门机关对法定(或约定)义务者依其所应承担的法律责任而实施的强制性惩罚措施。法律制裁的目的在于保护权利,惩罚违法行为,恢复被损害的法律秩序。法律制裁的主要特点是:由国家专门机关依法实施;是一种惩罚性的强制措施;须以违法行为和法律责任为前提;进行法律制裁的国家机关必须遵守严格程序,并制作相应的法律文书。

根据违法行为和法律责任的性质不同,法律制裁可以分为民事制裁、行政制裁、刑事制裁与违宪制裁。

1)民事制裁。

民事制裁是由人民法院所确定并实施的,对民事责任主体予以强制性惩罚的措施。它主要包括赔偿损失、支付违约金、消除影响、恢复名誉、赔礼道歉等。不同形式的惩罚措施可以分别使用也可以叠加适用。法院在审理民事案件时还可以予以训诫、责令、收缴其非法所得、罚款和拘留等。民事责任主要是一种财产责任,所以民事制裁也是以财产关系为核心的一种制裁。

2)行政制裁。

行政制裁是指国家行政机关对行政违法者依其行政责任所实施的强制性惩罚措施,与行政违法和行政责任相对应。行政制裁可以分为行政处罚、行政处分等。

行政处罚是国家行政机关对构成行政违法行为的公民、法人及其他组织实施的行政法上的制裁。行政违法是指公民、法人及其他组织违反国家行政管理秩序,依照法律应当由国家行政机关给予行政处罚的危害社会的行为。

行政处罚主要包括警告、罚款、没收非法所得、没收非法财物、责令停产停业、暂扣或者吊销许可证、暂扣或者吊销执照和行政拘留等方式。

3)刑事制裁。

刑事制裁是司法机关对于犯罪者根据其刑事责任所确定并实施的强制性惩罚措施。刑事责任旨在预防犯罪,以刑罚为主要组成部分,还包括一些非刑罚处罚方法。

4)违宪制裁。

违宪制裁是根据宪法的特殊规定对违宪行为所实施的一种强制性措施。在我国,监督宪法实施的全国人民代表大会及其常务委员会是行使违宪制裁的机关。承担违宪责任、承受违宪制裁的主体主要是国家机关及其领导人员。制裁形式主要有:撤销同宪法相抵触的法律、行政法规、地方性法规;罢免国家机关的领导成员和人大代表等。

**4. 法律遵守、法律执行与法律适用**

(1)法律遵守

法律遵守是指国家机关、社会团体、企业事业单位和全体公民自觉地按照法律规范的要求行使权利或履行义务的活动,是法律实施的基本要求。法律遵守同时意味着依法享有并行使权利和承担并履行义务,严格依法办事的活动和状态。在我国,一切国家机关、政党、社会团体、企业事业组织、国家工作人员和全体公民,都必须严格守法,依法办事。这体现了社会主义法律的本质，维护社会主义法律的权威，发挥社会主义法律作用的要求。

（2）法律执行

法律执行又称"执法"。有广义和狭义两种解释。广义上指国家行政机关、司法机关及其公职人员，依照法定职权和程序，贯彻实施法律的活动；狭义上指国家行政机关及其公职人员在法定职权范围内，依照法定程序贯彻和实施法律的活动。一般情况下，法律执行采纳狭义解释。

法律执行有以下特征：第一，主体的特定性。在我国，只有行政机关及其公职人员、法律或法规授权的组织及其工作人员、行政机关委托的组织或个人才能作为执法的主体，其他任何组织或个人都不能构成执法的主体；第二，内容的广泛性。法律执行是以国家名义对社会实行全方位的组织和管理的行为，它涉及政治、经济、外交、国防、财政、文化、教育、卫生、科学、工业、农业、商业、交通、建设、治安、社会福利、公用事业等各个领域，特别是在现代社会里，由于社会事务复杂，执法活动范围尤为广泛，对社会的影响也越来越强烈；第三，法律执行的单方意志性。行政机关在执法活动中与行政相对人是一种管理与被管理、监督与被监督关系而非平等关系，行政机关处于支配地位，有权单方向强制或命令行政相对人为或不为，无须经相对人同意；第四，法律执行的积极主动性。法律执行是行政机关的法定职责，行政机关一般都采取积极主动的行动去行使职权和履行职责，不需要行政相对人的申请，保证法律的贯彻实施；第五，法律执行的效力先定性。执法机关在行使执法权时，无论其最终是否合法，一经做出就发生法律效力，并且享有优先行使和促其实现的效力。

法律的执行必须遵守以下原则：第一，合法性原则，指法律的执行活动必须恪守法律规定的范围、内容和程序，不得越权或者滥用职权；第二，合理性原则，指法律执行主体在执法活动中，特别在行使自由裁量权时，必须客观、适度、合乎理性；第三，效率原则，指在依法行政的前提下，执法主体对社会实行组织和管理的过程中，应以尽可能低的成本取得尽可能大的收益，追求法律执行效益最大化。

（3）法律适用

通常情况下，法律适用是指在具体的法律事实出现后，法律规定的专门机关及其工作人员依照职权范围，通过法定程序将其归入相应的抽象法律事实，根据该法律规范关于抽象法律关系之规定，形成具体的法律关系和法律秩序。法律适用专门机关主要包括公安机关、国家安全机关、检察机关、法院等司法机关。

法律适用主要有以下特征：第一，法定性，国家机关对具体案件的处理，无论是在程序上还是在实体上，都必须严格依据法律规定。第二，权威性，国家机关尤其是司法机关的活动是以国家名义进行的，司法裁决一旦发生法律效力，任何组织和个人都必须执行，不得擅自修改和违抗。第三，被动性，司法过程的启动总是以具体案件的发生为前提，在大多数案件中，司法活动必须由当事人的诉讼行为来启动。第四，独立性，人民法院依法独立行使审判权，人民检察院依法独立行使检察权，不受行政机关、社会团体和公民个人的干涉。国家行政机关在处理行政复议案件时也应坚持独立性和公正性。

社会主义法制的要求，不仅要有法可依，更重要的还在于有法必依，执法必严，违法必究，这是实行社会主义法制的基本要求。如果有法不依，令不能行，禁不能止，国家的法制将失信于民。因此，社会主义法律适用必须遵守以下原则：第一，法律面前，人人平等，法律对全体公民，不分民族、种族、性别、职业、地域、宗教信仰、财产状况等，都是统一适用的。任何公民依法享有同等的权利，承担同等的义务。对任何公民的合法权益进行保护，对违法行为进行追究并给予相应的法律制裁；第二，司法机关依法独立行使职权。如人民法院依照法律规定独立行使审判权，人民检察院依法独立行使检察权，不受行政机关、社会团体和个人的干涉；第三，以事实为依据，以法律为准绳。《刑事诉讼法》第4条规定："人民法院、人民检察院和公安机关进行刑事诉讼，必须依靠群众，必须以事实为依据，以法律为准绳。"《民事诉讼法》第7条规定"人民法院审理民事案件，必须以事实为根据，以法律为准绳"。司法机关处理一切案件，都必须以客观事实为依据，按照统一违法犯罪评判标准，严格遵守国家法律。

## 重点与难点

重点：

1. 合同的概念及特征。

2. 合同关系三要素。

3. 法律规范的概念与构成。

4. 合同的分类。

5. 工程合同的概念和特征。

6. 大陆法系与英美法系的概念和特点。

7. 诉讼时效、诉讼时效中止、诉讼时效中断的概念。

8. 诉讼时效的类型。

难点：

1. 法律部门的概念与分类。

2. 单务合同与双务合同的区分。

3. 法制与法治的关系。

4. 法律义务、法律责任与法律制裁的关系。

5. 法律执行与法律适用的关系。

## 思考与练习

1. 一审未提出诉讼时效抗辩，二审能提出吗？

2. 建设工程价款支付没有明确的履行期限，如何计算诉讼时效？

3. 承包人向"解决建设领域拖欠工程款工作领导小组"寻求救济，是否导致诉讼时效中断？

4. 双务合同一定是有偿合同吗？

5. 我国法律与大陆法系和英美法系是什么关系？

6. 地方性法规与部门规章对同一事项的规定不一致时，如何适用？

7. 技术标准属于广义的法律吗？

8.《最高人民法院关于审理民事案件适用诉讼时效制度若干问题的规定》（2008年8月11日发布）的主要内容有哪些？

# 第 2 章

# 合同法基本理论

## 2.1　概述

### 2.1.1　合同法概述

#### 1. 合同法的概念

合同法有广义和狭义之分，狭义的合同法又称为形式意义上的合同法，是指由立法机关严格制定、具有系统性和科学性的，以"合同法"命名的法律文件，如《合同法》。广义的合同法又称为实质意义上的合同法，是指有关合同的法律规范的总称，是调整平等民事主体之间交易关系的法律。合同法是我国民法的重要组成部分。

#### 2. 合同法的调整对象

合同法主要规范合同的订立、合同的效力、合同的履行、合同的变更、转让和终止以及合同的保全和违约责任等一系列问题，保证因财产流转或相互交易而产生的社会关系的稳定。因此合同法的调整对象是合同关系，该合同关系是平等主体之间的财产和权益的交易关系。

合同法主要调整具有财产内容的社会关系。市场经济条件下，合同法是满足市场主体需要，获得经济利益的主要工具。平等主体的自然人、法人和其他组织间经常通过转让产品或货币，来实现完成工作和提供劳务或活动中所产生的债务的清偿或履行，而财产利益贯穿于整个交易过程。这也是合同法区别于反映人身关系的法律和其他法律的主要特征。并且合同法是调整动态财产关系的法律。动态财产关系主要是交易关系，体现在财产从一个民事主体转移给另一个民事主体，可以说合同法是所有权人处分财产或者获得财产的重要法律手段，充分反映流通领域内的财产运动状态。

合同法适用于各类以民事权利义务为内容的民事合同。具体包括以下几种：第一，《合同法》已确认的 15 类有名合同；第二，《物权法》、《知识产权法》等确认的抵押、质押合同，土地使用权出让和转让合同，专利权和商标权转让、许可合同，著作权使用合同等；第三，虽未由民法确认但仍然由平等的民事主体所订立的民事合同，如借款合同、雇佣合同等，但以下的除外：政府依法维护经济秩序的管理活动所产生的行政管理活动；法人、其他组织内部的管理关系；婚姻、收养、监护等有关身份关系的协议等。合同法不适用于政府依法维护经济秩序的管理，其属于行政管理关系而不是民事关系，适用于有关行政管理法律，如国有企业承包经营合同。

**3. 合同法的基本原则**

合同法的基本原则贯穿于合同法的整个领域，是制定、解释、执行和研究合同法的总的指导思想，是合同法的宗旨和价值判断的集中体现。合同法的基本原则并不是合同当事人具体确定的行为规范，而只是提供了抽象的行为准则。

(1) 平等原则

平等原则，是指合同当事人的法律地位平等，由于合同法调整的是平等主体之间的合同关系，因此平等原则是合同关系产生的前提。《合同法》第3条规定："合同当事人的法律地位平等，一方当事人不得将自己的意志强加给另一方。"平等原则反映了合同关系的本质特征，合同当事人享有独立、平等的法律人格，其中平等以独立为前提，独立以平等为归宿。从事合同活动的各方当事人没有高低贵贱之分，不论领导者与被领导者，他们在合同中的法律地位是平等的，各自能独立地表达自己的意志，其合法权益平等地受到法律的保护。平等原则是市场经济的本质特征和内在要求在合同法上的具体体现，是合同法最基础、最根本的一项原则。

(2) 自愿原则

《合同法》第4条规定："当事人依法享有自愿订立合同的权利，任何单位和个人不得非法干预。"自愿原则是指当事人依法享有在缔结合同、选择交易伙伴、决定合同内容以及在变更和解除合同、选择合同补救方式等方面的自由。合同自愿原则是合同法的最基本的原则，是合同法律关系的本质体现。

确立合同自愿原则是鼓励交易、发展市场经济的必然要求。合同关系越发达、越普遍，则意味着交易越活跃，市场经济越具有活力，社会财富才能在不断增长的交易中得到增长。然而，这一切都取决于合同当事人依法享有充分的合同自由。可以说，合同自愿是市场经济条件下交易关系发展的基础和必备条件，而以调整交易关系为主要内容的合同法当然应以此为最基本的原则。

合同法确认合同自愿原则不仅表现在明确了"当事人依法享有自愿订立合同的权利"，而且在法条表述中尽量限制合同法的强制性规范，努力扩大任意性规范。在一般情况下，有约定时依约定，无约定时才依法律规定，即当事人的约定要优先于法律的规定。例如《合同法》中许多条文规定"当事人另有约定的除外"。此外，《合同法》对合同自愿原则的确认还表现在：

第一，在合同的订立方面，《合同法》极大地减少甚至消除了有关合同法规和规章对当事人的订约自由所施加的限制，允许当事人自由选择订约伙伴。

第二，在合同的效力认定方面，充分尊重了当事人享有的订约自由，尽量减少了政府不必要的行政干预。《合同法》并未规定行政机关享有确认合同效力的权力，对行政机关监督检查合同的权力也作出了严格限制，以防止政府机关随意干涉合同当事人的合同自愿。

第三，在合同内容的确立方面，充分尊重当事人的意志自由。《合同法》规定合同的内容由当事人约定，《合同法》虽然规定了合同"一般包括"的条款，但这些条款都是示范性条款而非强制性条款，并不要求当事人所订立的合同都必须具备这些内容，也没有对适用于各类合同的必要条款作出统一规定，从而尊重了当事人在确立合同内容方面的自由。

第四，在合同的方式方面，《合同法》规定，除法律法规另有规定外，当事人订立合同可以采取书面形式、口头形式和其他形式。即使法律、行政法规规定当事人必须采取书面形式的合同，当事人未采取书面形式但一方已经履行主要义务，对方接受的，也认为合同成立。

第五，在合同解除方面，允许当事人在订约时约定合同解除权，在合同生效后，如果出现了解除条件，允许享有解除权的一方通过行使约定解除权而解除合同。

第六，在违约责任方面，《合同法》充分尊重守约方在对方违约后所享有的选择补救方式的自由，尤其是废除了传统的继续履行原则，允许守约方选择要求继续履行、采取补救方式或者赔偿损失等违约责任。当事人可以约定赔偿损失额，也可以约定违约金条款。

当然，任何自由都是法律允许范围内的自由，绝对的、不受约束的自由是不存在的，合同法所确定的合同自愿也是一种相对的自由，而非绝对的自由。

（3）公平原则

公平原则是指合同当事人应依据社会公认的公平观念从事合同活动。《合同法》第 5 条规定："当事人应当遵循公平原则确定各方的权利义务。"公平原则是当事人平等地位的体现，是进步和正义的道德观在法律上的体现。它对合同主体从事的各项活动起着指导作用，特别是在立法尚不健全的领域赋予审判机关一定的自由裁量权，对于弥补法律规定的不足和纠正贯彻合同自由原则过程中可能出现的一些弊端，有着重要意义。

（4）诚实信用原则

诚实信用原则是指民事主体进行民事活动必须意图诚实、善意、行使权利不侵害他人与社会的利益，履行义务信守承诺和法律规定，最终达到所有获取民事利益的活动，不仅应使当事人之间的利益得到平衡，而且也必须使当事人与社会之间的利益得到平衡的基本原则。《民法通则》第 4 条规定，民事活动应当遵循诚实信用原则。诚实信用原则是市场伦理道德准则在民法上的反映。《民法通则》将诚实信用原则规定为民法的一项基本原则，不难看出，诚实信用原则在我国有适用于全部民法领域的效力。作为一般条款，该原则一方面对当事人的民事活动起着指导作用，确立了当事人以善意方式行使权利、履行义务的行为规则，要求当事人在进行民事活动时遵循基本的交易道德，以平衡当事人之间的各种利益冲突和矛盾，以及当事人的利益与社会利益之间的冲突和矛盾。另一方面，该原则具有填补法律漏洞的功能。当人民法院在司法审判实践中遇到立法当时未预见的新情况、新问题时，可直接依据诚实信用原则行使公平裁量权，调整当事人之间的权利义务关系。因此，诚信原则意味着承认司法活动的创造性与能动性。近代以来，作为诚实信用原则的延伸，各个国家和地区的民法上，又普遍承认了禁止权利滥用原则。该原则要求一切民事权利的行使，不能超过其正当界限，一旦超过，即构成滥用。这个正当界限，就是诚实信用原则。

合同活动是最重要的一类民事活动。合同当事人在合同活动中理应遵循诚实信用原则。《合同法》第 6 条规定，当事人行使权利、履行义务应当遵循诚实信用原则。

（5）守法原则

《合同法》第 7 条规定："当事人在订立和履行合同中，应当遵守法律、行政法规，尊重社会公德，不得扰乱社会经济秩序，损害社会公共利益。"该条规定即是对守法原则的规定。当事人必须遵守该条原则，不得违反，否则不但会损害他方当事人的利益，而且也会损害国家和社会的利益，社会秩序将难以维护。

## 2.1.2　合同法的历史沿革

### 1. 外国合同法的历史发展

（1）古代合同法

　　古代合同法主要是指奴隶社会和封建社会的合同法。人类社会最早的合同法是由习惯发展而来的，称为习惯法。在氏族社会晚期，随着私有财产的出现，人与人之间的产品交换行为日益广泛，并且形成了一定的规则。这些规则开始由誓言、习惯等保障实行，进而发展成为社会共同体认可或者执行的规范所取代，交换规则成为法律的规定形式，这就是合同法早期形式，即由习惯发展而来。

　　习惯法的不稳定性、不统一性和不公开性决定了其使用上的困难，因此，合同法的成文法应运而生。《汉谟拉比法典》作为最早的成文法之一，在其282个条文中，有80多个是关于合同法的。要求合同奉行严格主义，规定合同的种类和适用范围，对违约行为规定严厉的制裁措施，以保障合同的履行。古罗马法的《十二铜表法》对合同的规定更为严格，立法技术上更为创新，该法中将合同视为当事人之间的法律，用合同作为确定当事人相互间的债权债务关系的"法锁"，以保障交易安全；规定了物的所有权转移的条件，从而使合同能够脱离物的实际交付而单独存在，使诺成合同和实践合同相分离，成为一种新的合同形式。日耳曼法虽不如罗马法，但也体现了团体本位的思想，具体制度上也有所创新，如保证、违约金制度均为其所创。

　　总的说来，古代合同法是简陋的，主要具有以下特点：①合同主体受到严格限制。合同主体仅限于少数人，不仅奴隶不得订立合同，就连妻子儿女在罗马法上也无人格；②合同形式复杂、程序烦琐。古代合同法过分看重形式，程序非常烦琐，形式重于内容，只要形式上符合法律要求，即使内容违反道德，合同是在欺诈或胁迫的情况下签订的，也仍然有效；③用刑事方式处理违约责任。古代合同法对违约进行严厉的惩罚，并且多用刑事方式；④国家对合同干预过多。正因为这些特征使得其不适应于市场经济的要求，终被取代。

　　（2）近代合同法

　　近代合同法，是指资本主义自由竞争时期的合同法，以1804年的《法国民法典》为典型代表，以合同自由原则为明显标志。

　　近代社会，资本主义取代了封建主义，工业经济迅速发展，大大提高了社会生产力，产品交易大大增加，同时封建制度的瓦解也带来了民事主体的人格解放，劳动力成为可自由买卖的商品。民族国家和统一市场逐渐形成，交易自由通畅，随着交易类型的不断完善，合同法对合同的形式和适用范围也做了一定的调整，合同在形式上得到简化，适用范围上得到扩大，并且政府不得妄加干预。这个时期的合同法以《法国民法典》为开创，以《意大利民法典》、《西班牙民法典》为继承，最后以《德国民法典》为结尾，完整地表现了这个时期合同法的风貌。允许人们按照自己的意愿订立合同，奉行合同自由原则；适应了合同主体人格平等的要求。合同法保障主体最大限度发挥主观能动性，保障和尊重个人责任原则，仅仅对其故意或者过失负责任。

　　总之，近代合同法主要特征体现在：①契约自由原则是合同的基本原则和核心；②合同主体范围扩大；③合同内容体现自由意思；④合同形式简化；⑤合同法适用范围扩大。

　　（3）现代合同法

　　现代合同法主要指资本主义垄断时期的合同法。19世纪末期资本主义社会出现了始料未及的飞速发展，导致经济条件和司法实践的变革。各资本主义国家纷纷进入垄断时期。合同法在基本原则等许多方面，较近代合同法都有所变化。主要表现在：①规模经济促使合同格式化；②"强制缔约"在公用事业中普遍存在，主要是保护消费者的合法权益；③只注重当事人的意思实现理论发生动摇，因为有可能不利于交易安全和第三人利益；④合同解释原则出现动摇，如司法上的诚实信用原则、情势变迁原则等。

**2. 我国合同法的历史发展**

在我国，因为长期处于封建社会，在法制上具有"重刑轻民"的特点，虽然在西周时期已经出现了"质剂"、"傅别"等契约制度，但与商品经济低水平发展的社会状况相适应，合同法在我国的发展处于比较缓慢的状态。

新中国成立以来，从1950—1956年，在这个历史阶段中党的方针政策是发展商品生产和商品交换。1950年9月，政务院财政经济委员会颁布了《机关、国有企业、合作社签订合同契约暂行办法》，对完成第一个五年计划，发挥了巨大的作用。

从1957—1966年，我国合同法经历了曲折的发展过程。1958—1960年，我国经济领域大刮"共产风"，否定商品生产和商品交换，取消了合同制度。1958年11月28日至12月10日，党的第八届六中全会通过了《关于人民公社若干问题的决议》，批评了取消商品生产和商品交换的错误思想，决定继续发展商品生产，保持按劳分配。1961年党的八届九中全会正式批准"调整、巩固、充实、提高"八字方针以后，加强了对合同的行政管理。

从1966年5月至1976年10月，也就是"文化大革命"10年中，我国合同法的发展发生倒退。在经济领域借口限制"资产阶级权利"，批判商品生产和产品交换，搞所谓的"向共产主义过渡"，各种行之有效的经济管理制度被当作修正主义的"管、卡、压"，合同法再次被废除了。

1976年粉碎"四人帮"以后，我国进入了一个新的历史时期。特别是党的十一届三中全会以来，党和政府大力推进经济体制改革，我国经济体制逐步步入社会主义市场经济体系，这就为我国合同法的发展开辟了十分广阔的前景。1981年12月由五届人大四次会议通过的《经济合同法》是我国合同法的重大成果，标志着我国合同法进入了一个新阶段。1985年3月，六届人大十次常委会议通过了《涉外经济合同法》，1986年4月，六届人大四次会议通过了《民法通则》，这在我国立法史上具有划时代的意义。1987年6月六届人大二十一次常委会通过了《技术合同法》，至此我国合同法体系呈现出以民法通则为基本法，经济合同法，涉外经济合同法，技术合同法三足鼎立的局面。但是随着改革的不断深化，开放的不断扩大和现代经济建设的不断发展，这三部有关合同的法律在实施中暴露出一些问题。如《经济合同法》作为我国立法中的一部重要法律，虽在维护社会经济秩序、促进改革开放和市场经济发展中起到了重要作用，但是也在很多方面受到旧体制的约束。即便对其内容的修改也没能解决我国当时"三足鼎立"的合同立法格局中存在的弊端，如彼此间的内容重复；另外实践中利用合同形式搞诈骗、损害国家、集体和他人的利益以及融资租赁合同、交钥匙合同等新类型合同的出现，这些都是当时"三法"所不能解决的问题。根据第八届全国人民代表大会常务委员会的立法规划，全国人大常务委员会从1993年10月起，着手进行《合同法》的起草工作。于1999年3月九届人大二次会议通过并公布了新的《合同法》，同时废除了原来的"三法"。新《合同法》具有如下特色：①全面而准确地反映社会主义市场经济的本质要求，面向21世纪，正确处理合同自由与合同正义之间的关系，兼顾公平与效率、交易安全与交易便捷等要求；②稳定性与创新性相结合，既注重历史经验总结，又能结合当前实际，规定了大量新制度、新规则，以便深化改革开放；③立法技术进步明显，各项合同制度之间衔接配合较为严密。借鉴的某些英美法系规则与我国合同法体系也契合无间。

随着经济全球化的趋势深入发展，也带来了法律规范全球化的发展趋势，虽然没有一个统一的法律帝国，但就符合普遍正义、具有合理性的规范而言，人类是相通的。就我国具体情况而言，其目标是建立有中国特色的现代化法律。《合同法》把平等、公平、自愿、诚实信用、守法作为基本原则，既考虑到我国由计划经济向市场经济过渡时期的特点，又兼顾将来社会主义市场经济关系上法律调整的一般性，以便尽快与世界通行的合同法律制度接轨。在总则中规定的合同成立程序、合同履行中的抗辩、合同保全、违约责任的归责原则等都体现了我国合同法创新的时代精神。

在现代市场经济条件下，合同法的设立具有重要意义。市场经济的核心是平等主体间交易的完成，而一切交易都是通过合同的订立和履行来完成的。合同法的设立主要是规范交易过程，顺应市场规律的要求，维护市场秩序，保护民事主体利益，保障交易安全，这对调动市场主体积极性、充分利用资源、提高社会经济效益有着重要支撑作用。

## 2.2 合同订立

### 2.2.1 概述

合同的订立，是指订立合同的当事人通过意思表示一致而于互相之间建立合同关系的行为。合同的订立是合同生效的前提。

**1. 合同订立的主体资格**

《合同法》第 2 条规定，自然人、法人和其他组织可以作为合同的主体，享有合同权利并承担合同义务。但是订立合同的主体不一定要是享有合同权利并承担合同义务的当事人，也可以是合同主体委托的代理人。《民法通则》第 63 条规定："公民、法人可以通过代理人实施民事法律行为。""代理人在代理权限内实施民事法律行为。被代理人的授权委托书应当载明代理人的姓名或者名称、代理事项、权限和期间，并由委托人签名或者盖章。"《合同法》第 9 条规定："当事人订立合同，应当具有相应的民事权利能力和民事行为能力。"可见我国法律明确规定订立合同的当事人必须是具有相应民事权利能力和民事行为能力的自然人、法人或其他组织。

当事人的民事权利能力，是指民事主体依法享有民事权利和承担民事义务的资格。民事权利能力是由法律赋予民事主体的。《民法通则》第 9 条规定："公民从出生时起到死亡时止，具有民事权利能力，依法享有民事权利，承担民事义务。"第 36 条规定："法人的民事权利能力和民事行为能力，从法人成立时产生，到法人终止时消灭。"其他组织的民事权利能力，与法人相同，始于该组织的成立，终于该组织的终止。

当事人的民事行为能力，是指民事主体通过自己的行为取得民事权利和承担民事义务的资格。自然人的民事行为能力与民事权利能力并不一致，有民事权利能力的自然人并不一定就具有民事行为能力。《民法通则》第 11 条规定："十八周岁以上的公民是成年人，具有完全民事行为能力，可以独立进行民事活动，是完全民事行为能力人。""十六周岁以上不满十八周岁的公民，以自己的劳动收入为主要生活来源的，视为完全民事行为能力人。"第 12 条规定："十周岁以上的未成年人是限制民事行为能力人，可以进行与他的年龄、智力相适应的民事活动；其他民事活动由他的法定代理人代理，或者征得他的法定代理人同意。"

第 13 条规定："不能辨认自己行为的精神病人是无民事行为能力人，由他的法定代理人代理民事活动。不能完全辨认自己行为的精神病人是限制民事行为能力人，可以进行与他的精神健康状况相适应的民事活动；其他民事活动由他的法定代理人代理，或者征得他的法定代理人的同意。"

**2. 合同形式**

合同形式，是指当事人合意的外在表现形式，是合同内容的载体。《合同法》第 10 条：当事人订立合同，有书面形式，口头形式和其他形式。法律、行政法规规定采用书面形式的，应当采用书面形式。当事人约定采用书面形式的，应当采用书面形式。

**3. 合同内容**

合同内容，是合同当事人订立合同的各项具体意思表示，具体体现为合同的各项条款。《合同法》第 12 条规定：合同的内容由当事人约定，一般应包括以下条款：

（1）当事人的名称或者姓名和住所

合同的订立，首先应确定合同主体，合同主体是合同权利和合同义务的承受者，没有当事人，合同的权利和义务也就没有意义。当事人名称或姓名的确定便于合同权利义务的受领和给付。住所的明确有利于决定债务的履行地、诉讼管辖等问题。

（2）标的

标的是合同权利和义务所指向的对象。合同的标的既可以指具有质量、数量的实物，也可以指给付行为。不过对于《合同法》及有关司法解释所说的标的，时常需要按标的物理解。

（3）数量

数量是合同标的的基本条件，特别是在有偿合同中数量条款直接决定了当事人的基本权利和义务。在确定数量条款时，应当明确计量单位和计量方法。应当允许相应的磅差或尾差。

（4）质量

质量是确定合同标的物的重要内容，标的物的质量应具体详细，如其质量要求、规格、型号、技术指标等。当事人未对质量条款予以约定时，允许当事人事后协商补充。协商不成时应按照《合同法》第 61 条、第 62 条和第 63 条的规定予以漏洞填补，即：①合同生效后，当事人就质量、价款或者报酬、履行地点等内容没有约定或者约定不明确的，可以协议补充；不能达成补充协议的，按照合同有关条款或者交易习惯确定。②当事人就有关合同内容约定不明确，依照前述规定仍不能确定的，适用下列规定：质量要求不明确的，按照国家标准、行业标准履行；没有国家标准、行业标准的，按照通常标准或者符合合同目的的特定标准履行；价款或者报酬不明确的，按照订立合同时履行地的市场价格履行；依法应当执行政府定价或者政府指导价的，按照规定履行；履行地点不明确，给付货币的，在接受货币一方所在地履行；交付不动产的，在不动产所在地履行；其他标的，在履行义务一方所在地履行；履行期限不明确的，债务人可以随时履行，债权人也可以随时要求履行，但应当给对方必要的准备时间；履行方式不明确的，按照有利于实现合同目的的方式履行；履行费用的负担不明确的，由履行义务一方负担。③执行政府定价或者政府指导价的，在合同约定的交付期限内政府价格调整时，按照交付时的价格计价。逾期交付标的物的，遇价格上涨时，按照原价格执行；价格下降时，按照新价格执行。逾期提取标的物或者逾期付款的，遇价格上涨时，按照新价格执行；价格下降时，按照原价格执行。

（5）价款或者报酬

价款是合同当事人取得标的物所应支付的代价，报酬是以行为为标的的有偿合同中取得利益的一方当事人作为利益的取得而应支付的代价。如运费、保险费、报关费等。

（6）履行期限、地点和方式

履行期限直接关系到合同义务的完成时间，主要有履行期日和履行期间两种。履行地点是合同当事人履行合同义务或者接受履行的地方，履行地点的明确有利于标的物验收地点、运费承担、风险承担和权利转让。履行方式是指当事人履行或者接受履行义务的方式，包括交货方式、付款方式、验收方式、结算方式等。

（7）违约责任

违约责任是当事人不履行合同义务或者履行合同义务不符合约定而应承担的民事责任。违约责任的确定对于督促当事人正确履行义务，保护他人合法利益有着重要意义。

（8）解决争议的方法

解决争议的方法是指合同当事人发生纠纷时，解决纠纷的方法、程序、地点等问题。

传统合同法上的八大条款并非是每个合同都必须具备的"必备条款"、"主要条款"，缺少了其中的一个或几个条款，并不当然导致一个合同不成立或者不生效。事实上，每个合同应具备哪些条款依合同情形不同而各不相同。《合同法》第12条的规定仅具有提示性意义，并无任何强制效力。

### 2.2.2　合同订立的方式

《合同法》第13条规定："当事人订立合同，采取要约、承诺方式。"尽管合同的订立可以采用招标投标、拍卖等不同的方法，但它们实际上都体现了以要约、承诺方式订立合同的过程。

**1. 要约**

（1）要约邀请

要约邀请，又称为要约引诱，《合同法》第15条规定："要约邀请是希望他人向自己发出要约的意思表示。寄送的价目表、拍卖公告、招标公告、招股说明书、商业广告等为要约邀请。商业广告的内容符合要约规定的，视为要约。"要约邀请是当事人订立合同的预备行为，是引诱他人发出要约，不能因相对人的承诺而使合同成立。在发出要约邀请后，要约邀请人撤回其邀请，只要没有给善意相对人造成信赖利益的损失，要约邀请人一般不承担法律责任。

（2）要约的概念和构成要件

要约是订立合同的必经阶段，它作为一种订约的意思表示，能够对要约人和受要约人产生一种拘束力。尤其是要约人在要约的有效期限内，必须受要约的内容拘束。

按照《合同法》第14条规定，要约是希望和他人订立合同的意思表示，该意思表示应当符合两条规定：一是内容具体确定；二是表明经受要约人承诺，要约人即受该意思表示约束。要约的成立需满足以下要件：

1）要约是特定当事人的意思表示。要约人必须使接受要约的相对方能够明白是谁发出了要约以便作出承诺。因此，发出要约的人必须特定化。

2）要约必须向要约人希望与之订立合同的受要约人发出。要约是为了取得承诺，为了合同的订立，要约人向谁发出邀约，也就是希望与谁订立合同，所以要约不能对希望与其订立合同的受要约人以外的第三人发出。

3）要约的内容必须具体确定。要约的内容必须具备足以使合同成立的主要条件，这要求要约的内容必须是确定和完整的，如果订约的建议含混不清、模棱两可、内容不具备一个合同的最根本的要素，则受要约人无法予以承诺，不能构成一个要约。

4）要约人的意思表示必须是以订立合同为目的。要约必须明确表明，一旦受要约人作出承诺，合同即告成立，要约人受该意思表示的约束，发出要约的目的就是订立合同，因此，能否构成要约的一个重要条件是要约人的意思表示是否表达了与受要约人订立合同的真实意愿。

（3）要约的效力

要约的效力又称为要约的法律约束力，包括要约对要约人和受要约人双方的约束。

1）要约的生效时间。

对于要约的生效时间存在两种主张：一是发信主义，即要约人发出要约后，只要要约脱离要约人的实际控制就产生法律效力；二是受信主义或到达主义，即要约人发出要约后，要约必须到达受要约人时才发生法律效力。英美法系国家普遍采用发信主义，而大陆法系国家普遍采用受信主义。我国接受受信主义的主张。《合同法》第 16 条明确规定："要约到达受要约人时生效。"在实践中，要约的送达主要有以下几种方式：一是要约人通过面谈、电话或面交等方式直接送达；二是要约人通过寄送邮件（如信件）的方式送达；三是要约人采用数据电文（如电子邮件、传真）的方式送达。《合同法》规定当事人采用数据电文形式订立合同，收件人指定特定系统接收数据电文的，该数据电文进入该特定系统的时间，视为到达时间；未指定特定系统的，该数据电文进入收件人的任何系统的首次时间视为到达时间。

2）要约对要约人的效力。

要约一经生效，要约人即受要约的约束，不得随意撤销或对要约加以限制、变更或者扩张。受要约人接受要约的，要约人必须与之签订合同。

3）对受要约人的约束。

要约生效后，受要约人就取得了承诺的权利，受要约人可以依其承诺，使合同成立，此时受要约人必须按照合同规定行使自身权利或者承担相应的义务。当然，受要约人没有必须承诺的义务，不承诺的致使合同不成立，受要约人不为承诺时也不负有通知的义务。即使要约人在要约中明确表示受要约人不予答复即为承诺，该表示也不能对受要约人产生拘束力。

4）要约效力的存续期限。

要约效力的存续期限是指要约发生法律效力的期间，即受要约人承诺的期间。要约人发出要约后，一般会指明承诺的期限。承诺应当在要约约定的期限内到达要约人。要约中没有承诺期限的，承诺应当按照下列规定到达：一是要约以对话方式作出的，应当即时作出承诺，但当事人另有约定的除外；二是要约以非对话的形式作出的，承诺应当在合理期限内到达。至于合理期限的确定需要考虑要约到达受要约人的时间、作出承诺的必要考虑时间、承诺通知到达要约人的时间等因素。

（4）要约的撤回与撤销

要约的撤回是指要约人发出要约但尚未到达受要约人前，即要约生效前，要约人宣告收回要约，取消其效力的行为。《合同法》第 17 条规定："要约可以撤回。撤回要约的通知应当在要约到达受要约人之前或者与要约同时到达受要约人。"

要约的撤销是指要约人在要约生效后，受要约人作出承诺之前，宣告取消要约的行为，《合同法》第18条规定："要约可以撤销。撤销要约的通知应当在受要约人发出承诺通知之前到达受要约人。"要约的撤销是法律赋予要约人的权利，但是为了保护受要约人的利益，法律规定并非所有的要约都可以撤销。《合同法》第19条规定：有下列情形之一的要约不得撤销：①要约人确定了承诺期限或者以其他形式明示要约不可撤销；②受要约人有理由认为要约是不可撤销的，并已经为履行合同作了准备工作。

（5）要约的失效

要约的失效又称为要约的消灭，是指一定条件下，要约丧失其法律效力。要约一旦失效，要约人与受要约人则不受法律的约束。

《合同法》第20条规定："有下列情形之一的要约失效：①拒绝要约的通知到达要约人；②要约人依法撤销要约；③承诺期限届满，受要约人未作出承诺；④受要约人对要约的内容作出实质性变更。"

（6）要约与要约邀请的区别

要约与要约邀请的区别体现在以下几个方面：

1）要约是缔约的必经阶段，是当事人订立合同的方式之一。一旦要约被承诺，合同宣告成立。而要约邀请处于订立合同的准备阶段，只有当受邀请者向邀请者发出要约，并且经过承诺，合同才能成立。

2）要约的目的是希望和他人订立合同。而要约邀请的目的只是邀请者希望他人向自己发出要约。

3）要约是订立合同的意思表示，因此要约的内容必须具体、明确。然而，要约邀请只是希望对方向自己提出订立合同的意思表示，所以，要约邀请的内容不要求一定要具体、明确。

4）要约对要约人具有法律约束力，要约一旦到达受要约人，要约人则受该意思表示的约束，并且不得随意撤回或撤销要约。而要约邀请处于缔约的准备阶段，要约邀请人一般不承担法律责任。

**2. 承诺**

（1）承诺的概念和构成要件

承诺，即受要约人同意接受要约的条件以缔结合同的意思表示，以接受要约的全部条件为内容，其目的在于与要约人订立合同。《合同法》第21条规定："承诺，是指受要约人同意要约的意思表示。"

承诺的构成需满足以下要件：

1）承诺必须由受要约人向要约人作出。要约是要约人向特定的受要约人发出的，因此承诺应由该特定人作出，即承诺人应该是受要约人。受要约人以外的任何人不具有承诺资格，无权作出承诺。承诺权是要约人给予的，受要约人向非要约人作出接受的意思表示并非承诺，必须是受要约人向要约人作出的答复，受要约人一旦承诺，合同即将成立。

2）承诺的内容必须与要约的内容一致。承诺是受要约人的意思表示，该意思表示是对要约的同意，其同意内容必须与要约的内容一致，无条件地接受要约的全部内容，对要约的内容既不得限制，也不得扩张，更不能变更。受要约人对要约内容作出实质性变更的，为新的要约或反要约。如对合同标的、数量、质量、价款或者报酬、履行期限、地点和方式等的变更，就是对要约内容的实质性改变。

3）承诺必须在要约的存续期间内作出。《合同法》第 23 条规定："承诺应当在要约确定的期限内到达要约人。要约没有确定承诺期限的，承诺应当依照下列规定到达：一是要约以对话方式作出的，应当即时作出承诺，但当事人另有约定的除外；二是要约以非对话方式作出的，承诺应当在合理期限内到达。"

（2）承诺的生效

《合同法》第 26 条规定："承诺通知到达要约人时生效。承诺不需要通知的，根据交易习惯或者要约的要求作出承诺的行为时生效。"此条规定表明我国承诺的生效采用"到达主义"，即承诺通知一旦到达要约人，合同即告成立。到达的判定标准与要约到达的判定标准相同。如果承诺不需要通知，则根据交易习惯或者要约的要求，一旦受要约人作出承诺的行为，即可使承诺生效。

（3）承诺的撤回

承诺的撤回与要约的撤回相对应，即在受要约人发出的承诺尚未到达要约人前，受要约人收回承诺，取消其法律效果的行为。《合同法》第 27 条规定："承诺可以撤回，撤回承诺的通知应当在承诺通知到达要约人之前或者与承诺通知同时到达要约人。"承诺一旦到达受要约人合同即成立，故承诺不可以撤销。

（4）承诺迟延

承诺延迟，是指受要约人作出的承诺超过承诺期限到达要约人。承诺迟延主要包括两种情况：一是受要约人未在要约人要求的承诺期限内承诺，二是承诺的表示在发出时虽然不构成迟延，但由于传递故障等原因，没有及时到达要约人。在第一种情况下，由于承诺本应在承诺期限内作出，超过有效的承诺期限，要约已经失效，对于失效的要约发出承诺，不能发生承诺的效力，应视为新要约。对于第二种情况，受要约人在要约的有效期限内发出承诺通知，依通常情形可于有效期限内到达要约人，但由于传递故障等原因而迟到。对这样的承诺，如果要约人不愿意接受，即负有对承诺人发迟到通知的义务。要约人及时发出迟到通知后，该迟到的承诺不生效力、合同不成立。如果要约人怠于发迟到通知，则该迟到的承诺视为未迟到的承诺，具有承诺的效力，合同成立。

## 2.2.3 格式条款

### 1. 格式条款的概念

《合同法》第 39 条规定："格式条款是指当事人为了重复使用而预先拟定、并在订立合同时未与对方协商的条款。"格式条款又称为标准条款、一般交易条款或一般契约条款，包含有格式条款的合同被称为定式合同、服从合同、定型化合同、标准合同、附和合同等。随着社会交易节奏的加快，频率的增加，合同的订立不再纯粹地遵守要约、反要约、承诺的订立过程。有时候为了节省缔约成本，针对同样性质的合同，当事人一方会事先拟定好合同的全部条款，另一方当事人对此不加以讨论和变更，只选择接受和拒绝。为维护交易市场稳定，法律开始对其进行规范。19 世纪初期，西方资本主义国家的手工作坊和海商业在交易中开始遵循"相因成习"的方式订立合同，即为采用格式条款订立合同的雏形。进入 19 世纪中叶，资本主义国家由于资本渐趋集中，大规模、社会化的生产方式逐渐形成，经济生活中大量出现采用格式条款订立合同的现象，并逐渐发展到今天。目前，公共事业、交通运输业、金融业等领域中采用格式条款订立合同现象比比皆是。

采用格式条款订立合同，既有有利的一面，又有不利的一面。有利的一面主要是：采用格式条款订立合同有利于提高当事人双方合同订立过程的效率、减少交易成本、避免合同订立过程中因当事人双方一事一议而可能造成的合同内容的不确定性、补充法律规定的不足。不利的一面主要为：格式条款的提供者由于在经济地位方面具有明显的优势，在行业中居于垄断地位，因而导致其在拟定格式条款时，会更多地考虑自己的利益，而对另一方当事人的权利考虑较少或者附加种种限制条件，事实上剥夺了对方当事人在合同订立过程中根据意思自治原则自由表达自己意志的权利。

**2. 格式条款提供者的义务**

《合同法》第 39 条第 1 款规定："采用格式条款订立合同的，提供格式条款的一方应当遵循公平原则确定当事人之间的权利和义务，并采取合理的方式提请对方注意免除或者限制其责任的条款，按照对方的要求，对该条款予以说明。"按照这一规定，在采用格式条款订立合同的过程中，格式条款的提供者具有如下两项义务：

1) 遵循公平原则确定当事人之间的权利和义务。采用格式条款订立合同时，格式条款的提供者在拟定格式条款时，应当将当事人双方之间的权利义务确定得相互对等，将双方当事人各自享有的权利和承担的义务规定得基本相当，不能一方只享有权利而不承担义务，或者其享有的权利明显大于其所承担的义务。

2) 提示或者说明的义务。格式条款的提供者应当采取合理的方式提请对方注意免除或者限制其责任的条款，按照对方的要求，对该条款予以说明。免除或者限制其责任的条款又称免责条款，是指规定免除或者限制格式条款提供者未来合同责任的各种条款。免责条款有可能给对方当事人的权利造成不利影响，使其处于经济上或者法律上的不利地位。按照公平原则和诚实信用原则，格式条款的提供者有义务提请对方当事人注意这类条款可能给其造成的不利影响。格式条款提供者提请对方注意要以合理的方式。按照《关于适用＜合同法＞若干问题的解释(2)》第 6 条的规定，所谓以合理的方式是指提供格式条款的一方对格式条款中免除或者限制其责任的内容，在合同订立时采用足以引起对方注意的文字、符号、字体等特别标志，并按照对方的要求对该格式条款予以说明。并且要求提供格式条款一方对已尽合理提示及说明义务承担举证责任。所谓按照对方的要求对有关条款进行说明，是指当相对方对免责条款存有疑虑并要求予以说明时，条款提供者应该明确该条款含义，使对方明了情况。

**3. 格式条款无效**

格式条款无效是指由于格式条款中含有法律所禁止的内容，或者在制定格式条款时违反法律规定而导致格式条款不具有法律效力，不会产生格式条款提供者所期望的法律后果的情形。

《合同法》第 40 条规定："格式条款具有本法第 52 条和第 53 条规定情形的，或者提供格式条款一方免除其责任、加重对方责任、排除对方主要权利的，该条款无效。"《合同法》第 52 条是关于一般合同无效情形的规定，第 53 条是关于一般合同中的免责条款无效的规定。具体来说，格式条款无效的情形主要有：

1) 一方以欺诈、胁迫的手段订立合同，损害国家利益；恶意串通，损害国家、集体或者第三人利益；以合法形式掩盖非法目的；损害社会公共利益；违反法律、行政法规的强制性规定。具有这些情形的，格式条款统统无效。

2）免除造成对方人身伤害的责任，或者免除因故意或者重大过失造成对方财产损失的责任，该格式条款无效。如"商品一旦出售，责任自负"的约定，该约定免除了条款制作人未来因商品质量问题而造成人身或是财产损害责任，属于无效格式条款。

3）提供格式条款一方免除自身责任，加重对方责任，排除对方当事人主要权利的，该格式条款无效。格式条款双方当事人的权利义务应遵循公平原则，即双方当事人的利益应该是均衡的，不应存在格式条款提供者利用自身的谈判优势强加自己的意志于他人之上的状况，任何利用格式条款导致合同权利义务分配不均衡的约定均不受法律保护，一律无效。例如，商店与消费者约定："本店售出的电视机保修期一律为 3 个月。"这个约定因违反了国家有关电视机实行"三包"的规定，排除了对方的主要权利而无效。

**4. 格式条款的解释**

（1）格式条款解释的概念

格式条款解释，是指当事人采用格式条款订立合同后，在履行合同的过程中因对格式条款的含义有不同的理解而产生争议，受理合同争议的法院或者仲裁机构对引起争议的格式条款及其相关条款内容的含义所作的具有法律约束力的分析、说明。

（2）格式条款解释规则

《合同法》第 41 条规定："对格式条款的理解发生争议的，应当按照通常理解予以解释。对格式条款有两种以上解释的，应当作出不利于提供格式条款一方的解释。格式条款和非格式条款不一致的，应当采用非格式条款。"按照这一规定，除了按照通常理解解释格式条款外，还确定了不利于格式条款的提供者一方的解释规则，同时还规定了格式条款和非格式条款不一致时以非格式条款为准的规则。

按照通常理解予以解释，是指对于格式条款，应当以可能订约者公平、合理地理解为标准进行解释。当格式条款发生争议时，尽可能地探究合同当事人的真实意愿，应该从平常的、通俗的、日常的、一般意义的角度予以解释。

不利于格式条款提供者的解释，是指因对格式条款的含义存在两种以上解释，导致合同当事人双方理解不同而发生争议时，受理合同争议的法院或者仲裁机构为保护处于相对弱势的对方当事人的利益，应对格式条款的含义作出不利于格式条款提供者的解释。这是因为，格式条款中有争议的内容是格式条款的提供者提出的，格式条款提供者应当在拟定格式条款时采用明确的、具有本行业知识的人通常都能够理解的词语进行表述。如果其对格式条款内容的表达可能导致两种或者两种以上的理解，只能认定其利用自身的优势地位故意或者过失地制造了该词语含义的多样性，即格式条款内容的不确定性，损害对方当事人的利益。不利于条款制作人的解释，源自罗马法的"有疑义应为表意者不利之解释"。许多国家和地区的立法和司法实践也是如此处理的，如我国台湾省《消费者保护法》第 11 条第 2 款规定："定型化契约条款如有疑义时，应为有利于消费者之解释。"美国威斯康新州法院 1966 年在审理一宗案件时裁定："在一个条款可以包括各种不同的含义时，对该条款应作严格的不利于合同起草者的解释。"我国《保险法》第 30 条规定："采用保险人提供的格式条款订立的保险合同，保险人与投保人、被保险人或者受益人对合同条款有争议的，应当按照通常理解予以解释。对合同条款有两种以上解释的，人民法院或者仲裁机构应当作出有利于被保险人和受益人的解释。"

格式条款和非格式条款不一致的，采用非格式条款的解释，是因为格式条款是由一方当事人事先拟定,没有经过双方当事人的协商讨论,它是一般的普通规定的条款。而非格式条款是由当事人双方基于意思自治原则,协商一致确定的。在同一合同中,特别商定的条款优先于一般的普通条款。因此,非格式条款应当具有执行上的优先效力。当事人双方在履行合同时发现格式条款和非格式条款不一致,应当采用非格式条款。

### 2.2.4 缔约过失责任

早在罗马法时期,人们就意识到缔约上的过失行为,并对其进行规制,以保护无辜的受害人。但是,罗马法只是对缔约上过失行为作了零星规定,并没有"缔约上过失"的概念,更没有关于缔约上过失责任的系统规定。1861年德国法学家耶林首次提出缔约过失责任理论,被誉为法学上的重大发现,填补了法律上的一大盲区。1999年前,我国合同法对缔约过失没有作出规定,随着社会经济的发展,现实生活中出现了合同尚未订立,当事人因违背诚实信用原则给对方造成损害的例子,客观上要求缔约过失责任法,1999年的《合同法》首次确定了缔约过失责任制度。《合同法》中对缔约过失责任的规定,不仅完善了我国债法制度的体系,而且也完善了交易规则。

**1. 缔约过失责任的概念和构成要件**

缔约过失责任,是指在合同订立过程中,一方当事人因违背其依据诚实信用原则和法律规定的义务,而导致另一方的信赖利益的损失所应承担的损害赔偿责任。在缔约阶段,当事人因社会接触而进入可以彼此影响的范围,依诚实信用原则,应尽交易上的必要注意,以维护他人的财产和人身利益,因此,缔约阶段也应受到法律的调整。当事人应当遵循诚实信用原则,认真履行其所负有的义务;不得因无合同约束,而随意撤回要约或实施其他致人损害的不正当行为。否则,不仅将严重妨碍合同的依法成立和生效,影响到交易安全,也影响人与人之间正常关系的建立。缔约过失责任的成立必须具备以下条件:

(1)缔约过失发生在合同订立过程中

缔约过失责任与违约责任的基本区别就在于,缔约过失责任发生在缔约阶段,其适用前提是合同未成立或者合同被宣告无效或被撤销。而违约责任是以有效合同为基础的。合同订立过程中,当事人之间有缔约上的联系,处于要约、反要约的反复阶段,也就是实物交易中的商讨或是讨价还价阶段,此过程中因一方当事人的过错而致他人损害的,适用于缔约过失责任。正确把握合同成立的时间,是衡量是否应承担缔约过失责任的关键。

(2)一方违背其依诚实信用原则所应负的义务

在缔约阶段,当事人为缔结契约而接触协商之际,已由原来的普通关系进入到一种特殊的关系(即信赖关系),双方均应依诚实信用原则互负一定的义务,一般称之为附随义务,即互相协助、互相照顾、互相告知、互相诚实等义务。若当事人违背了其所负有的附随义务,并破坏了缔约关系,构成了缔约过失,才有可能承担责任。

(3)造成了他人信赖利益的损失

缔约过失责任以损害事实的存在为成立要件。只有当缔约一方当事人违反先合同义务而造成相对人信赖利益的损害时,才能产生缔约过失责任。信赖利益是信赖关系所产生的利益,这种信赖利益必须是基于合理的信赖而产生的利益,即在缔约阶段因为一方的行为已使另一方足以相信合同能成立或生效。信赖利益损失是指因一方当事人缔约过失行为而使合同不成立或无效,导致信赖人所支付的各种费用和其他损失。没有信赖利益的损失就没有赔偿责任，造成他人信赖利益的损失是缔约过失责任产生的前提。

（4）缔约过失行为与损失之间必须存在因果关系

违约方违背依照诚实信用原则所负担的义务的过失行为与另一方缔约主体所遭受的损失必须存在因果关系。如果这二者之间不存在因果关系，则不能让其承担缔约过失责任，这是该责任制度的内在要求。

以上四个要件缺一不可，否则就不能产生缔约过失责任。同时四要件间又是彼此联系的有机整体，缔约过失责任的认定必须严格按照这四个构成要件来进行。

**2. 缔约过失责任的类型**

《合同法》第 42 条确立了缔约过失责任制度，该条规定："当事人在订立合同过程中有下列情形之一，给对方造成损失的，应当承担损害赔偿责任：①假借订立合同，恶意进行磋商；②故意隐瞒与订立合同有关的重要事实或者提供虚假情况；③有其他违背诚实信用原则的行为。"第 43 条规定："当事人在订立合同过程中知悉的商业秘密，无论合同是否成立，不得泄露或者不正当地使用。泄露或者不正当地使用该商业秘密给对方造成损失的，应当承担损害赔偿责任。"由这两条规定可见缔约过失责任实质上是诚实信用原则在缔约过程中的体现。缔约过失行为主要有以下四种类型：

（1）假借订立合同，恶意进行磋商

假借订立合同，恶意进行磋商的情况下，当事人一方并没有订立合同的真正意图，只是为了损害当事人的利益。所谓"假借"就是根本没有与对方订立合同的意思，与对方进行谈判只是个借口，目的是损害订约对方当事人的利益。此处所说的"恶意"，是指假借磋商、谈判，而故意给对方造成损害的主观心理状态。恶意必须包括两个方面内容，一是行为人主观上并没有谈判意图，二是行为人主观上具有给对方造成损害的目的和动机。恶意是此种缔约过失行为构成的核心的要件。此种情况下应承担缔约过失责任。

（2）故意隐瞒与订立合同有关的重要事实或者提供虚假情况

在订立合同的过程中，当事人负有如实告知义务，一方当事人故意隐瞒关于其自身的财产状况、履行能力，故意隐瞒出卖的标的物的缺陷，或者向对方提供不存在的虚假情况，从而给对方造成损失的，应承担缔约过失责任。

（3）泄露或不正当地使用商业秘密

商业秘密是指不为公众所知，能为权利人带来经济利益，具有实用性并经权利人采取保密措施的技术信息和经营信息。缔约主体在订立合同过程中，缔约当事人一方有意或无意知晓对方商业秘密的，不得公开或者擅加利用为自身谋取不正当利益，否则应承担缔约过失责任。

（4）有其他违背诚实信用原则的行为

在订立合同过程中，当事人之间应依诚实信用原则履行通知、协助、保护等义务，由于违背诚实信用原则而造成对方当事人人身或财产的损失的，应承担缔约过失责任。

## 2.2.5　合同成立

合同成立是指合同当事人经过协商而意思表示一致的法律事实。合同的成立表明当事人对合同内容达成一致，当事人之间的权利义务关系已经明确。

**1. 合同成立的构成要件**

（1）订约主体存在双方或多方当事人

合同当事人是合同权利义务的承受者，没有合同当事人，合同将没有存在的价值。同时，合同反映双方或多方当事人的意志，仅有一方当事人或者没有合同当事人，都无法成立合同。

（2）订约当事人意思表示一致

订约当事人意思表示一致是合同成立的基础。只有单方的意思表示或当事人意思表示不一致则不能使合同成立。只有一方当事人的意思表示被另一方同意，即要约得到承诺时，双方当事人之间才能成立合同。

**2. 合同成立的时间**

关于合同成立的时间，《合同法》第 25 条作出了明确规定："承诺生效时合同成立。"第 32 条、第 33 条分别规定，当事人采用合同书形式订立合同的，自双方当事人签字或者盖章时合同成立；当事人采用信件、数据电文等形式订立合同的，可以在合同成立之前要求签订确认书。签订确认书时合同成立。

**3. 合同成立的地点**

合同成立地点的确定关系到合同履行地点、合同发生纠纷时诉讼管辖法院的确定等。《合同法》第 34 条规定："承诺生效的地点为合同成立的地点。采用数据电文形式订立合同的，收件人的主营业地为合同成立的地点；没有主营业地的，其经常居住地为合同成立的地点。当事人另有约定的，按照其约定。"第 35 条规定："当事人采用合同书形式订立合同的，双方当事人签字或者盖章的地点为合同成立的地点。"

对于合同成立的地点，法律规定允许当事人约定，实践中有时会出现合同实际签订地点与约定地点不一致的情况，根据《关于适用〈合同法〉若干问题的解释（2）》第 4 条的规定，采用书面形式订立合同，合同约定的签订地与实际签字或者盖章地点不符的，人民法院应当认定约定的签订地为合同签订地；合同没有约定签订地，双方当事人签字或者盖章不在同一地点的，人民法院应当认定最后签字或者盖章的地点为合同签订地。

## 2.2.6　合同成立的特殊情况

合同成立的特殊情况，是指合同法对欠缺形式要件的合同，即对应当采用书面形式而未采用书面形式或者应当签字盖章而没有签字盖章的合同，有条件地承认其成立。在《合同法》颁布之前，对于现实生活中大量存在的因欠缺形式要件的合同，通常否认其成立，否定其效力。这主要是基于维护交易安全的考虑。但为了尊重当事人意思自治，节约交易成本，提高交易效率，《合同法》第 36 条明确规定："法律、行政法规规定或者当事人约定采用书面形式订立合同，当事人未采用书面形式但一方已经履行主要义务，对方接受的，该合同成立。"同时第 37 条还规定："采用合同书形式订立合同，在签字或者盖章之前，当事人一方已经履行主要义务，对方接受的，该合同成立。"这说明欠缺形式要件的合同成立应具备三个不可或缺的条件：一是当事人一方已经履行了义务；二是一方履行的义务是当事人约定的主要义务；三是当事人另一方接受了对方履行的主要义务。只有同时具备这三个条件，合同方可成立。

# 2.3　合同效力

## 2.3.1　概述

### 1. 合同效力

合同的效力,又称为合同的法律约束力,是指法律赋予依法成立的合同对当事人的约束力,是评价当事人各方合意的表现,是国家意志的反映。《民法通则》第57条规定:"民事法律行为从成立时起具有法律约束力。"《合同法》第8条规定:"依法成立的合同,对当事人具有法律约束力。当事人应当按照约定履行自己的义务,不得擅自变更或者解除合同。依法成立的合同,受法律保护。"合同的效力体现在法律对合同当事人乃至第三人的强制力。

### 2. 合同有效的要件

按照《民法通则》第55条规定,合同有效应当具备行为人具有相应的民事行为能力、意思表示真实和不违反法律或者社会公共利益等条件。

(1)合同主体有相应的资格

合同当事人必须要有相应的民事权利能力和民事行为能力。《合同法》第9条第1款规定:"当事人订立合同,应当具有相应的民事权利能力和民事行为能力。"这一要件要求合同当事人具有相应的缔约能力。它是合同当事人享有合同权利承担合同义务的资格,也是当事人履行义务的前提。因此合同的有效必须要求合同主体具有一定的资格。

(2)意思表示真实

意思表示真实是指表意人的表示行为与其内心的效果意思一致。意思表示"三要素"说认为,意思表示由效果意思、表示意思和表示行为三个阶段组成。效果意思是指行为人期望发生一定法律效果的意思。合同的订立是为了实现权利和利益,行为人为使得自己的权益得到保护希望得到法律认可。表示意思是将效果意思向外部发表的意思。表示行为指将效果意思以一定方式表示于外部的行为。效果意思需借助表示行为来实现。关于意思表示也有"两要素"说,即效果意思和表示行为,不包括表示意思。

意思表示真实是合同有效的重要要件,它是合同自愿原则的必然要求。合同本质上是当事人之间的合意,该种合意符合法律规定,则可依法产生约束力。意思表示不真实,合同效力会因此而受影响,可能造成无效或者可变更、可撤销合同。因欺诈、胁迫成立的合同,若损害国家利益,合同无效;若未损害国家利益,合同则可被变更或撤销。

(3)不违反法律或者社会公共利益

合同的内容和目的应当合法,不违反法律、行政法规的强制性规定或者社会公共利益。《合同法》第52条规定:违反法律、行政法规的强制性规定的合同无效。第7条规定:"当事人订立、履行合同,应当遵守法律、行政法规,尊重社会公德,不得扰乱社会经济秩序,损害社会公共利益。"

除了上述三个要件外,还有学者认为还应当包括合同标的须具备确定性、可能性与合法性这一要件,因为合同标的决定着合同权利义务的质和量,没有标的,合同就失去目的,失去积极的意义,应当归于无效。合同的标的应当确定,有利于权利义务的实施;标的应当可能,也就是说合同给付可能实现,否则,合同将失去存在的意义;当然标的应该满足合法要求。许多特殊合同也可能有一些特殊的有效要件，如技术引进合同、对外合作开采石油合同等需要经过国家有关部门的批准才能生效。

**3. 合同生效**

（1）合同生效的概念

合同生效是指已经成立的合同符合合同有效的要件，能够发生当事人期望的法律效果，并且能够得到法律的认可和保护。合同成立是合同当事人关于合同内容达成一致，是要约、承诺阶段的结束，合同成立意味着合同在客观上已经产生，当事人之间存在合同关系。

（2）合同生效与合同成立的关系

合同成立与合同生效是各自独立又相互联系的两个概念。合同成立是指合同订立过程的结束。合同的生效是指已经成立的合同具有法律效力。一方面，二者之间存在密切的联系，因为当事人订立合同旨在使合同生效，产生约束，实现合同所能产生的权利和利益，如果合同不能生效，则合同如一纸空文，当事人也就不能实现订约目的。特别是对那些依法成立且符合法定生效条件的合同而言，一旦成立就已产生法律效力。正如《合同法》第 44 条规定："依法成立的合同，自成立时生效。"但也有不一致的情况，如法律和行政法规规定需经批准和登记才能生效的合同，必须经过批准和登记。区分合同的成立与合同的生效很有意义，它们的区别主要表现在以下几方面：

1）法律规则的判断标准不同。合同成立与否是事实问题，意义在于识别某一个合同是否已经存在、属于哪一类合同等，因此依据合同成立的规则只能作出成立与不成立两种事实判断；而合同生效与否是法律价值判断问题，意义在于识别某一个合同是否符合法律的精神和规定，从而能否取得法律认可的效力，因此依据合同生效的规则所作出的判断是价值评价性判断，包括有效、无效、效力待定、可撤销等情形。

2）法律效力不同。合同成立的法律效力是要约人不得撤回要约，承诺人不得撤回承诺，但要约人与承诺人的权利义务仍未得到法律认可，仍处于不确定的状态，如果成立的合同无效或被撤销，那么它设定的权利义务关系对双方当事人就没有法律约束力；而合同生效是法律对当事人意思表示的肯定评价，表明当事人的意思表示符合国家意志，当事人设定的权利义务得到国家强制力的保护。

3）性质不同。合同成立的事实是当事人的意思表示一致，合同成立与否取决于当事人的意志，与国家意志无关；而合同生效的事实是由国家意志对当事人的意志作出肯定评价而产生的价值事实。因此，合同的成立与生效实质上是法律对当事人意思表示与国家意志关系的调整，即通过对合同效力的确认，将当事人的意思表示纳入国家意志认可的范围，使当事人之间、当事人与社会公共利益之间的利益得到平衡，从而促进社会经济的正常运行。

综上，合同成立是合同生效的前提，只有已经成立的合同，才存在是否生效的问题，即生效的合同必然已经成立；但成立了的合同未必就已经生效。

## 2.3.2　效力待定合同

**1. 效力待定合同的概念**

效力待定合同又称为效力未定的合同，是指合同虽然已经成立，但因其不完全符合有关生效要件的规定，如合同当事人或订立人欠缺一定的权限或能力等，其效力能否发生尚未确定，一般须经补正才能生效的合同。合同效力待定，意味着合同效力既不是有效，也不是无效，而是处于不确定状态。该类合同的设定主要是为了当事人有机会补正可以补正的瑕疵，使原本不能生效的合同尽快生效，以实现合同法尽量成就交易、鼓励交易的基本原则。

**2. 效力待定合同的类型及其追认**

《合同法》规定了以下三种情况为效力待定合同：

（1）限制行为能力人独立订立的合同

限制民事行为能力人所签订的合同从主体资格上讲，是有瑕疵的，因为当事人缺乏完全的缔约能力、代签合同的资格和处分能力。限制民事行为能力人签订的合同要产生效力，一个最重要的条件是，要经过其法定代理人的追认。这种合同一旦经过法定代理人的追认，就具有法定效力。在没有经过追认前，该合同虽然成立，但是并没有实际生效。所谓追认是指法定代理人明确无误的表示，同意限制民事行为能力人与他人签订的合同。这种同意是一种单方意思表示，无须合同的相对人同意即可发生效力，这里需要强调的是，法定代理人的追认应当以明示的方式作出，并且应当为合同的相对人所了解才能产生效力。

《合同法》第 47 条第 1 款规定："限制民事行为能力人订立的合同，经法定代理人追认后，该合同有效，但纯获利益的合同或者与其年龄、智力、精神健康状况相适应而订立的合同，不必经法定代理人追认。"

（2）无权代理人订立的合同

《合同法》第 48 条规定："行为人没有代理权、超越代理权或者代理权终止后以被代理人名义订立的合同，未经被代理人追认，对被代理人不发生效力，由行为人承担责任。相对人可以催告被代理人在 1 个月内予以追认。被代理人未作表示的，视为拒绝追认。合同被追认之前，善意相对人有撤销的权利。撤销应当以通知的方式作出。"根据该条规定，无权代理人订立的合同主要产生以下法律效力：未经被代理人追认的，对被代理人不发生效力，由行为人承担责任；经善意相对人撤销的，合同不发生效力；经被代理人追认的，合同有效。

需要注意的是《合同法》第 49 条规定："行为人没有代理权、超越代理权或者代理权终止后以被代理人名义订立合同，相对人有理由相信行为人有代理权的，该代理行为有效。"该无权代理被认为是表见代理，为保护相对人的利益，法律规定行为人的表见代理行为有效，因此订立的合同是有效合同，并非效力待定合同。

（3）无处分权人订立的合同

无处分权人以自己名义擅自处分他人财产而订立的合同为效力待定合同。一般说来，无处分权人处分他人财产，不仅其处分行为无效，而且也是对他人财产所有权的侵犯，应当承担相应的民事责任。但是实际生活中，无处分权人的处分行为可能得到财产所有人的追认或者订立合同后取得财产处分权。为保护当事人的合法权益、维护交易安全，《合同法》没有一概否认无处分权人订立的合同，而是视其为效力待定合同。经过权利人的追认可以使合同生效。《合同法》第 51 条规定："无处分权的人处分他人财产，经权利人追认或者无处分权的人订立合同后取得处分权的，该合同有效。"若权利人拒绝追认的，基于物权的追及性，权利人可以要求受让人返还财产，但受让人行为若符合物权法善意取得的条件时，受让人可依据善意取得的规定取得财产的所有权，权利人只能向无处分权人要求承担侵权责任。《物权法》第106 条规定："无处分权人将不动产或者动产转让给受让人的，所有权人有权追回；除法律另有规定外，符合下列情形的，受让人取得该不动产或者动产的所有权：①受让人受让该不动产或者动产是善意的；②以合理的价格转让；③转让的不动产或者动产依照法律规定应当登记的已经登记，不需要登记的已经交付给受让人。受让人依此规定取得不动产或者动产的所有权的，原所有权人有权向无处分权人请求赔偿损失。"

### 2.3.3　可撤销合同

**1. 可撤销合同的概念**

可撤销合同，又称为可变更、可撤销合同，是指当事人在订立合同时，因意思表示不真实，法律允许有撤销权的一方当事人行使撤销权，变更其意思表示或者使已经生效的意思表示归于消灭的合同。在可撤销合同中，只有在当事人行使撤销权，并经法院或仲裁机构裁决撤销权成立之后，该合同效力才归于消灭，且溯及到合同成立之时。

**2. 可撤销合同的分类**

《合同法》第 54 条规定，可撤销合同的类型有以下几种：

（1）因重大误解订立的合同

重大误解是指当事人因自己的过错对合同的主要内容等产生错误认识，致使该行为与自己的意思相悖，直接影响到当事人所享有的权利和承担的义务，并造成较大损失的情形。误解既包括单方面的误解，也包括双方的误解。

根据《民法通则司法解释》的规定，重大误解包括：①对合同性质的误解，如误以出租为出卖，误以借贷为赠与；②对方当事人的误解，如把甲误认为乙而与之订立合同；③对标的物品种、质量、规格的误解，如把轧铝机误认为轧钢机，把临摹作品当作真迹等；④对标的物的数量、包装、履行方式、履行地点、履行期限等内容的误解。

《民法通则》第 59 条规定，行为人对合同内容有重大误解的，可以请求人民法院或者仲裁机关予以变更或撤销。但是只有当该误解符合一定的条件时才能予以变更或撤销：

1）误解与合同成立和合同条件有因果关系。正因为当事人的错误理解，才导致了合同的订立，或者基于当事人的错误设定了合同条件。如果合同并不是因误解而成立，或者合同条件不是因为误解而设定，则不能按重大误解的规则处理。

2）表意人对合同的误解应当是重大的。当事人对合同内容产生错误的认识，并且该误解使当事人遭受了重大损失时，合同当事人才可以申请撤销请求权。

3）误解必须是误解一方的非故意行为。如果表意人在订约时故意保留其真实意思，或者明知自己对合同发生误解而仍然与对方签订合同，则表明表意人希望追求其意思表示所产生的效果。此种情况不能按重大误解处理。

（2）在订立时显失公平的合同

显失公平的合同是指一方当事人在订立合同时利用自己的优势或利用对方的紧迫或缺乏经验而订立的使对方遭受重大不利的合同。显失公平也违反了合同的公平、等价有偿原则。显失公平的合同主要表现在当事人双方的权利和义务极不对等，经济利益上极不平衡，有违实体正义理念。

《合同法》规定一方以欺诈、胁迫的手段或者乘人之危，使对方在违背真实意思的情况下订立的合同，受损害方有权请求人民法院或者仲裁机构变更或者撤销。当事人请求变更的，人民法院或者仲裁机构不得撤销。

**3. 撤销权的行使**

撤销权由合同中利益受到损害的一方行使，行使时必须向人民法院或者仲裁机构提出请求。仅向对方当事人做出通知撤销合同的意思表示，不能产生撤销合同效力的法律后果。在选择权利主张时，权利人可以选择要求变更合同或撤销合同，合同法规定，当事人请求变更的，人民法院或者仲裁机构不得撤销。

当事人应当在知道或者应当知道撤销事由之日起 1 年内行使撤销权，超过 1 年期限未行使的，撤销权消灭。依合同法理论，撤销权行使期限属于除斥期间，无论当事人发生基于何种理由在法定期间内未行使撤销权，都发生撤销权消灭的法律后果。

具有撤销权的当事人知道撤销事由后明确表明或者以自己的行为表示放弃撤销权的，撤销权消灭。

#### 4. 撤销权行使的法律效果

依据《合同法》规定，当合同被撤销后，自始没有法律约束力，即撤销权的行使具有溯及力，可追溯到合同成立时。当合同被撤销后，合同义务尚未履行的，不再履行。合同已经履行的，应恢复到合同订立前的状态，因合同所取得的财产，应当予以返还；不能返还或者没有必要返还的，应当折价补偿。有过错的一方应当赔偿对方因此所受到的损失，双方都有过错的，应当各自承担相应的责任。当合同被撤销后，当事人不仅要承担相应的民事责任，还可能因其具有违法行为而承担行政责任甚至刑事责任，如吊销营业执照、追缴非法所得收归国库等。但是，合同的争议解决条款具有独立性，合同被撤销不影响合同中独立存在的有关解决争议方法的条款效力。

### 2.3.4　无效合同

#### 1. 无效合同概述

无效合同与有效合同相对应，是指合同虽然已经成立，但因其在内容和形式上违反了法律、行政法规的强制性规定和社会公共利益，严重欠缺合同生效要件等而不被法律认可的合同。无效合同的主要特征表现在以下几个方面。

（1）具有违法性

所谓违法性，是指违反了法律和行政法规的强制性规定和社会公共利益。无效合同是具有违法性的合同。无效合同的违法性特点，表明此类合同从根本上不符合国家意志。因此，不具有法律效力，不受法律保护。

（2）具有不履行性

不履行性是指当事人在订立无效合同后，不得依据合同实际履行，也无须承担不履行合同的违约责任。即使当事人在订立合同时不知该合同的内容违法，当事人也不得履行无效合同。若允许履行，则意味着允许当事人实施不法行为。

（3）无效合同自始无效

无效合同违反了法律的规定，国家不予承认和保护。合同一旦被确认为无效，将具有溯及力，使其从成立时就不具有法律约束力，以后也不能转化为有效合同。

#### 2. 无效合同的情形

根据《合同法》第 52 条的规定，有下列情形之一的，可认定合同或者合同条款无效：一方以欺诈、胁迫的手段订立的损害国家利益的合同；恶意串通，损害国家、集体或第三人利益的合同；合法形式掩盖非法目的的合同；损害社会公共利益的合同；违反法律和行政法规的强制性规定的合同。

（1）一方以欺诈、胁迫的手段订立的损害国家利益的合同

一方以欺诈、胁迫手段订立的合同，属于意思表示不真实的合同，一般属于可变更或撤销的合同，但是如果还损害了国家利益，则属于无效合同。

（2）恶意串通，损害国家、集体或第三人利益的合同

恶意串通，是指合同当事人在订立合同过程中，为谋取不法利益与对方当事人、代理人合谋实施的导致国家、集体或第三人利益受损违法行为。恶意串通行为以损害他人利益为条件，从而实现合同主体的不正当利益，具有民事违法性和社会危害性，为维护国家、集体或者第三人的利益，该类合同法律不予认可，属于无效合同。

（3）合法形式掩盖非法目的的合同

合法形式掩盖非法目的的合同，又称规避法律规定合同，是指当事人订立的形式上合法，但其目的和内容非法的合同。如当事人通过订立假的买卖合同隐匿财产、逃避债务，订立假的房屋租赁合同以逃避税收等。

（4）损害社会公共利益的合同

《合同法》第7条规定，当事人订立、履行合同，应当遵守法律、行政法规，尊重社会公德，不得扰乱社会经济秩序，损害社会公共利益。保护社会公共利益是合同法的基本原则，损害社会公共利益的合同当属无效。

（5）违反法律和行政法规的强制性规定的合同

遵守法律、行政法规是订立合同所必须遵守的基本原则之一，违反法律、行政法规的强制性规范的合同无效。此处的法律是指由全国人大及其常务委员会制定的法律，行政法规是指由国务院或其授权的部门制定的法规。强制性规范与任意性规定相对应，包括义务性规范和禁止性规范。义务性规范是人们必须为一定的法律行为，禁止性规范是使人们不得为某种行为的法律规范。

**3. 无效合同的法律后果**

关于无效合同的法律后果，《合同法》作出了一定的规定。如第58条规定："合同无效或者被撤销后，因该合同取得的财产，应当予以返还；不能返还或者没有必要返还的，应当折价补偿。有过错的一方应当赔偿对方因此所受到的损失，双方都有过错的，应当各自承担相应的责任。"第59条规定："当事人恶意串通，损害国家、集体或者第三人利益的，因此取得的财产收归国家所有或者返还集体、第三人。"

合同被认定无效后的法律后果主要如下：

（1）返还财产

合同被确认为无效或者被撤销以后，合同一方当事人对已经交付给对方的财产，享有返还财产的请求权，对方当事人对于已经接受的财产负有返还财产的义务。如果是一方取得，取得方应返还给对方；如果双方取得，则应双方返还。

（2）折价补偿

折价补偿是在因无效合同所取得的对方当事人的财产不能返还或者没有必要返还时，按照所取得的财产的价值进行折算，以金钱的方式给予对方当事人补偿的责任形式。

（3）赔偿损失

合同被确认无效后，有过错的当事人应当赔偿对方损失；双方有过错的，则应各自承担相应的责任。根据《合同法》第58条的规定，当合同被确认为无效后，如果由于一方或者双

方的过错给对方造成损失时，要承担损害赔偿责任。此种损害赔偿责任应具备以下构成要件：①有损害事实存在；②赔偿义务人具有过错，这是损害赔偿的重要要件；③过错行为与遭受损失之间有因果关系。

（4）收归国家、集体所有或返还第三人

双方恶意串通，订立合同损害国家、集体或第三人利益的，应当追缴双方取得的财产，收归国家、集体所有或者返还第三人。

# 2.4　合同履行

## 2.4.1　合同履行的概念和原则

### 1. 合同履行的概念

合同的履行是指债务人按照合同的约定或法律的规定，全面、适当地完成自身义务，使债权人的合同债权完全得以实现。例如按照约定交付标的物、提供劳务等。《合同法》第 60 条规定："当事人应当按照约定全面履行自己的义务。"

合同的履行不仅是合同的法律效力的主要内容，而且是整个合同法的核心。合同的成立是合同履行的前提，合同的法律效力既含有合同履行之意，又是合同履行的动力所在和依据。合同的担保是促使债务人履行债务、保障债权实现的法律制度。合同的保全从某种程度上起到了间接强制债务人履行合同义务的作用。合同债权债务的移转只不过是履行主体的变更，并非合同履行的否定。合同的解除虽与合同的履行相对立，但在尽可能地保护当事人的合法利益这点上，两者的目标一致。违约责任既是违约的补救手段，又是促使债务人履行合同的法律措施。

### 2. 合同履行的原则

合同履行的原则是指当事人在履行合同债务时所应遵循的基本准则。一般而言，合同履行的原则应当是指导合同履行并适用于合同履行的特有原则。

（1）适当履行原则

适当履行原则，又称全面履行或正确履行原则，是指当事人应当按照约定全面履行自己的义务，即按照合同规定的标的、质量、数量等，由适当的主体在适当的履行期限、履行地点以适当的履行方式，全面完成合同义务的履行原则。

根据适当履行原则，当事人对合同履行的各个要素、各个环节都应当是正确的，在履行中对合同约定义务的任何一个环节的违反，都是违反适当履行原则。

（2）协作履行原则

协作履行原则是指在合同履行过程中，双方当事人不仅应适当履行自己的合同债务，而且应互助合作共同完成合同义务的原则。《合同法》第 60 条第 2 款规定："当事人应当遵循诚实信用原则，根据合同的性质、目的和交易习惯履行通知、协助、保密等义务。"该法律条文正是协作履行原则的体现。

合同是双方当事人的民事法律行为，不仅仅是债务人单方的履行行为，如果债务人实施给付，但没有债权人的受领给付，合同目的仍难以实现，因此合同的履行是债权债务人双方的事。由于在合同履行的过程中，债务人比债权人更多地应受诚实信用、适当履行等原则的约束，协作履行往往是对债权人的要求。

协作履行原则也是诚实信用原则在合同履行方面的具体体现。合同的履行需要双方当事人之间相互协助，但是这种协助并不是无限度的。协作履行原则对债权人具有以下几个方面的要求：①债务人履行合同债务时，债权人应适当受领给付。②债务人履行合同债务时，债权人应创造必要条件、提供方便。③债务人因故不能履行或不能完全履行合同义务时，债权人应积极采取措施防止损失扩大，否则，应就扩大的损失自负其责。

（3）经济合理原则

经济合理原则是指在合同履行过程中，当事人应讲求经济效益，通过给付最小的履约成本取得最佳的合同效益。在市场经济社会中，交易主体都是理性地追求自身利益最大化的主体，因此，如何以最少的履约成本完成交易过程，一直都是合同当事人所追求的目标。另外经济合理原则的设定也可以通过提高合同当事人的效益，进而提高整个社会的效益，增加社会的积累，加速社会的发展。因此，交易主体在合同履行过程中遵守经济合理原则是必然要求。

（4）情势变更原则

所谓情势是指作为合同成立的基础或环境的客观情况，包括订立合同时的法制环境、政策环境及经济环境等，此处的情势变更多指客观情况发生的变动。情势变更原则是指合同依法成立后，因不可归责于双方当事人的原因，发生了不可预见的情势变更，致使合同基础丧失或动摇，若继续维持合同原有效力则显失公平，允许变更或解除合同的原则。

情势变更原则的适用必须满足一定的条件：①须有情势变更的事实。情势变更的判断以合同基础的丧失、合同目的的落空、对价关系的严重失调等为标准。②情势变更的发生不可归责于当事人。如果该情势可归责于当事人，则应由其承担相应的违约责任，而不适用于情势变更原则。情势变更必须是以不可抗力及其他意外事故引起。③情势变更须发生在合同成立以后，履行完毕之前。之所以要求情势变更发生在合同成立以后，是因为如果情势变更在合同订立时已发生，那么应认为当事人已经认识到发生的事实，合同的成立是以已经变更的事实为基础的，则不允许事后调整，当事人应自担风险。要求情势变更发生在履行完毕前，是因为合同因履行完毕而消灭，其后发生情势变更与合同无关。④情势变更是当事人所不能预见的。⑤情势变更致使合同的履行显失公平。合同必须以公平为原则，当合同显失公平时，合同可变更或解除。

## 2.4.2 合同履行的规则

合同履行的规则是指合同在履行过程中需要遵守的具体准则，通常表现为法律的具体规定。与履行原则不同，履行规则只能适用于合同履行的特定场合，而履行原则适用于一般场合。

### 1. 合同内容约定不明确的履行规则

合同内容约定不明是指当事人对合同有关条款没有约定或者约定不明确，但是不影响合同成立，仅对合同的履行造成困难的情况。为了使合同全面履行，从而实现当事人在合同中的权益，当事人对合同条款的约定应当明确、具体、详尽，但是由于各种原因，合同的内容难免会发生缺乏一些必要条款或者某些条款约定不明确的情况，造成合同难以履行。对于该类合同，应当按照一定的规则补充合同中欠缺的条款，方便合同的履行。但是并不是所有的合同内容都可以得到补充,如合同主体条款、标的条款没有约定或者约定不明的不得补充,因为此种情况下合同根本就不能成立,合同的补充必须以合同成立、生效为前提。

依照《合同法》的相关规定,合同补充应按照以下次序进行:

(1)补充协议

补充协议是指双方当事人对于合同中没有约定或者约定不明的条款可以通过协商来对原合同进行补充,补充协议构成合同的组成部分,应成为当事人履行合同的依据。《合同法》第61条规定合同生效后,当事人就质量、价款或者报酬、履行地点等内容没有约定或者约定不明确的,可以协议补充。

(2)推定协议

推定协议是指当事人对于没有约定或者约定不明的,在不能达成补充协议的情况下,按照合同的有关条款或者交易习惯进行推定。推定补充实际上是对合同进行解释并确定当事人真实意思的过程,因此在推定补充时,应当遵循合同解释的有关规定。

(3)法定补充

法定补充是指双方当事人对于合同中没有约定或者约定不明的条款,既不能通过协议补充的方式来确定,也不能按照合同有关条款或者交易方式来推定时,应按照法律的相关规定来进行实施。《合同法》第62条规定了当事人按照第61条仍无法解决时,其质量、价款、履行地点、履行期限、履行方式以及履行费用没有约定或约定不明时可以按照如下补充规则:

1)质量要求不明确的,按照国家标准、行业标准履行;没有国家标准、行业标准的,按照通常标准或者符合合同目的的特定标准履行。

2)价款或者报酬不明确的,按照订立合同时履行地的市场价格履行;依法应当执行政府定价或者政府指导价的,按照规定履行。

3)履行地点不明确,给付货币的,在接受货币一方的所在地履行;交付不动产的,在不动产所在地履行;其他标的,在履行义务一方所在地履行。

4)履行期限不明确的,债务人可以随时履行,债权人也可以随时要求履行,但应当给对方必要的准备时间。

5)履行方式不明确的,按照有利于实现合同目的的方式履行。

6)履行费用的负担不明确的,由履行义务一方负担。

**2. 政府定价或者指导价变动的履行规则**

在市场经济条件下,商品价格一般是由合同双方当事人根据金融、供求关系等市场因素经协商而确定的。而政府为维护市场经济秩序,会对某些物资设定具体价格或者指导价格。当政府定价发生变化时,必然会对合同的价格、当事人的切身利益产生影响。《合同法》第63条规定了政府定价或者指导价的合同履行规则:在合同约定的交付期限内政府价格调整时,按照交付时的价格计价。逾期交付标的物的,遇价格上涨时,按照原价格执行;价格下降时,按照新价格执行。逾期提取标的物或者逾期付款的,遇价格上涨时,按照新价格执行;价格下降时,按照原价格执行。

**3. 涉及第三人的合同履行**

根据合同法律的一般原则,合同是当事人经协商一致而订立的,合同对当事人具有法律约束力,债务人应根据合同履行义务,债权人依据合同可以向债务人提出债务履行的请求,也就是说合同只涉及债权、债务当事人,但是随着市场交易的复杂化,合同往往会涉及第三人。

《合同法》第 64 条规定："当事人约定由债务人向第三人履行债务的，债务人未向第三人履行债务或者履行债务不符合约定，应当向债权人承担违约责任。"第 65 条规定："当事人约定由第三人向债权人履行债务的，第三人不履行债务或者履行债务不符合约定，债务人应当向债权人承担违约责任。"该法律条文明确了涉及第三人的合同履行规则。

### 2.4.3　合同履行中的抗辩权

抗辩权是指对抗对方的权利请求或者否认对方权利主张的权利。《担保法》第 20 条第 2 款规定："抗辩权是指债权人行使债权时，债务人根据法定事由，对抗债权人行使请求权的权利。"抗辩权分为永久性抗辩权和延缓性抗辩权。前者是指合同当事人通过行使这种权利可以使对方的请求权消灭，而后者只能暂时中止他人的请求权，使对方的请求权在一定合理期限内不能行使，请求权的效力延期发生。合同履行中的抗辩权是指在合同履行过程中，当事人一方享有的拒绝对方行使请求权的权利。此类抗辩权在性质上属于延缓性抗辩权。《合同法》规定的合同履行中的抗辩权主要包括同时履行抗辩权、先履行抗辩权和不安抗辩权。

**1. 同时履行抗辩权**

（1）同时履行抗辩权的概念

同时履行抗辩权，是指当合同未约定先后履行顺序时，当事人一方在他方未对待给付前，可拒绝自己履行的权利。《合同法》第 66 条规定："当事人互负到期债务，没有先后履行顺序的，应当同时履行。一方在对方履行之前有权拒绝其履行要求，一方在对方履行债务不符合约定时，有权拒绝其相应的履行要求。"

（2）同时履行抗辩权的适用条件

1）须因同一双务合同互负债务。首先同时履行抗辩权只适用于双务合同，而不适用于单务合同。其次，当事人之间的债权债务必须基于同一个双务合同产生。除此之外还应满足双方当事人所负的债务之间具有对价和牵连关系。

2）须双方互负的债务无先后履行顺序且均已届清偿期。当事人的债务履行没有先后顺序，即合同中没有约定债务的履行顺序，此时，应同时履行。另外，同时履行抗辩权的行使还需满足双方互负债务已届清偿期。若当事人的履行期未届至，请求权不成立，任何一方当事人都无权请求对方当事人同时履行。

3）须对方当事人未履行债务或者未按约定履行债务。如果当事人按合同要求，适当履行了合同义务，则合同义务因此而消灭，也就不可能发生同时履行抗辩权。

当事人不适当履行合同债务的，对方有权拒绝其相应的履行要求，但是此种同时履行抗辩权也只限于在相应的范围之内行使，即与当事人履行债务不符合约定的部分是相应部分。

4）须对方的对待给付是可以履行的。法律设定同时履行抗辩权的目的，在于使双方当事人同时履行自己的义务。如果对方所负债务已经没有履行的可能性，则同时履行的目的已经不可能实现，当事人只能适用债务不履行的规定请求救济，而不发生同时履行抗辩权的问题。

（3）同时履行抗辩权的效力

同时履行抗辩权的设立目的在于平衡当事人之间的利益，维护当事人的权利，促使双方当事人尽快履行合同义务，维护交易秩序，增进双方协作关系。同时履行抗辩权属于延缓抗辩权，不能消灭对方的请求权。当事人要求对方履行义务的，自己必须同时履行义务。而在对方没有履行义务时，自己则可以暂时拒绝履行自己的义务。当事人因行使同时履行抗辩权而逾期履行义务的，不承担违约责任。同时履行抗辩权的效力需当事人主张方可发生。当事人行使同时履行抗辩权时，只须证明对方没有履行或者履行不符合合同约定，就可以拒绝相应的给付。

**2. 先履行抗辩权**

（1）先履行抗辩权的概念

先履行抗辩权，是指在双务合同中，合同当事人互相负有债务，并且有先后履行顺序的，当先履行的一方未履行义务或者履行义务不符合约定的，后履行的一方当事人拒绝其自身履行合同义务的权利。《合同法》第 67 条规定："当事人互负债务，有先后履行顺序，先履行一方未履行的，后履行一方有权拒绝其履行要求。先履行一方履行债务不符合约定时，后履行一方有权拒绝其相应的履行要求。"先履行抗辩权实质上是对违约的抗辩。

（2）先履行抗辩权的适用条件

1）须因同一双务合同产生互负债务。先履行抗辩权与同时履行抗辩权一样，只有在双务合同中存在，单务合同不发生先履行抗辩权问题。双务合同中，当事人之间的权利义务具有牵连性，一方当事人义务的履行是为了对方的对应履行。因此，先履行的一方不履行或者履行不符合约定时会影响后履行的一方当事人的履行效果，后履行的一方为保护自己的利益，就可以不履行自己的债务。

2）互负的债务须有先后履行顺序。先履行抗辩权，顾名思义，互负债务的当事人履行债务有先后顺序，该顺序一般是合同当事人在合同中约定的，也可以根据交易习惯来确定。

3）须先履行方未履行或者履行不符合债的本旨。先履行义务一方未履行义务，不但包括先履行义务一方在履行期限届满前未履行，也包括先履行一方在履行期限届期不履行合同义务，此时已构成违约。先履行义务一方虽履行了合同，但是履行不符合合同要求的，应予以补救。履行债务不符合债的本旨，包括延迟履行、不完全履行和部分履行等形态。

4）须先履行方有履行的可能。若先履行方不具备履行合同的能力，即使后履行方行使先履行抗辩权，也无法实现促使先履行方履行债务的目的，该权利的主张也就失去意义。

（3）先履行抗辩权的效力

先履行抗辩权的效力主要在于使后履行义务的一方暂时中止履行自己的义务，对抗先履行义务一方的履行请求，以保护自身利益。如果先履行方采取了适当的补救措施，继续履行合同义务，则先履行抗辩权归于消灭，后履行方应恢复履行。但是先履行抗辩权的行使不影响后履行一方违约责任的主张。

**3. 不安抗辩权**

（1）不安抗辩权的概念

不安抗辩权是指当事人互负债务，有先后履行顺序的，先履行的一方有确切证据表明对方丧失或很可能丧失债务的履行能力，在对方没有恢复履行能力或者没有提供担保之前，中止合同履行的权利。当合同当事人丧失或者有丧失的可能时，就会危及负有给付义务的另一方当事人债权的实现，此时，如果仍然要求先履行一方先履行的话，则可能损害其利益，显失公平。不安抗辩权的设定是为了切实保护当事人的合法权益，防止借合同进行欺诈，促使对方履行义务。但是，不安抗辩权的行使受一定条件的限制。如无确切证据证明对方丧失履行能力而中止履行的，或者中止履行后，对方提供适当担保时而拒不恢复履行的，不安抗辩权人承担违约责任。

（2）不安抗辩权的适用条件

1）须因同一双务合同互负债务。该条要件与同时履行抗辩权和先履行抗辩权一样，此处不做赘述。

2）后履行方有丧失或可能丧失履行能力的极大可能。后履行方有丧失或可能丧失履行能力的情形，实质上是客观存在不能对待给付的现实危险，使合同无法履行。《合同法》第68条规定："应当先履行债务的当事人，有确切证据证明对方有下列情况之一的，可以中止履行：经营状况严重恶化；转移财产、抽逃资金，以逃避债务；丧失商业信用；有丧失或者可能丧失履行债务能力的其他情形。当事人没有确切证据中止履行的，应当承担违约责任。"先履行方必须有足够的证据证明后履行方已丧失或者可能丧失履行能力。

3）对方当事人没有提供担保。如果后履行方有丧失履行的可能，但是为先履行方提供了在一定期限内恢复履行能力的担保，保障先履行义务人的履行利益，先履行义务人也就不必"不安"。先履行抗辩权也就失去其实际意义。

（3）不安抗辩权的效力

当不安抗辩权具备其适用条件，并且合同后履行义务人未提供适当担保前，先履行义务人可以中止合同义务的履行。当后履行义务人对合同义务的履行提供了适当的担保，则不安抗辩权归于消灭，先履行义务人恢复履行。《合同法》第69条规定当事人中止履行的，应当及时通知对方。对方提供适当担保时，应当恢复履行。中止履行后，对方在合理期限内未恢复履行能力并且未提供适当担保的，中止履行的一方可以解除合同。

# 2.5　合同保全

## 2.5.1　概述

### 1. 合同保全的概念

合同保全是合同债务保全的简称，是指法律为防止因债务人财产的不当减少致使债权人债权的实现受到危害，允许债权人行使代位权和撤销权，从而保全债务人责任财产的法律制度。债权人债权的实现是以债务人债务的履行为条件的，而债务人的财产是债务履行的保障。

### 2. 合同保全的特点

1）合同的保全是合同相对性规则的例外。根据债的相对性原则，合同之债主要在合同当事人之间产生法律效力，对第三人不具有法律效力，债权人不得直接支配债务人的人身、行为及其财产，更不能直接支配第三人的人身、行为及其财产。同样，债权人不得干涉债务人与第三人的法律行为，但是合同的保全使合同当事人的权利涉及第三人的行为或者财产。无论是代位权还是撤销权都对合同之外的第三人具有法律效力。因此说合同的保全是合同相对性原则的突破。

2）合同的保全发生在合同有效成立期间。即合同的保全应发生在合同生效之后，履行完毕之前。这说明合同保全措施的运用，与合同履行期间债务人是否实际履行义务，并没有必然的联系。当然如果合同没有生效或者已被宣告解除、无效乃至被撤销的，则不能采取保全措施。

3）合同的保全通过债权人行使代位权和撤销权而实现。合同保全制度的内容主要包括代位权和撤销权，这两种措施都是通过防止债务人的财产不当减少或恢复债务人的财产，从而保证债权人权益的实现。无论债务人是否实施了违约行为，只要债务人采取不正当的手段处分其财产而危害债权人的利益时，债权人就可以行使保全措施。

4）合同的保全旨在保障合同债权人权利的实现。债权人的代位权着眼于债务人的消极行为，当债务人有权利行使而不行使，以致影响债权人权利的实现时，法律允许债权人代债务人之位，以自己的名义向第三人行使债务人的权利；而债权人的撤销权则着眼于债务人的积极行为，当债务人在不履行其债务的情况下，实施减少其财产而损害债权人债权实现的行为时，法律赋予债权人有诉请法院撤销债务人所为的行为的权利。当然，不管是代位权还是撤销权，其主要目的都是保障债权人债权的实现。

## 2.5.2　债权人代位权

### 1. 债权人代位权的概念和特征

（1）债权人代位权的概念

债权人的代位权，是指因债务人不积极行使其到期债权而危及债权人债权的实现时，债权人为保全其债权，可以向人民法院请求以自己的名义行使债务人债权的权利。《合同法》第73 条规定："因债务人怠于行使其到期债权，对债权人造成损害的，债权人可以向人民法院请求以自己的名义代位行使债务人的债权，但该债权专属于债务人自身的除外。代位权的行使范围以债权人的债权为限。债权人行使代位权的必要费用，由债务人负担。"

根据合同诚实信用原则的要求，当债务人对第三人享有债权时，如果债务人客观上能够行使对第三人的权利却怠于行使，导致其自身财产的减少而损害债权人债权时，法律就有必要强制介入。债权人的代位权是债权人保全债务人债权的重要法律措施。它从属于债权的特别权利，是一种以行使他人权利为内容的管理权，其目的是为了保全自己的债权。

（2）债权人代位权的特征

1）代位权是一种法定权利。代位权是法律规定的一种权利，无论当事人是否约定，债权人都享有此种权能。代位权是法律为了保障债权而赋予债权人的权利，与债务人的主观意识无关，只要代位权具有行使条件，就会产生代位权，该权利不因为当事人的约定而发生改变。因而代位权是法定权而不是约定权。

2）代位权是债权人代替债务人向第三人主张权利。代位权是针对债务人不行使其权利的行为，导致债务人应当增加的财产没有增加，承担财产责任的能力下降，从而影响债权人的债权，因而债权人代替债务人向第三人行使权利。

3）代位权是债权人向人民法院请求以自己的名义代位行使债务人的债权。代位权的行使必须在法院提起诉讼，请求法院保全其债权。并且代位权是债权人向债务人的债务人提出的，而不是向债务人提出的，债权人用自己的名义而非债务人名义行使债务人的权利。

### 2. 债权人代位权的构成要件

按照《关于适用＜合同法＞若干问题的解释（1）》第 11 条规定，债权人提起代位权诉讼时，必须满足一定的条件：债权人对债务人的债权合法；债务人怠于行使其到期债权、对债权人造成损害；债务人的债权已到期以及债务人的债权不是专属于债务人自身的债权。

（1）债权人对债务人的债权合法

债权要得到法律的保护，首先应当是正义的、合法的。债权人的代位权也应满足合法要求，没有合法债权的存在，就不会有代位权的存在。不论是合同之债，还是不当得利之债、无因管理之债、侵权之债等，只要合法，都可以提起代位权诉讼，行使代位权。

（2）债务人怠于行使其到期债权，对债权人造成损害

《关于适用＜合同法＞若干问题的解释(1)》第13条指出：合同法第73条的规定"债务人怠于行使其到期债权，对债权人造成损害的"，是指债务人不履行其对债权人的到期债务，又不以诉讼方式或者仲裁方式向其债务人主张其享有的具有金钱给付内容的到期债权，致使债权人的到期债权未能实现。对于次债务人(即债务人的债务人)不认为债务人有怠于行使其到期债权的情况的，应当承担举证责任。

（3）债务人的债权已到期

只有当债务人对次债务人的债权已届履行期，债权人才可以行使代位权，否则，债务人不得请求次债务人履行，债权人也不能行使债务人对次债务人的请求权。

（4）债务人的债权不是专属于债务人自身的债权

债务人的专属债权与债务人人身和特定生活需要紧密相连，这些权利受到法律的特殊保护，专属于债务人的债权不能被债权人代位行使。关于专属于债务人债权，法律也给予了相应的规定。《关于适用＜合同法＞若干问题的解释(1)》第12条规定："合同法第73条第1款规定的专属于债务人自身的债权是基于抚养、扶养、赡养、继承等关系产生的给付请求权和劳动报酬、退休金、养老金、抚恤金、安置费、人寿保险、人身伤害赔偿请求权等权利。"

**3. 代位权的行使**

（1）代位权的行使方法

从国外立法看，债权人行使代位权的方式包括诉讼和直接行使两种。诉讼方式是债权人须通过向法院提起诉讼的方式行使代位权。直接行使是债权人直接向第三人主张权利的方式。从我国相关法律条文看，我国采用诉讼方式。

（2）代位权的行使范围

《合同法》第73条第2款规定："代位权的行使范围以债权人的债权为限。"对此《关于适用＜合同法＞若干问题的解释(1)》第21条给出相应的解释："在代位权诉讼中，债权人行使代位权的请求数额超过债务人所负债额或者超过次债务人对债务人所负债额的，对超过的部分人民法院不予支持。"因此，债权人行使代位权所获得的价值应当与所需要保全的价值相当，如果超过其保全范围的，将不受法律保护。

（3）代位权的费用承担

债权人行使代位权会产生相关的费用，这些费用应由债务人承担。债权人行使代位权的根本原因在于债务人怠于行使其到期债权，而债权人为保护其自身利益代位行使，过错在于债务人，并且这些费用属于债务人清偿债务过程中的费用，因而债权人行使代位权产生的相关费用由债务人承担。《合同法》第73条第2款规定，债权人行使代位权的必要费用，由债务人负担。

**4. 代位权的效力**

债权人行使代位权，对债务人、债权人和第三人都会产生一定的法律效力。

（1）对债务人的效力

债权人行使代位权后，债务人与债权人之间、债务人与次债务人之间的债权债务关系因清偿归于消灭。在债权人行使代位权的范围内，债务人的处分权将受到限制，如不得实施抛弃、免除、让与债权或与债务人达成延长履行期限协议等行为，妨碍代位权的实现，对于超越债权人代位请求数额的债权的部分，债务人仍有处分权能，债务人还可以另行提起诉讼，只是在代位权诉讼裁决发生法律效力以前，债务人提起的诉讼应当依法中止。

（2）对债权人的效力

关于债权人行使代位权后的财产分配，理论上有不同的观点：有学者认为应遵循"入库原则"，即代位权的行使效果应归属于债务人，取得的财产应先归入债务人的责任财产，再依照债的清偿规则清偿债权人；有学者认为代位权的行使所获得的财产应当在债权人与债务人之间平均分配。还有部分学者认为债权人对行使代位权后所获得的利益，应当享有优先受偿的权利。《关于适用＜合同法＞若干问题的解释（1）》第 20 条规定："债权人向次债务人提起代位权诉讼，经人民法院审理后认定代位权成立的，由次债务人向债权人履行清偿义务，债权人与债务人、债务人与次债务人之间相应的债权债务关系即予消灭。"因此债权人有权要求次债务人向自己履行清偿义务，在获得清偿的范围内，消灭其对债务人的债权。同时，对于行使代位权的必要支出，有权要求债务人负担。

（3）对次债务人的效力

对于次债务人，代位权的行使并不影响其法律地位和利益。其对抗债务人的抗辩权，也可用来对抗债权人。《关于适用＜合同法＞若干问题的解释（1）》第 18 条第 1 款规定："在代位权诉讼中，次债务人对债务人的抗辩，可以向债权人主张。"次债务人不得以其与债权人之间没有合同关系为由，拒绝参与诉讼或是以此提出抗辩。代位权请求一旦被法院认可成立的，次债务人应向债权人为债务的履行，进行清偿，实现债权。

## 2.5.3　债权人撤销权

**1. 债权人撤销权的概念和特征**

（1）债权人撤销权的概念

撤销权是指债务人实施有害于债权人债权实现的行为时，如债务人放弃到期债权、无偿或以明显不合理的低价转让其财产，对债权造成损害，债权人为保全自己的债权，请求法院予以撤销的权利。《合同法》第 74 条第 1 款规定："因债务人放弃其到期债权或者无偿转让财产，对债权人造成损害的，债权人可以请求人民法院撤销债务人的行为。债务人以明显不合理的低价转让财产，对债权人造成损害，并且受让人知道该情形的，债权人也可以请求人民法院撤销债务人的行为。"此条规定了债权人的撤销权。

（2）债权人撤销权的特征

1）撤销权是实体权。债权人行使的撤销权的内容，既以撤销债务人与次债务人的民事行为为特点，又以请求恢复原状，即取回债务人财产为特点，是兼有形成权和请求权双重性质的实体权利。

2）撤销权是附属于债权的法定权利。撤销权是附属于债权而存在的从权利，而非独立的权利，随着债权的转移而转移、消灭而消灭。不能与债权分离而进行处分。

3）撤销权是以撤销债务人与他人的行为为内容的权利，该权利的行使必须在债务人处分其财产危及其债权时方能行使。撤销权的行使效果是在代位权范围内，使债务人与他人之间的行为归于无效，债务人的财产得以恢复，债权人的债权得以实现。并且只有当债务人实施放弃债权、减少其财产，并且危及债权人债权实现时才能实施。

**2. 撤销权的成立要件**

撤销权的成立需要满足主观和客观两个方面要件。

（1）主观要件

撤销权的主观要件是指债务人和第三人实施行为时的主观心理状态。债务人的处分行为包括无偿转让行为和有偿转让行为两类。无偿转让行为，无须主观上的恶意即可予以撤销，而有偿转让行为应具备债务人与第三人在实施交易行为时主观上存在加害债权人债权的恶意。

对于债务人的无偿转让行为，如放弃到期债权、无偿转让财产的情况下，第三人获得了一定的财产但没有付出一定的对价时，该行为是一种纯收益行为。在这种情况下，债权人行使撤销权不需要考虑债务人的处分是否具有恶意。

对于债务人的有偿转让行为，须满足债务人和第三人主观上的恶意。债务人的恶意是指债务人故意低价转让财产，并且其转让的目的是为了损害债权人的债权。第三人的恶意是指第三人是在以明显不合理的低价接受转让财产。《合同法》第74条规定，债务人以明显不合理的低价转让财产，对债权人造成损害，并且受让人知道该情况的，债权人可以行使撤销权。对于"明显不合理的低价"，人民法院应当以交易地一般经营者的判断，并参考交易当时交易地的物价部门指导价或者市场交易价，结合其他因素予以确认。对于转让的，转让价格达不到交易时交易地的指导价或者市场交易价70%的，一般可认为是明显的不合理低价。债务人的主观恶意是撤销权行使的一个必备条件。

（2）客观要件

1）须债务人实施了财产处分的行为。债务人实施了财产处分是撤销权产生的前提。我国法律对财产处分也作出了一定的规定。如《合同法》规定这种处分包括债务人放弃到期债权、无偿转让财产以及以明显不合理的低价转让财产。债务人实施财产处分，并非任何情况下都应予以撤销，如下列情况中的财产处分不能被撤销：债务人拒绝接受赠与，拒绝从事一定的行为而获得利益；债务人从事一定有可能减少其财产的身份行为；不作为的行为或无效的民事行为；债务人无偿向他人提供一定劳务的行为以及债务人在财产上设立负担的行为（如将财产出租给他人）等。

2）须债务人财产处分的行为已经发生法律效力。债务人财产处分行为未生效前，其财产尚未发生变化，则债务人的履行能力并没有减弱，也没有任何不利于债权人的变化，债权人也没有行使撤销权的必要。如果债务人的行为没有成立或生效，或者属于法律上当然无效的行为，或者该行为已经被宣告无效的，则不必由债权人行使撤销权。

3）须债务人处分财产的行为危及债权人的债权。只有当债务人处分其财产的行为已经或者将要严重损害债权人债权的实现时，债权人才能行使撤销权。债务人在不影响债权时处分自身合法财产是其正当权益，法律不能干预，债权人无撤销权。

**3. 撤销权的行使**

（1）撤销权的行使方式

撤销权的行使必须是债权人以自己的名义，通过诉讼的方式在债权人债权的范围内进行。《合同法》第 74 条第 1 款规定，债权人行使撤销权必须采用诉讼的方式，即请求法院撤销债务人的行为。之所以该权利的行使必须通过法院，是因为在撤销权诉讼中，债权人为原告，债务人为被告，财产的受让人或受益人为诉讼上的第三人。而撤销权的行使既不是对原告，也不是对被告，而是对第三人的利益影响巨大。因此，通过法院行使撤销权既可以由法院来确认各要件是否齐备，对于其他债权人也含有公示的作用。

（2）撤销权的行使范围

《合同法》第 74 条规定，撤销权的行使范围以债权人的债权为限。其含义应包括以下几个方面：①某一个债权人行使撤销权，只能以自身的债权为基础，不能以未行使撤销权的全体债权人的债权为保全的范围。②各债权人都有权依撤销权起诉，其请求范围仅限于各自债权的保全范围，债权人撤销权的行使范围仅以作为原告的债权人的债权为限，不包括其他行使撤销权的债权人享有的债权。根据《关于适用 < 合同法 > 若干问题的解释（1）》第 25 条第 2 款的规定，数个债权人以同一债务人为被告，就同一标的提起撤销权诉讼的，人民法院可以合并审理，当数个债权人遭受同一债务人行为侵害时，各个债权人都可以主张撤销。各个债权人债权的数额的总和，属于债权人保全的范围。③债权人在行使撤销权时，其请求撤销的数额必须与其债权数额相一致。

**4. 撤销权的效力**

《关于适用 < 合同法 > 若干问题的解释（1）》第 25 条第 1 款规定："债权人依照合同法第 74 条的规定提起撤销权诉讼，请求人民法院撤销债务人放弃债权或转让财产的行为，人民法院应当就债权人主张的部分进行审理，依法撤销的，该行为自始无效。"财产的受让人或者受益人基于该行为取得的财产应当返还给债务人，但债权人无权直接以该财产来实现债权，这点与代位权有明显的差异。

# 2.6　合同变更、转让和终止

## 2.6.1　合同的变更

**1. 合同变更的概念**

合同变更分广义的合同变更和狭义的合同变更。广义的合同变更是指合同内容和合同主体都发生变化。合同内容的变更，是指合同的当事人保持不变，仅发生合同内容的改变。合同主体的变更是指合同债权债务的移转，即在合同内容保持不变的条件下，改变合同的债权人和债务人。狭义的合同变更指仅合同内容发生变化，是在合同关系成立以后，但尚未履行或尚未完全履行以前，合同当事人就合同的内容达成修改或补充的协议，或者依据法律规定请求人民法院或仲裁机构所带来的合同变化。《合同法》上所说的合同变更是指狭义的合同变更。

**2. 合同变更的条件**

（1）合同变更须发生在合同有效成立至尚未履行完毕期间

合同变更，是针对已经成立的合同。合同未成立，当事人之间无合同关系的存在，合同的变更也就无从谈起。若合同已经履行完毕，则合同因履行而归于消灭，合同变更也就毫无意义。

（2）合同的变更须经当事人协商一致

合同的产生是基于当事人充分协商、意思表示一致的结果，合同的变更也必须经双方当事人的协商一致，在原合同的基础上达成新的合意。未经协商，任何一方不得单方变更合同内容，否则构成违约行为。并且合同变更也需要经过要约、承诺，并符合民事法律行为的生效要件。《合同法》第 77 条规定："当事人协商一致，可以变更合同。"

一般情况下，合同的变更须经当事人协商一致，但是这并不是合同变更的唯一情形，合同也可以基于法院的判决或仲裁机构的裁决而变更。《合同法》第 54 条规定，一方当事人可以请求人民法院或者仲裁机构对重大误解或显失公平的合同予以变更。

（3）合同的变更仅指合同内容的局部变化

合同的变更仅指合同内容的部分变更，而不是合同内容的全部变更，只是在原合同的基础上进行部分内容的修改或补充。变更的内容主要是标的数量的增减、交货地点、时间、价款或者结算方式的改变等。变更后的合同应当包括原合同的实质内容，否则不属于合同的变更，而是在原合同消灭之后订立的新合同。

（4）合同变更必须遵循法定的程序和方式

合同的变更必须遵循法定的程序和方式，《合同法》第 77 条第 2 款规定："法律、行政法规规定变更合同应当办理批准、登记等手续的，依照其规定。"在某些情况下，法律为维护国家、社会和当事人的利益，维护社会经济秩序，预防和减少不必要的合同纠纷，对合同变更规定了一定的程序和方式。因此该种合同的变更不仅要求当事人达成变更协议，还应按照法律、行政法规规定采用书面形式或办理批准、登记等手续。

**3. 合同变更的效力**

合同的变更，主要是在原合同的基础上，使合同内容发生变化，合同变更的实质是以变更后的合同取代原合同。合同变更后，变更部分内容即可发生法律效力，原合同未变更部分仍然有效。因此合同变更后，当事人应按照变更后的合同内容履行。

合同变更原则上仅对将来发生效力。合同变更后，对已履行的部分没有溯及力，已经履行的债务不因合同的变更失去其法律根据。当事人任何一方不能因合同的变更而要求另一方按照变更后的内容重新履行。因此，除当事人另有约定外，任何一方不得因合同的变更而要求对方返还已为的给付。

合同的变更不影响当事人请求损害赔偿的权利。《民法通则》第 115 条规定："合同的变更或者解除，不影响当事人要求赔偿损失的权利。"合同变更以前，一方因可归责于自身的原因给对方造成损害的，另一方有权要求责任方承担赔偿责任，并不因合同发生了变更而受影响。

## 2.6.2 合同的转让

合同转让，即合同主体的变更，是指当事人将其所享有的权利或者承担的义务，全部或者部分转让给第三人的行为。合同转让包括权利的转让、义务的转移和权利义务的概括转移三种类型。

**1. 合同权利的转让**

（1）合同权利转让的概念

合同权利的转让是指在不改变合同内容的前提下，当事人一方通过与第三人订立合同的方式将其合同权利全部或者部分转让给第三人。《合同法》第 79 条规定："债权人可以将合同的权利全部或者部分转让给第三人。"

(2)合同权利转让的条件

1)须有有效债权的存在。

合同债权的有效存在,是合同权利转让的前提。以不存在或者无效或者已消灭的合同权利让与他人的,都将因标的不存在或者标的不能转让而导致债权让与合同无效,让与人对受让人因此而产生的损失,应负赔偿责任。

2)债权的让与人与受让人须就合同权利的转让达成协议。

转让合同权利为处分行为,因此让与人首先应有转让合同权利的权限,具有民事行为能力。限制民事行为能力人转让或受让合同权利的,须其法定代理人同意。债权让与人与受让人必须就合同权利的转让达成协议,否则不能进行合同权利的转让。

3)转让的合同权利具有可转让性。

只有具有让与性的债权才能被转让。在大多数情况下,合同权利是可以转让的,但也有部分合同权利不能转让。根据《合同法》第 79 条规定可知下列合同权利不具有让与性:根据合同性质不得转让的合同权利;按照当事人约定不得转让的合同权利以及依照法律规定不得转让的合同权利。例如,租赁权不允许擅自转让。

4)债权让与须通知债务人。

如果债权人未通知债务人债权的转移,则债务人可能仍向原债权人履行义务,但却不能因此而免除自己的债务,则会对债务人极不公平。《合同法》第 80 条规定:"债权人转让权利的,应当通知债务人。未经通知,该转让对债务人不发生效力。债权人转让权利的通知不得撤销,但经受让人同意的除外。"因此,为了保护债务人的权利,债权人所作债权转让的通知到达债务人以后,债权转让才发生效力。

(3)合同权利转让的法律效力

合同权利转让有效成立后,不仅在让与人与受让人之间产生一定的法律效力,而且对债务人也产生一定的法律后果。其中在让与人与受让人之间的效力,被称为合同权利转让的对内效力;对债务人的效力,则称为合同权利转让的对外效力。

1)合同权利转让的对内效力。合同权利转让的对内效力包括:

①合同债权由让与人转让给受让人。债权人将合同债权全部转让的,由受让人取代原债权人的身份成为合同中唯一债权人,债务人向新的债权人履行债务;但如果原债权人没有将其在合同关系中的债务也一同转让的,原债权人则没有脱离合同关系,只是不再享有债权,依然负有其原本应承担的债务。如果债权人依据协议将合同关系中的一部分权利转让给合同关系以外的第三人,此时,第三人与原债权人共同享有债权,在原合同关系之外,增加了第三人与债务人之间的权利义务关系。②非专属于债权人的从权利随主权利一起转移。债权让与合同一经成立,受让人即取得受让的合同债权。同时,由于从权利附属于主权利,并且从权利一般为行使和实现债权不可缺少的条件,因此,从权利随主权利一并转移。但是专属于让与人自身的从权利并不随之转移。一般专属于让与人自身的从权利离开了特定主体就失去意义或不能实现。《合同法》第 81 条规定:"债权人转让权利的,受让人取得与债权有关的从权利,但该从权利专属于债权人自身的除外"。③让与人的权利瑕疵担保责任。由于债权让与本身即为一种合同,因而在有偿让与时,让与人应保证其所让与的债权没有瑕疵。如果受

让人因债权有瑕疵而遭受损失时，让与人要承担相应的赔偿责任。但是如果受让人在接受转让时，明知权利有瑕疵或让与人限制或免除权利瑕疵担保责任的，则让与人可免于承担责任。债权的转让在瑕疵担保问题上应适用买卖合同的有关规定。④让与人应承担债权转让的必要义务。债权转让后，让与人应将债权证明文件全部交给受让人，并告知受让人行使债权所必要的一些情况，将占有的质押物交付受让人，应承担因债权让与而增加的债务人的履行费用，提供其他为受让人行使债权所必要的合作等。

2)合同权利转让的对外效力。

合同权利转移后，债权让与对债务人的效力以债权让与通知为准，该通知应当在债务人履行债务之前到达债务人。合同权利转让的对外效力包括：①债务人不得再向原债权人履行债务。合同债权发生转让后，如果债务人仍向原债权人履行债务，对原债权人而言是不当得利，对于债务人而言，则不构成合同的履行，对新的债权人应当继续履行。如果这种履行对新债权人造成损害，债务人应当承担损害赔偿责任。②债务人负有向新债权人履行的义务。债权让与之后，债务人对原债权人的债务已经免除，成为新债权人的债务人，并应向其履行债务。③债务人对抗原债权人的一切抗辩，均可用以对抗新债权人。《合同法》第82条规定："债务人接到债权转让通知时，债务人对让与人的抗辩，可以向受让人主张。"为保护债务人不会因合同权利的转让而处于不利地位，法律规定债务人得以对抗原债权人的抗辩权，也可以对抗新的债权人。④债务人的抵消权。《合同法》第83条规定："债务人接到债权转让通知时，债务人对让与人享有债权，并且债务人的债权先于转让的债权到期或者同时到期的，债务人可以向受让人主张抵消。"债权发生转让后，受让人接受让与人的债权，为保护债务人的利益不受侵害，债务人对让与人的抵消可以向受让人行使。

**2. 合同义务的转移**

(1)合同义务转移的概念

合同义务的转移，又称为债务的承担，是指在不改变合同内容前提下，债务人通过与第三人订立转让债务的协议，将其合同义务部分或者全部转移给第三人。债务人转让其债务，除应与受让人达成相关的转让协议外，还应当征求债权人的意见。如果债权人不同意的，债务人转让其债务的行为无效，不对债权人产生拘束力。

(2)合同义务转移的条件

1)须有有效债务的存在。

债权的有效存在是其发生移转的条件，没有有效成立的债务存在，签订移转债务的协议不发生法律效力。

2)转让的债务须有可转让性。

不具有可转移性的债务，不能成为义务转移合同的标的。一般的债务都具有可转让性，但是下列债务不得转移：法律、行政法规规定的不可转移的债务，性质上不可转移的债务以及合同中约定的不可移转的债务。

3)第三人与债权人或者债务人就债务的转移达成合意。合同债务的移转，要求第三人就债务的移转与债权人或者债务人的意思表示一致，订立债务承担合同，该债务承担合同既可以由债务人与第三人订立，也可以由债权人与第三人订立，但是债务人与第三人订立义务转移合同后必须经过债权人的同意。

4)须经债权人的同意。

合同关系通常是建立在当事人之间了解和信任的基础上，如果没有经债权人的同意将债务移转给第三人，那么该第三人的资力、信用等情况将直接关系到债权人的债权能否实现。为保证债权人的利益不受义务移转合同的影响，《合同法》第 84 条规定："债务人将合同的义务全部或者部分转移给第三人的，应当经债权人同意。"未经债权人同意的合同义务转移无效。

（3）合同义务转移的法律效力

1）合同债务人的变更。合同义务全部转移的，债务人脱离债务关系，第三人取代原债务人的地位成为新的债务人，直接向债权人承担债务。如果新的债务人不履行或者不适当履行合同义务的，债权人有权请求新的债务人履行债务或者要求其承担违约责任。合同义务部分转移的，第三人加入到合同关系中，按照合同约定的各自份额与原债务人一起承担债务，合同没有约定或约定不明的，视为债务人与第三人为连带债务，向债权人承担连带责任。

2）抗辩权的移转。合同义务转移后，为保护新债务人的利益，基于债权债务关系而产生的抗辩权对新债务人继续有效，《合同法》第 85 条规定："债务人转移义务的，承担人可以主张原债务人对债权人的抗辩。"新债务人享有的抗辩权主要包括同时履行抗辩权、合同撤销和无效的抗辩权、合同不成立的抗辩权、诉讼时效已过的抗辩权等。

3）非专属于原债务人的从义务转移给新债务人。《合同法》第 86 条规定："债务人转移义务的，新债务人应当承担与主债务有关的从债务，但该从债务专属于原债务人自身的除外。"从债务一般依附于主债务，不能脱离主债务而独立存在，因此主债务发生移转时，从债务也要一并移转。专属于原债务人的从义务不必随主债务的移转而移转。

**3. 合同权利义务的概括转移**

（1）合同权利义务概括转移的概念

合同权利义务概括转移，是指合同当事人一方将其合同权利义务一并移转给第三人，由第三人概括地继受这些权利义务的法律行为。《合同法》第 88 条规定："当事人一方经对方同意，可以将自己在合同中的权利和义务一并转让给第三人。"

合同权利义务概括转移，可以是全部债权债务的移转，也可以是部分债权债务的移转。合同权利义务部分移转的，依据双方当事人协商，确定原当事人和承受人的份额，如无明确约定，在原当事人和承受人之间发生连带责任。

（2）合同权利义务概括转移的种类

1）合同承受。

合同承受，又称合同承担，是指合同关系一方当事人经对方当事人同意后，将其合同上的权利和义务全部地移转给该第三人，由其在移转范围内承受合同上的地位，享受合同权利并负担合同义务。合同承受既转让合同权利，又转让合同义务，因而被移转的合同必须是双务合同，单务合同只能发生特定的承受，即债权让与或债务承担，不能产生概括转移。另外，根据合同法的相关规定，合同承受必须经对方当事人的同意才能生效。

2）企业的合并与分立。

企业合并，是指两个或两个以上的企业合并为一个企业。企业的分立与企业合并相对应，是指一个企业分立为两个及以上的企业。为保证相对人和合并、分立企业的利益，根据主体的承继性原则，企业合并或分立之前的合同债权和债务由合并或分立之后的企业承担，在该过程中必然会发生合同债权债务的移转。《合同法》第 90 条规定："当事人订立合同后合并的,由合并后的法人或者其他组织行使合同权利,履行合同义务。当事人订立合同后分立的,除债权人和债务人另有约定的以外,由分立的法人或者其他组织对合同的权利和义务享有连带债权,承担连带债务。"《民法通则》第44条第2款明确规定:"企业法人分立、合并,它的权利义务由变更后的法人享有和承担。"

企业合并或分立后,原企业的债权债务发生移转,属于法定移转,因而不需要取得相对人的同意,依合并或分立后企业的通知或公告发生效力。

(3)合同权利义务概括转移的效力。

合同权利义务的概括转移,既是合同权利的转让,又是合同义务的移转,因此既适用合同权利转让和义务移转的相关法律规定,也适用于合同权利义务概括转移的相关规定。《合同法》第89条规定,其效力适用于关于债权让与、债务承担的一般规定。但债权债务的概括转移并非只是债权让与和债务承担的简单相加。在债权让与或债务承担的场合,由于第三人作为债权的受让人或债务的承担人并非原合同的当事人,因而与原债权人或原债务人的利益不可分离的权利,并不随之移转于受让人或承担人。但在债权债务概括转移的场合,由于承受人完全取代了原当事人的法律地位,合同内容也就原封不动地移转于新当事人,所以,和债权让与、债务承担不同,依附于原当事人的一切权利和义务,如解除权、撤销权等,都将移转于承受人。

## 2.6.3　合同的终止

### 1. 合同终止概述

(1)合同终止的概念

合同终止,指合同当事人在合同关系建立以后,因一定法律事实的出现,使合同当事人之间的权利义务关系在客观上不复存在。《合同法》第91条归纳了合同终止的主要原因:①债务已经按照约定履行;②合同解除;③债务相互抵消;④债务人依法将标的物提存;⑤债权人免除债务;⑥债权债务同归于一人;⑦法律规定或者当事人约定终止的其他情形。

(2)合同终止的原因

合同终止的原因基本上可以分为以下几类:

1)基于合同目的已达到而终止。

当事人订立合同的目的就是取得某种利益,而其利益的取得须通过债权的实现来达到。当债权人实现其债权,即合同目的已达到,则合同的签订实现了其价值,合同即终止。清偿、混同都是基于该原因而终止合同。

2)基于当事人的意思终止。

合同当事人之间的权利义务关系可以依照当事人的意思终止。当事人的意思表示可以是一方当事人的意思表示,如债的免除、抵消等;也可以是双方当事人的意思表示,如合同的协议解除。

3)基于法律的直接规定而终止。

合同虽然是双方当事人之间建立的权利义务关系,但在法律直接规定时,合同也归于消灭。如合同的法定解除、当事人死亡或丧失行为能力、法人的终止等。

(3)合同终止的效力

1)债权债务关系消灭。合同终止后,合同当事人之间的权利义务消灭,债权人不再享有债权，债务人也不再承担债务。

2）债权的担保及其他从属权利义务消灭。合同关系消灭，附随于主合同的从合同关系也应归于消灭。如担保物权、保证债权、利息债权、违约金债权等，在合同关系消灭时一并消灭。

3）负债字据的返还。负债字据是合同权利义务关系的证明，合同关系终止后，债权人应当将负债字据销毁或返还债务人。合同关系部分消灭的，或负债字据上载有债权人其他权利的，债务人可以请求将合同的消灭事由计入负债字据。

4）附随义务的履行。合同终止后，当事人还应履行后合同义务。所谓后合同义务，是指合同终止后，当事人依照法律的规定，遵循诚实信用原则，根据交易习惯履行的义务。《合同法》第92条规定："合同的权利义务终止后，当事人应当遵循诚实信用原则，根据交易习惯履行通知、协助、保密等义务。"

5）合同的终止不影响合同中结算和清理价款、争议解决条款的效力。如果合同关系中的结算和清理价款、争议解决条款随合同关系的消灭而消灭，那么合同中的结算、清理以及争议的解决将会失去法律依据。《合同法》第98条规定："合同的权利义务终止，不影响合同中结算和清理条款的效力。"《合同法》第57条规定："合同无效、被撤销或者终止的，不影响合同中独立存在的有关解决争议方法的条款的效力。"

**2. 合同的解除**

（1）合同解除的概念和特征

合同解除，有广义和狭义之分，广义的合同解除，是合同有效成立后，当满足一定的解除条件时，因当事人一方或双方的意思表示，使合同权利义务关系归于消灭的行为。狭义的合同解除不包括协议解除，部分学者认为，所谓协议解除，是合同自由的应有之意，在法律上适用于合同成立和生效的有关规定，无须在合同解除制度中加以规定，因此，合同解除应是排除双方协议解除的单方法律行为。但是《合同法》所称的合同解除是指广义的合同解除。

合同的解除具有以下特征：

1）合同的解除以合同有效为前提。合同的解除是对合同履行过程的提前终止，因此，能够解除的合同必须是有效成立的合同。

2）合同的解除须具备一定的解除条件。合同一经有效成立，就具有法律效力，当事人双方都必须严格遵守，适当履行，不得擅自变更或解除。这是我国法律所规定的重要原则。只是在主客观情况发生变化使合同履行成为不必要或不可能的情况下，合同继续存在失去积极意义时，才允许解除合同。这不仅是解除制度存在的依据，也表明合同解除必须具备一定的条件，否则，便构成违约。

3）合同的解除必须有解除行为。当解除的条件具备时，合同并不必然解除，一般还需要当事人的解除行为，才能实现合同的解除。解除行为有两种类型，一是当事人双方协商同意，二是解除权人一方发出解除的意思表示。

4）合同解除的效力是使合同关系消灭。《合同法》第97条规定："合同解除后，尚未履行的，终止履行；已经履行的，根据履行情况和合同性质，当事人可以要求恢复原状、采取其他补救措施，并有权要求赔偿损失。"

（2）合同解除的条件

1）合同的法定解除条件。

《合同法》第 94 条规定，有下列情形之一的，当事人可以解除合同：

①因不可抗力致使不能实现合同目的。所谓不可抗力是指人们不能预见、不能避免、不能克服的自然、社会现象等客观情况。但是并不是所有的不可抗力都可以解除合同，只有当不可抗力的发生使合同目的不能实现、该合同失去意义时，我国《合同法》才允许当事人通过行使解除权的方式消灭合同关系。

②在履行期限届满之前，当事人一方明确表示或者以自己的行为表明不履行其主要债务。此即债务人拒绝履行，也称毁约。该拒绝行为满足以下条件时，当事人可以要求解除合同，一是要求债务人有过错，二是拒绝行为违法（无合法理由），三是有履行能力。

③当事人一方迟延履行主要债务，经催告后在合理期限内仍未履行。根据合同的性质和当事人的意思表示，当履行期限在合同的内容中非属特别重要时，即使债务人在履行期届满后履行，也不致使合同目的落空情况下，原则上不允许当事人立即解除合同，而应由债权人向债务人发出履行催告，给予一定的履行宽限期。债务人在该履行宽限期届满时仍未履行的，债权人有权解除合同。

④当事人一方迟延履行债务或者有其他违约行为致使合同目的不能实现。对某些合同而言，履行期限至关重要，如债务人不按期履行，合同目的不能实现，于此情形，债权人有权解除合同。其他违约行为致使合同目的不能实现时，也应如此。

⑤法律规定的其他情形。除上述几种合同解除情形外，满足其他相关法律法规针对某些具体合同规定的允许当事人解除合同情形，当事人也可以解除合同。

2）合同协议解除的条件。

合同协议解除的条件，是双方当事人协商一致解除原合同关系。其实质是在原合同当事人之间重新成立了一个合同，其主要内容为废弃双方原合同关系，使双方基于原合同发生的债权债务归于消灭。

由于协议解除采取合同方式，因此应具备合同的有效要件，即：当事人具有相应的行为能力，其意思表示真实，内容不违反法律的强制性规定和社会公共利益，并且应采取适当的形式。

（3）合同解除的效力

合同解除终止了当事人设定的权利义务关系。《合同法》第 97 条规定："合同解除后，尚未履行的，终止履行；已经履行的，根据履行情况和合同性质，当事人可以要求恢复原状、采取其他补救措施，并有权要求赔偿损失。"

**3.合同消灭**

合同消灭，指能够导致合同权利义务终止的情形出现时，当事人依法使其与对方的合同关系不复存在，并使合同的债权债务归于消灭。合同解除与合同消灭共同构成合同权利义务终止的原因。

（1）清偿

清偿即合同的履行，是指按合同的约定实现债权目的的行为，是最常见的合同权利义务终止的原因。《合同法》第 91 条中的"债已经按照约定履行"即为清偿。

当事人订立合同的目的，是通过权利义务关系的履行，实现合同权利，获得利益，只有当债务人履行了债务，债权人才能实现其权利。通过债务人的履行来实现合同目的，使合同关系消灭。

（2）抵消

抵消是指当事人互负到期债务时，各自以其债权充当债务之清偿，使其债务与对方的债务在对等额内相互消灭。抵消具有如下法律特征：1）抵消只适用于双方当事人互负债务的情况；2）抵消是通过双方的抵消行为来实现；3）抵消是以各自的债权冲抵债务的清偿。

抵消依其产生的根据不同，可分为法定抵消和合意抵消。法定抵消是指由法律规定其构成要件，当要件具备时，依当事人一方的意思表示即可发生抵消的效力。我国《合同法》第99条规定："当事人互负到期债务，该债务的标的物种类、品质相同的，任何一方可以将自己的债务与对方的债务抵消，但依照法律规定或者按照合同性质不得抵消的除外。"该条对法定抵消的条件给予了一定的规定。合意抵消是指按照当事人双方的合意所为的抵消。它重视当事人的意思自由，可不受法律规定的构成要件的限制。当事人只须就抵消达成合意，即可发生效力。当事人订立的这种合同称为抵消合同。《合同法》第100条规定："当事人互负债务，标的物种类、品质不相同的，经协商一致，也可以抵消。"此处的抵消即合意抵消。

（3）提存

提存是指债务人在履行期届至时，债务人无法履行债务或者难以履行债务的情况下，按照法律规定将标的物或者价款送交提存机关，终止合同权利义务的行为。提存的法律特征主要体现在：①提存是合同消灭的原因之一；②提存是债务人实施的一种单方行为；③在提存关系中涉及三方当事人，即提存人（债务人）、债权人和提存机关；④提存是一种合法行为。

关于提存的原因，我国相关法律也作出了明确的规定。《合同法》第101条规定："有下列情形之一，难以履行债务的，债务人可以将标的物提存：①债权人无正当理由拒绝受领；②债权人下落不明；③债权人死亡未确定继承人或者丧失民事行为能力未确定监护人；④法律规定的其他情形。标的物不适于提存或者提存费用过高的，债务人依法可以拍卖或者变卖标的物，提存所得的价款。"

（4）免除

免除是指债权人抛弃债权，全部或部分免去债务人债务的意思表示。该意思表示不需要特定的方式，无论以书面或言词为之，或者以明示、暗示为之都可以，为非要式行为。

免除的成立必须满足以下要件：①免除须有债权人抛弃债权的意思表示；②免除是债权人的处分行为，因此，债权人应有相应的行为能力；③免除的债务可以是到期债务，也可以是未到期的债务；④免除的意思表示不得撤销；⑤免除不得损害第三人的利益。

（5）混同

混同是指债权和债务同归于一人，原则上致使合同关系消灭的事实。混同使合同权利义务全部由一人承担，合同当事人合二为一，从而消灭合同关系。混同是一种事实，无须有任何的意思表示，即可发生合同之债消灭的效果。

债权债务的混同，可以由债权或者债务的承受而产生。其承受包括概括承受与特定承受。概括承受是发生混同的主要原因，如企业合并，合并前的两个企业之间有债权债务时，企业合并后，债权债务因同归一个企业而消灭。特定承受主要包括：①债务人受让债权人的债权，比如债权人甲与债务人乙签订合同后，甲将合同权利转让给乙。②债权人承受债务人的债务，比如甲乙二人签订合同后，债务人乙的债务转移给债权人甲。合同的主债权债务因混同而消灭，合同的从权利也一并消灭。但是如果同归于一人的债权债务涉及第三人的利益，则不能产生合同终止的效力。

# 2.7　违约责任及其承担

## 2.7.1　违约行为与违约责任

**1. 违约行为**

（1）违约行为的概念和特征

违约行为是指合同当事人不履行或者不适当履行合同义务的行为。合同的有效是违约行为发生的前提，而违约行为则是构成违约责任的首要条件。违约行为具有如下法律特征：

1）违约行为的主体具有特定性。

违约行为的主体是合同当事人。违约行为人是合同关系中的当事人，根据合同相对性理论，只有合同当事人才有权向对方提出履行请求或承担某种义务，第三人如果实施了侵害债权的行为，虽然也发生不履行合同的后果，但第三人承担的是侵权责任而不是违约责任。

2）违约行为以有效的合同关系的存在为前提。

没有有效的合同关系，就没有合同义务，不存在当事人一方不履行合同义务或履行合同义务不符合约定的问题。所以只有有效的合同关系的存在，才有违约行为存在的可能。

3）违约行为具有违反合同义务的客观性。

违约行为的发生后果是存在合同当事人不履行或不完全履行合同义务的客观状态。这是一种既定的事实状态。判断违约行为的标准和条件是当事人是否存在合同义务和是否具有不履行或不完全履行合同义务的事实状态，无须探求当事人的主观心态如何，只需从客观方面入手即可。

4）违约行为在后果上导致了合同债权侵害

合同义务与合同债权相对应，合同债权的实现依赖于合同义务的适当履行，违约行为在客观上违反了合同义务，必然导致债权人债权的侵害。

**2. 违约行为的表现形式**

根据《合同法》的规定，违约行为的表现形式主要有预期违约和实际违约。

（1）预期违约

1）预期违约的概念。

预期违约又叫先期违约，是指当事人一方在合同规定的履行期届满之前明示或者默示其将不履行合同，由此在当事人之间发生一定权利义务关系的一项合同法律制度。

2）预期违约的形态。

《合同法》第 108 条规定："当事人一方明确表示或者以自己的行为表明不履行合同义务的，对方可以在履行期限届满之前要求其承担违约责任。"此条规定显示预期违约包括明示毁约和默示毁约两种形态。明示毁约是指一方当事人无正当理由，明确肯定地向另一方当事人表示他将在履行期限届至时不履行合同，亦称为"明示预期违约"。默示毁约是指在履行期限到来之前，一方以自己的行为表明其将在履行期到来之后不履行合同，另一方有足够的依据证明一方将不履行合同，且不履行方也不愿意提供必要的履行担保的行为。

（2）实际违约

实际违约，又称即期违约或届期违约，是指发生于合同履行期届满以后的违约行为。实际违约可分为合同的不履行和不适当的履行两种情形。

1）合同的不履行。不履行是指在合同履行期届满时，合同当事人完全不履行自己的合同义务。又分为拒绝履行和履行不能。拒绝履行是指履行期届满时，债务人能够履行合同义务而无正当理由故意不履行合同义务的行为。履行不能，又称为不能履行、给付不能，是指由于某种原因，合同债务在客观上已无法履行，包括事实上的履行不能和法律上的履行不能。

2）合同的不适当履行。合同的不适当履行是指当事人虽有履行合同义务的行为，但该履行不符合合同约定的要求。合同的不适当履行可包括延迟履行、瑕疵履行和提前履行。迟延履行是指债务人能够履行，但在合同规定的履行期届满时，仍未履行合同债务；或合同中未约定履行期限，在债权人提出履行催告后仍未履行债务。瑕疵履行是指债务人所作的履行不符合规定或约定，致减少或丧失履行的价值或效用的情形。如债务人的给付不符合数量、质量、地点要求等，甚至因交付的产品有缺陷而造成他人人身、财产的损害。严格说来，提前履行也属于违约行为，但是根据《合同法》第 71 条规定："债权人可以拒绝债务人提前履行债务，但提前履行不损害债权人利益的除外。债务人提前履行债务给债权人增加的费用，由债务人负担。"由于法律认可不损害债权人利益的提前履行，因此其不属于违法行为。

**3. 违约责任的概念**

违约责任也称为违反合同的民事责任，是指合同当事人因不履行合同义务或者不按约定履行合同义务，应向对方承担的民事责任。违约责任与合同债务有密切联系。

**4. 违约责任的特征**

（1）违约责任是一种财产责任

财产责任是指具有经济内容的责任，或者说对其内容可以用货币来衡量的责任。之所以称违约责任是一种财产责任，是因为合同是最常用的财产流转的法律形式，合同关系本身即为财产关系。《合同法》规定，违约责任的承担方式主要有继续履行、赔偿损失、支付违约金、减价或减少报酬等；它们均可以用货币来衡量，属于财产责任范畴。

（2）违约责任具有相对性

违约责任的相对性是指违约责任主要发生在特定当事人之间。合同关系是特定的当事人之间的权利义务关系，那么违反合同的行为只发生在特定的当事人之间，违约责任作为债务不履行行为的补救措施，其主要功能在于弥补特定当事人的损失，因此违约责任也只能产生于特定的当事人之间，合同关系以外的人，不承担违约责任。因第三人造成债务不履行的，债务人仍应向债权人承担违约责任，债务人在承担违约责任后，有权向第三人追偿；违约一方当事人只能向合同另一方当事人承担违约责任，而不是向合同关系以外的第三人或国家承担违约责任。

（3）违约责任具有补偿性

违约责任是不履行或者不适当履行合同债务的补救措施，其功能在于补偿守约方因对方违约行为所受损失。我国违约责任以损害赔偿为主要责任形式，故具有补偿性质。违约责任的补偿性是合同平等、公平、等价有偿的具体体现，也是商品交易关系在法律上的内在要求。违约责任的赔偿额及补救措施应与违约行为造成的损害后果相当，其目的不在于惩罚违约方，而是对受害当事人的补偿，但是在某些特殊情况下，法律也规定了惩罚性的违约责任。如《合同法》第 113 条第 2 款规定：经营者对消费者提供商品或者服务有欺诈行为的，依照《消费者权益保护法》的规定承担损害赔偿责任。"即根据《消费者权益保护法》第 49 条规定支付惩罚性赔偿金。

（4）违约责任具有任意性

违约责任的任意性是指合同当事人对违约责任的约定以及对违约责任的选择，具有一定的任意性。在公平合理的限度内，当事人可以预先或事后约定承担违约责任的方式和范围。按照合同法规定，当事人可以约定一方违约时应当根据违约情况向对方支付一定数额的违约金，也可以约定因违约产生的损失赔偿额的计算方法。另外，合同当事人还可以通过设定免责条款来限制或是免除其将来可能产生的违约责任。

**5. 违约责任与侵权责任的区别**

侵权责任是指民事主体因侵害他人财产、人身权益，依法应当承担的民事法律后果。违约责任与侵权责任的区别主要表现在：

1）行为人违反的义务性质不同。违约责任是合同当事人不履行合同义务或者不适当履行合同义务，违反合同义务而承担的责任，违反的是约定的义务，所以构成违约责任的行为通常是应为而不为。侵权责任是行为人违反法定义务，如侵权行为法所设定的任何人不得侵害和妨碍他人财产和人身权利。

2）责任人范围不同。违约责任以违反有效成立的合同为前提，而无民事行为能力人无缔约能力，因此不能成为违约责任的主体。而侵权责任可由任何人的行为引起。

3）侵害的对象不同。违约行为侵害的对象为合同债权。而侵权行为所侵害的是绝对权，如物权、人身权、知识产权等法定性权利。

4）责任的承担方式不同。违约损害赔偿仅限于财产赔偿。而侵权责任既包括赔偿损失、返还原物等财产性赔偿也包括赔礼道歉、恢复名誉等非财产性赔偿。

## 2.7.2　违约责任的承担

**1. 民事责任的归责原则**

归责原则是确定民事责任承担者损害赔偿的一般准则，它是在损害事实已经发生情况下，确定责任人对所造成的损害是否需要承担民事赔偿责任的原则。

（1）过错责任原则

过错责任原则，是指以行为人的过错（包括故意和过失）作为民事责任的最终构成要件的一项归责原则。《民法通则》第106条第2款规定，"公民、法人由于过错侵害国家的、集体的财产，侵害他人财产、人身的，应当承担民事责任。"这是被公认的确立过错责任原则的法律规定。

一般情况下，过错责任原则的执行应由受害人举证证明行为人具有过错，但在某些法律规定的特殊情况下，可以从损害事实本身推定行为人存在过错而要求行为人承担民事责任，即过错推定，此种情况下行为人须举证证明自己没有过错，否则推定其有过错。《侵权责任法》第6条第2款规定："根据法律规定推定行为人有过错，行为人不能证明自己没有过错的，应承担侵权责任。"

一般认为，我国侵权法上的一般侵权责任的归责适用过错责任原则，一部分特别侵权责任的归责适用过错推定责任原则。

（2）无过错责任原则

无过错责任，是指在法律有特别规定的情况下，以已发生的损害结果为价值判断标准，由与造成损害原因有关的行为人，不论行为人有无过错都应当承担民事责任的原则。该原则的实施基于损害的客观存在，而非行为人的过错，根据行为人的活动及所管理的人或物的危险性质与所造成损害后果的因果关系，而由法律规定的特别加重责任。我国民事立法确立无过错责任原则的根本目的，在于更好地保护民事主体的合法权益，《民法通则》第 106 条第 3 款规定，"没有过错，但法律规定应当承担民事责任的，应当承担民事责任"；《侵权责任法》第 7 条也规定："行为人损害他人民事权益，不论行为人有无过错，法律规定应当承担侵权责任的，依照其规定。"这些都是适用无过错责任原则的原则性法律规定，具体的适用范围由法律作出特别规定，如高度危险作业、动物致人损害、环境污染，是《民法通则》规定的适用无过错责任原则的几类特殊的侵权责任。适用无过错责任原则的意义，在于加重行为人的责任，使受害人的损害赔偿请求权更容易实现，受到损害的权利及时得到救济。

一般认为，我国合同法上的违约责任与侵权法上的一部分特别侵权责任的归责适用无过错责任原则。

（3）公平责任原则

公平责任原则是指在损害事实已经发生的情况下，当事人都没有过错，法律也没有规定适用无过错责任原则而适用过错责任原则又显失公平的情况下，以公平考虑为价值判断标准，根据具体实际情况由双方公平地分担损失的原则。《民法通则》第 132 条规定："当事人对造成的损害都没有过错的，可以根据实际情况，由当事人分担民事责任。"

**2. 违约责任的承担方式**

《合同法》第 107 条规定："当事人一方不履行合同义务或者履行合同义务不符合约定的，应当承担继续履行、采取补救措施或者赔偿损失等违约责任。"据此，违约责任有三种基本形式，除此之外，违约责任还有其他形式，如违约金和定金责任。

（1）继续履行

继续履行也称强制实际履行，是指一方违反合同时，另一方有权要求其依据合同的规定继续履行合同义务。《合同法》第 110 条规定："当事人一方不履行非金钱债务或者履行非金钱债务不符合约定的，对方可以要求履行，但有下列情形之一的除外：1）法律上或者事实上不能履行；2）债务的标的不适于强制履行或者履行费用过高；3）债权人在合理期限内未要求履行。"对金钱债务的继续履行问题，合同法规定当事人一方未支付价款或者报酬的，对方可以要求其支付价款或者报酬。

继续履行的主要特征表现为：①继续履行是一种独立的违约责任形式，不同于一般意义上的合同履行。具体表现在：继续履行以违约为前提；继续履行体现了法的强制性；继续履行不依附于其他责任形式。②继续履行的内容表现为按合同约定的标的履行义务，这一点与一般履行并无不同。③继续履行以守约方的请求为条件，法院不得径行判决。

（2）采取补救措施

采取补救措施，是指通过修理、重做、更换等方式矫正合同的不适当履行，使履行缺陷得以消除的具体措施。采取补救措施的适用应满足以下几个条件：①必须有不适当履行的违约行为发生，该违约行为主要是对质量要求的违反；②采取补救措施是必要和可能的；③权利人有补救的主张。

（3）赔偿损失

赔偿损失，又称为违约损害赔偿，是指违约方因不履行或不完全履行合同义务而给对方造成损失，依照法律和合同的相关规定承担损害赔偿的责任。《合同法》第 113 条规定："当事人一方不履行合同义务或者履行合同义务不符合约定，给对方造成损失的，损失赔偿额应当相当于因违约所造成的损失，包括合同履行后可以获得的利益，但不得超过违反合同一方订立合同时预见到或者应当预见到的因违反合同可能造成的损失。"

（4）支付违约金

违约金是合同当事人在合同中约定一方或各方违约时，违约方要支付给守约方一定数额的货币，以弥补守约方损失。当约定的违约金低于造成的损失的，当事人可以请求人民法院或者仲裁机构予以增加；当约定的违约金过分高于造成的损失的，当事人可以请求人民法院或者仲裁机构予以适当减少。违约金同时兼有遏制和惩罚违约行为的作用。以支付违约金的方式承担违约责任后，是否还要继续履行或采取补救措施，可由合同各方协商确定。但是，当事人就迟延履行约定违约金的，违约方支付违约金后，还应当履行债务。违约金主要具有以下特征：①违约金是由当事人协商确定的；②违约金的数额是确定的；③违约金是一种违约后生效的责任方式。

（5）没收或双倍返还定金

定金是指订立合同时，为保证合同的顺利履行，约定由当事人一方按照合同标的额的一定比例预先给付对方的金钱或其他替代物。债务人履行债务后，定金应当抵作价款或者收回。给付定金的一方不履行约定的债务的，无权要求返还定金；收受定金的一方不履行约定的债务的，应当双倍返还定金。

值得注意的是违约金与定金不可并用，合同当事人在同时约定违约金与定金的情形下，一方当事人违反合同约定构成违约时，只能就违约金与定金其中一项进行选择，不能同时使用。而且，就违约金与定金的选择，其权利在于守约方，即只有守约方具有选择使用违约金或是定金的权利。其次，定金应当以书面形式约定。当事人在定金合同中应当约定交付定金的期限，定金合同从实际交付定金之日起生效。并按照实际交付的金额确定定金。定金的数额由当事人约定，但不得超过主合同标的额的20%。

---

**重点与难点**

---

重点：

1.要约的概念和构成要件。

2.承诺的概念和构成要件。

3.格式条款的概念和解释规则。

4.缔约过失责任的概念、构成要件和类型。

5.合同有效的要件。

6.效力待定合同的类型。

7.无效合同的情形。

8.无效合同的法律后果。

9.合同履行的原则。

10.抗辩权的概念和类型。

11.合同保全的概念和特点。

12. 债权人代位权的概念和特征。

13. 债权人撤销权的概念和特征。

14. 债权人代位权的构成要件。

15. 债权人撤销权的成立要件。

16. 合同变更、转让和终止的概念。

17. 民事责任的归责原则。

18. 违约责任的承担方式。

难点：

1. 要约撤回与撤销的区别。

2. 合同生效与合同成立的关系。

3. 合同解除与合同撤销的区别。

4. 违约责任与侵权责任的区别。

5. 不安抗辩权的适用条件。

6. 缔约过失责任与违约责任的区别。

## 思考与练习

1. 违反地方性法规、部门规章和地方政府规章的合同都是无效合同吗？

2. 法律、行政法规规定合同应当办理登记手续，但当事人没有办理登记手续的合同一定无效吗？

3.《合同法》第 55 条规定，具有撤销权的当事人自知道或者应当知道撤销事由之日起 1 年内没有行使撤销权，撤销权消灭。这里的"1 年"适用诉讼时效中止、中断或者延长的规定吗？

4. 债务人以明显不合理的高价收购他人财产，对债权人造成损害，并且财产出售人知道该情况的，债权人能否行使撤销权？

5. 发包人与承包人订立工程施工合同，规定工期为 1 年，并规定如果由于承包人原因导致工期延误，每延误 1 天，承包人应向发包人支付 20 万元的误期损害赔偿费。合同履行过程中，由于承包人安全管理不善，发生了 1 起重大安全事故，导致工期延误 30 天。发包人因此要求承包人支付误期损害赔偿费 600 万元，并直接从工程款中扣除。承包人认为（发包人也承认），工期每延误 1 天，发包人的实际损失最多 5 万元。承包人因此向人民法院提起诉讼，要求法院判决合同条款"如果由于承包人原因导致工期延误，每延误 1 天，承包人应向发包人支付 20 万元的误期损害赔偿费"无效，并返还发包人单方面扣除的 600 万元工程款。如果你是审案法官，该如何判决？

# 第3章

# 建设工程勘察设计合同

## 3.1 概述

### 3.1.1 建设工程勘察设计的含义

**1. 建设工程勘察的含义**

工程勘察是指为满足工程建设规划、设计、施工、运营及综合治理等需要，对地形、地质及水文等状况进行测绘、勘探测试，并提供相应成果和资料的活动，岩土工程中的勘测、设计、处理、监测活动也属工程勘察范畴。

**2. 建设工程设计的含义**

建设工程设计是根据建设工程的要求，对建设工程所需的技术、经济、资源、环境等条件进行综合分析、论证，编制建设工程设计文件的活动。

### 3.1.2 建设工程勘察设计合同的概念和特征

建设工程勘察设计合同是指委托方与承包方为完成特定的勘察设计任务，明确相互权利义务关系而订立的合同。建设单位或有关单位称为委托方，勘察、设计单位称为承包方。依据勘察设计合同，承包方完成发包方委托的勘察设计项目，发包方接受符合约定要求的勘察设计成果，并支付报酬。

建设工程勘察设计合同一般具有以下特征：

**1. 勘察设计合同的当事人双方应具有法人资格**

工程勘察、设计合同的当事人双方应当具有民事权利能力和民事行为能力，取得法人资格的组织或者其他组织在法律和法规允许的范围内均可以成为合同当事人。有国家批准建设项目、落实投资计划的企事业单位、社会组织才能作为工程勘察、设计的发包方；作为承包方应当是具有国家批准的勘察、设计许可证，经有关部门核准的资质等级的勘察、设计单位。

**2. 勘察设计合同的订立必须符合工程项目的建设程序**

依法必须进行招标的建设工程的勘察设计任务通过招标或设计方案竞投确定勘察、设计单位后，应遵循工程项目建设程序，签订勘察、设计合同。

由发包人提出，经双方协商同意，即可签订勘察设计合同。

（1）确定合同标的

合同标的是合同的中心。确定合同标的主要是决定勘察设计分开发包还是合在一起发包。

（2）选定勘察设计承包人

依法必须招标的项目，按招标投标程序优选出的中标人即为勘察设计的承包人。小型项目及依法可以不招标的项目由发包人直接选定勘察设计的承包人。

（3）商签勘察设计合同

如果是通过招标方式确定承包商的，则由于合同的主要条件都在招标、投标文件中得到确认，进入签约阶段还需要协商的内容不会很多。通过直接委托方式委托的勘察设计，其合同的谈判几乎涉及所有合同条款，必须认真对待。

经勘察、设计合同当事人双方友好协商，就合同各项条款取得一致意见，且双方法定代表人或其代理人在合同文本上签字，并加盖公章后，合同生效。

**3. 勘察设计合同必须采用书面形式**

勘察设计合同具有建设工程合同的基本特征，订立勘察设计合同是一种要式行为，必须采用书面形式。

## 3.1.3 建设工程勘察设计合同的类型

按委托内容分类，建设工程勘察设计合同分为：勘察合同、设计合同和勘察设计总承包合同。

**1. 勘察合同**

发包人与具有相应设计资质的勘察人签订的委托勘察合同。

**2. 设计合同**

发包人与具有相应设计资质的设计人签订的委托设计合同。

**3. 勘察设计总承包合同**

由具有相应资质的承包人与发包人签订的包含勘察和设计两部分内容的承包合同。

## 3.1.4 建设工程勘察设计合同示范文本

2000 年，我国建设部、国家工商行政管理总局修订《建设工程勘察设计合同管理办法》，制定了《建设工程勘察合同（示范文本）》和《建设工程设计合同（示范文本）》。

《工程勘察合同（示范文本）》分为两种：一种是《建设工程勘察合同（示范文本）》（一）（GF—2000－0203），共 10 条 27 款，适用于岩土工程勘察、水文地质勘察（含凿井）、工程测量、工程物探；另一种是《建设工程勘察合同（示范文本）》（二）（GF—2000－0204），共 14 条 35 款，适用于岩土工程设计、治理、监测。

《建设工程设计合同（示范文本）》分为两种：一种是《建设工程设计合同（示范文本）》（一）（GF—2000－0209），共 8 条 26 款，适用于民用建设工程设计合同；另一种是《建设工程设计合同（示范文本）》（二）（GF—2000－0210），共 12 条 32 款，适用于专用建设工程设计合同。

## 3.1.5 建设工程勘察设计文件的编制

**1. 编制依据**

《建设工程勘察设计管理条例》（国务院令第 293 号，2000 年）规定，编制建设工程勘察、

设计文件,应当以下列规定为依据:

1)项目批准文件。

2)城市规划。

3)工程建设强制性标准。

4)国家规定的建设工程勘察、设计深度要求。

铁路、交通、水利等专业建设工程,还应当以专业规划的要求为依据。

**2.编制要求**

《建设工程勘察设计管理条例》规定,勘察设计文件必须满足下述要求:

1)建设工程勘察文件,应当真实、准确,满足建设工程规划、选址、设计、岩土治理和施工的需要。

2)方案设计文件,应当满足编制初步设计文件和控制概算的需要。初步设计文件,应当满足编制施工招标文件、主要设备材料订货和编制施工图设计文件的需要。施工图设计文件,应当满足设备材料采购、非标准设备制作和施工的需要,并注明建设工程合理使用年限。

3)设计文件中选用的材料、构配件、设备,应当注明其规格、型号、性能等技术指标,其质量要求必须符合国家规定的标准。

4)勘察设计文件中规定采用的新技术、新材料,可能影响工程建设质量和安全,又没有国家技术标准的,应当由国家认可的检测机构进行试验、论证,出具检测报告,并经国务院有关部门或省、自治区、直辖市人民政府有关部门组织的工程建设技术专家委员会审定后,方可使用。

**3.各设计阶段的内容和深度**

(1)总体设计

总体设计一般由文字说明和图纸两部分组成。

总体设计的深度应满足开展初步设计,主要大型设备的选定、材料的预安排,土地征用谈判等工作的要求。

(2)初步设计

初步设计的深度应满足以下要求:

1)设计方案的比选。

2)主要设备和材料的订货。

3)土地征用。

4)基建投资的控制。

**4.设计文件的审批与修改**

(1)设计文件的审批

设计文件的审批,实行分级管理、分级审批的原则。

根据原国家建设委员会1978年颁布的《设计文件的编制和审批办法》等文件,设计文件具体审批权限规定如下:

1)大型建设项目的初步设计和总概算,按隶属关系,由国务院主管部门或省、市、自治区组织审查,提出审查意见,报国务院建设主管部门批准;特大、特殊项目,由国务院批准。技术设计按隶属关系由国务院主管部门或省、市、自治区审批。

2)中型建设项目的初步设计和总概算,按隶属关系,由国务院主管部门或省、市、自治区审查批准。批准文件抄送国务院建设主管部门备案。国家指定的中型项目的初步设计和总概算要报国务院建设主管部门审批。

3)小型建设项目初步设计的审批权限,由主管部门或省、市、自治区自行规定。

4)总体规划设计(或总体设计)的审批权限,与初步设计的审批权限相同。

5)各部直接代管的下放项目的初步设计,以国务院主管部门为主,会同有关省、市、自治区审查或批准。

6)施工图设计除主管部门指定要审查者外,一般不再审批,设计单位要对施工图的质量负责,并向生产、施工单位进行技术交底,听取意见。

(2)设计文件的修改

设计文件是工程建设的主要依据,经批准后不得任意修改。

根据《设计文件的编制和审批办法》,修改设计文件应遵守以下规定:

1)凡涉及计划任务书的主要内容,如建设规模、产品方案、建设地点、主要协作关系等方面的修改,须经原计划任务书审批机关批准。

2)凡涉及初步设计的主要内容,如总平面布置、主要工艺流程、主要设备、建筑面积、建筑标准、总定员、总概算等方面的修改,须经原设计审批机关批准。修改工作须由原设计单位负责进行。

3)施工图的修改,须经原设计单位的同意。

## 3.1.6　施工图设计文件的审查

为贯彻《房屋建筑和市政公用基础设施工程施工图设计文件审查管理办法》(住房城乡建设部令,第 13 号),进一步做好施工图设计文件审查工作,住房城乡建设部组织编制并于2013 年 6 月 7 日发布了《建筑工程施工图设计文件技术审查要点》、《市政公用工程施工图设计文件技术审查要点》、《岩土工程勘察文件技术审查要点》。原《岩土工程勘察文件审查要点(试行)》、《房屋建筑工程施工图设计文件审查要点(试行)》、《市政公用工程施工图设计文件审查要点(试行)》(建质〔2003〕2 号)同时废止。

**1. 施工图审查制度**

我国实施施工图设计文件(含勘察文件,以下简称施工图)审查制度。施工图审查,是指施工图审查机构按照有关法律、法规,对施工图涉及公共利益、公众安全和工程建设强制性标准的内容进行的审查。施工图审查应当坚持先勘察、后设计的原则。施工图未经审查合格的,不得使用。从事房屋建筑工程、市政基础设施工程施工、监理等活动,以及实施对房屋建筑和市政基础设施工程质量安全监督管理,应当以审查合格的施工图为依据。

**2. 送审施工图应提供的材料**

建设单位应当向施工图审查机构提供下列资料并对所提供资料的真实性负责:

1)作为勘察、设计依据的政府有关部门的批准文件及附件。

2)全套施工图。

3)其他应当提交的材料。

**3. 施工图审查内容**

施工图审查机构应当对施工图审查下列内容:

1)是否符合工程建设强制性标准。

2）地基基础和主体结构的安全性。

3）是否符合民用建筑节能强制性标准，对执行绿色建筑标准的项目，还应当审查是否符合绿色建筑标准。

4）勘察设计企业和注册执业人员以及相关人员是否按规定在施工图上加盖相应的图章和签字。

5）法律、法规、规章规定必须审查的其他内容。

**4. 施工图审查时限**

施工图审查原则上不超过下列时限：

1）大型房屋建筑工程、市政基础设施工程为 15 个工作日，中型及以下房屋建筑工程、市政基础设施工程为 10 个工作日。

2）工程勘察文件，甲级项目为 7 个工作日，乙级及以下项目为 5 个工作日。

以上时限不包括施工图修改时间和施工图审查机构的复审时间。

**5. 施工图审查结论及其处理**

施工图审查机构对施工图进行审查后，应当根据下列情况分别作出处理：

1）审查合格的，审查机构应当向建设单位出具审查合格书，并在全套施工图上加盖审查专用章。审查合格书应当有各专业的审查人员签字，经法定代表人签发，并加盖审查机构公章。审查机构应当在出具审查合格书后 5 个工作日内，将审查情况报工程所在地县级以上地方人民政府住房城乡建设主管部门备案。

2）审查不合格的，审查机构应当将施工图退建设单位并出具审查意见告知书，说明不合格原因。同时，应当将审查意见告知书及审查中发现的建设单位、勘察设计企业和注册执业人员违反法律、法规和工程建设强制性标准的问题，报工程所在地县级以上地方人民政府住房城乡建设主管部门。施工图退建设单位后，建设单位应当要求原勘察设计企业进行修改，并将修改后的施工图送原审查机构复审。

**6. 施工图审查与设计咨询的关系**

施工图审查的目的是为了保护国家财产和人民生命安全，维护社会公众利益，因此，施工图审查主要涉及社会公共利益、公众安全方面的问题。

至于设计方案在经济上是否合理、技术上是否保守、设计方案是否可以改进等这些主要只涉及建设单位利益的问题，是属于设计咨询范畴的内容，不属于施工图审查的范围。

# 3.2 建设工程勘察合同的主要内容

根据《合同法》的有关规定，结合《建设工程勘察合同（示范文本）》（GF—2000 - 0203、GF—2000 - 0204），下面介绍建设工程勘察合同的主要内容。

## 3.2.1 工程概况

工程概况包括如下几方面的内容：工程名称，工程建设地点，工程规模、特征，工程勘察任务委托文号、日期，工程勘察任务（内容）与技术要求，承接方式，预计勘察工作量等。

## 3.2.2 发包人应向勘察人提供的资料

发包人应及时向勘察人提供下列文件资料，并对其准确性、可靠性负责：本工程批准文件(复印件)，以及用地(附红线范围)、施工、勘察许可等批件(复印件)；工程勘察任务委托书、技术要求和工作范围的地形图、建筑总平面布置图；勘察工作范围已有的技术资料及工程所需的坐标与标高资料；勘察工作范围地下已有埋藏物的资料(如电力、电信电缆、各种管道、人防设施、洞室等)及具体位置分布图。

发包人不能提供上述资料，由勘察人收集的，发包人需向勘察人支付相应费用。

### 3.2.3　勘察人应向发包人交付的资料

合同双方应当详细约定勘察人向发包人交付的勘察成果名称、份数、内容要求以及提交的时间。勘察人应当对其提交的勘察成果资料的质量负责。勘察成果资料的制作成本较高，勘察人尤其注意要约定好提交勘察成果文件的份数(一般为 4 份)，发包人要求增加的份数另行收费。

### 3.2.4　工期

工期可以采用绝对工期的约定方式，如本工程的勘察工作定于＿＿＿＿＿年＿＿＿＿＿月＿＿＿＿＿日开工，＿＿＿＿＿年＿＿＿＿＿月＿＿＿＿＿日提交勘察成果资料；也可以采用相对工期的约定方式，如开工日期以发包人下达的开工通知书为准，勘察人应在开工通知书下达之日起第＿＿＿＿＿天提交勘察成果资料。

勘察工作有效期限以发包人下达的开工通知书或合同规定的时间为准，如遇特殊情况(如设计变更、工作量变化、不可抗力影响以及非勘察人原因造成的停、窝工等)时，工期顺延。

### 3.2.5　收费标准及付费方式

**1. 收费标准**

按国家规定的现行收费标准计取费用；或以"预算包干"、"中标价加签证"、"实际完成工作量结算"等方式计取收费。国家规定的收费标准中没有规定的收费项目，由发包人、勘察人另行议定。

**2. 付费方式**

(1)预算勘察费用和定金

合同双方应当在合同中约定预算工程勘察费用的金额，并可约定合同生效后若干天内，发包人应向勘察人支付定金的数额(如预算勘察费的一定比例，根据《担保法》的有关规定，不得超过预算勘察费的 20%)，合同履行后，定金抵作勘察费。

(2)工程进度款

对于勘察规模大、工期长的大型勘察工程，合同双方还应当在合同中约定发包人应当按勘察人实际完成的工程进度向其支付工程进度款(包括数额、时间、支付方式等)。

### 3.2.6　发包人、勘察人义务

**1. 发包人义务**

发包人义务包括：

1)发包人委托任务时，必须以书面形式向勘察人明确勘察任务及技术要求，并按建设工程勘察合同规定提供文件资料。发包人应对文件资料的完整性、正确性及时限性负责。

2）在勘察工作范围内，没有资料、图纸的地区（段），发包人应负责查清地下埋藏物，若因未提供上述资料、图纸，或提供的资料图纸不可靠、地下埋藏物不清，致使勘察人在勘察工作过程中发生人身伤害或造成经济损失时，由发包人承担民事责任。

3）发包人应及时为勘察人提供并解决勘察现场的工作条件和出现的问题（如：落实土地征用、青苗树木赔偿、拆除地上地下障碍物、处理施工扰民及影响施工正常进行的有关问题、平整施工现场、修好通行道路、接通电源水源、挖好排水沟渠以及安排水上作业用船等），并承担其费用。

4）若勘察现场需要看守，特别是在有毒、有害等危险现场作业时，发包人应派人负责安全保卫工作，按国家有关规定，对从事危险作业的现场人员进行保健防护，并承担费用。

5）工程勘察前，若发包人负责提供材料的，应根据勘察人提出的工程用料计划，按时提供各种材料及其产品合格证明，并承担费用和运到现场，派人与勘察人的人员一起验收。

6）勘察过程中的任何变更，经办理正式变更手续后，发包人应按实际发生的工作量支付勘察费。

7）为勘察人的工作人员提供必要的生产、生活条件，并承担费用，如不能提供时，应一次性付给勘察人临时设施费。

8）由于发包人原因造成勘察人停、窝工，除工期顺延外，发包人应支付停、窝工费，发包人若要求在合同规定时间内提前完工（或提交勘察成果资料）时，发包人应按每提前1天向勘察人支付加班费。

9）发包人应保护勘察人的投标书、勘察方案、报告书、文件、资料图纸、数据、特殊工艺（方法）、专利技术和合理化建议，未经勘察人同意，发包人不得复制、不得泄露、不得擅自修改、传送或向第三人转让或用于合同外的项目，如发生上述情况，发包人应负法律责任，勘察人有权索赔。

10）合同有关条款和补充协议中规定发包人应负的其他义务。

**2. 勘察人义务**

勘察人义务包括：

1）勘察人应按国家规范、标准、规程和发包人的任务委托书及技术要求进行工程勘察，按合同规定的时间提交质量合格的勘察成果资料，并对其负责。

2）由于勘察人提供的勘察成果资料质量不合格，勘察人应负责无偿给予补充完善使其达到质量合格，若勘察人无力补充完善，须另委托其他单位时，勘察人应承担全部勘察费用，或因勘察质量造成重大经济损失或工程事故时，勘察人除应负法律责任和免收直接受损部分的勘察费外，并根据损失程度向发包人支付赔偿金。

3）在工程勘察前，提出勘察纲要或勘察组织设计，派人与发包人的人员一起验收发包人提供的材料、设备，勘察人应对自己负责供应的材料设备负责，向发包人提供产品合格证明，并经双方代表共同验收认可。

4）勘察过程中，根据工程的岩土工程条件（或工作现场地形地貌、地质和水文地质条件）及技术规范要求，向发包人提出增减工作量或修改勘察工作的意见，并办理正式变更手续。

5）在现场工作的勘察人的人员，应遵守发包人的安全保卫及其他有关的规章制度，承担其有关资料保密义务，不得向第三人扩散、转让发包人提供的技术资料、文件，发生上述情况，勘察人应负法律责任，发包人有权索赔。

6）合同有关条款和补充协议中规定勘察人应负的其他义务。

### 3.2.7　违约责任

违约责任包括：

1）由于发包人未给勘察人提供必要的工作生活条件而造成停、窝工或来回进出场地，发包人除应付给勘察人停、窝工费（金额按预算的平均工日产值计算），工期按实际工日顺延外，还应付给勘察人来回进出场地和调遣费。

2）由于勘察人原因造成勘察成果资料质量不合格，不能满足技术要求时，发包人可要求勘察人返工并由勘察人承担返工费用，勘察人按发包人要求的时间返工，直到符合约定条件，返工后仍不能达到约定条件的，根据《合同法》第 280 条的规定，勘察人应当减收（或者免收）勘察费，并赔偿因违约造成的损失。

3）合同履行期间，由于工程停建而终止合同或发包人要求解除合同时，勘察人未进行勘察工作的，不退还发包人已付定金；已进行勘察工作的，完成的工作量在 50% 以内时，发包人应向勘察人支付预算额 50% 的勘察费，完成的工作量超过 50% 时，则应向勘察人支付预算额 100% 的勘察费。

4）发包人未按合同规定时间（日期）拨付勘察费，每超过 1 日，应偿付未支付勘察费的 1‰逾期违约金。

5）由于勘察人原因未按合同规定时间（日期）提交勘察成果资料，每超过 1 日，应减收勘察费 1‰。

6）合同签订后，发包人不履行合同时，无权要求返还定金；勘察人不履行合同时，双倍返还定金。

### 3.2.8　争议解决方式

合同发生争议时，发包人、勘察人应及时协商解决，也可由当地建设行政主管部门调解，协商或调解不成时，发包人、勘察人可约定仲裁委员会仲裁。发包人、勘察人未在合同中约定仲裁机构，事后又未达成书面仲裁协议的，可向人民法院起诉。

### 3.2.9　合同生效与终止

勘察合同自发包人、承包人签字盖章后生效；按规定到省级建设行政主管部门规定的审查部门备案；发包人、承包人认为必要时，到项目所在地工商行政管理部门申请签证。发包人、勘察人履行完合同规定的义务后，勘察合同终止。

## 3.3　建设工程设计合同的主要内容

结合《建设工程设计合同（示范文本）》（GF—2000 – 0209、GF—2000 – 0210），下面介绍建设工程设计合同的主要内容。

### 3.3.1 合同签订的依据

建设工程设计合同应当根据下列文件签订：①《合同法》、《建筑法》、《建设工程勘察设计市场管理规定》；②国家及地方其他有关建设工程勘察设计管理法规和规章；③建设工程批准文件。

### 3.3.2 合同设计项目的内容

包括名称、规模、阶段、投资以及设计费等。可以采用表格的形式列出上述内容，如表3-1所示。

表3-1 合同设计项目内容示例

| 序号 | 分项目名称 | 建设规模 | 层数 | 建筑面积（m²） | 设计阶段及内容 | 方案 | 初步设计 | 施工图 | 估算总投资（万元） | 费率（%） | 估算设计费（元） |
|---|---|---|---|---|---|---|---|---|---|---|---|
| | | | | | | | | | | | |
| | | | | | | | | | | | |

### 3.3.3 发包人向设计人提交的资料

委托初步设计的，在初步设计前，应提供经过批准的设计任务书、选厂报告，以及原料（或经过批准的资源报告）、燃料、水、电、运输等方面的协议文件和能满足初步设计要求的勘察资料、需要经过科研取得的技术资料、设计文件中选用的国家标准图、部标准图及地方标准图等。

委托施工图设计的，在施工图设计前，应提供经过批准的初步设计文件和能满足施工图设计要求的勘察资料、施工条件，以及有关设备的技术资料。

### 3.3.4 设计人应向发包人交付的资料

设计人提交的文件一般包括初步设计文件、技术设计文件、施工图设计文件、工程概预算文件和材料设备清单等。

### 3.3.5 费用及支付方式

**1. 计费标准**

为了规范工程设计收费行为，原国家计委、原建设部根据《价格法》及有关法律、法规，制定了《工程勘察设计收费管理规定》和《工程设计收费标准》，为工程设计提供了依据。

工程设计收费根据建设项目投资额的不同情况，分别实行政府指导价和市场调节价。建设项目总投资估算额500万元及以上的工程设计收费实行政府指导价；建设项目总投资估算额500万元以下的工程设计收费实行市场调节价。

实行政府指导价的工程设计收费，其基准价根据《工程设计收费标准》计算，除另有规定外，浮动幅度为上下20%。发包人和设计人应当根据建设项目的实际情况在规定的浮动幅度内协商确定收费额；实行市场调节价的工程设计收费，由发包人和设计人协商确定收费额。

工程设计费，应当体现优质优价的原则。工程设计收费实行政府指导价的，凡在工程设计中采用新技术、新工艺、新设备、新材料，有利于提高建设项目经济效益、环境效益和社会效益的，发包人和设计人可以在上浮 25% 的幅度内协商确定收费额。

设计人应当按照《关于商品和服务实行明码标价的规定》，告知发包人有关服务项目、服务内容、服务质量、收费依据，以及收费标准。

**2. 收费方式**

工程设计费的金额以及支付方式，由发包人和设计人在《工程设计合同》中约定。设计费的计算多采用以估算总投资为基数乘以设计取费费率的方式，也有以单位面积或单位生产能力为基数计算设计费的，也可以采用设计总费用包干来计算。设计费的支付除小型项目以外，一般都采用分期支付的方式。具体原则如下：

1）一般在合同约定，在签约后 3 天内支付总设计费的 20% 作为设计定金。

2）提交各阶段设计文件的同时支付各阶段设计费，在提交最后一部分施工图的同时结清全部设计费，不留尾款。

3）实际设计费按初步设计概算（施工图预算）核定，多退少补，实际设计费与估算设计费出现差额时，双方另行签订补充协议。

4）合同履行后，定金抵作设计费。

## 3.3.6　发包人、设计人义务

**1. 发包人义务**

发包人义务包括：

1）发包人按建设工程设计合同规定的内容，在规定的时间内向设计人提交基础资料及文件，并对其完整性、正确性及时限负责。发包人不得要求设计人违反国家有关标准进行设计。发包人提交上述资料及文件超过规定期限 15 天以内，设计人按建设工程设计合同规定交付设计文件时间顺延；超过规定期限 15 天以上时，设计人员有权重新确定提交设计文件的时间。

2）发包人变更委托设计项目、规模、条件或因提交的资料错误，或所提交资料作较大修改，以致造成设计人设计需返工时，双方除需另行协商签订补充协议（或另订合同）、重新明确有关条款外，发包人应按设计人所耗工作量向设计人增付设计费；在未签订合同前发包人已同意，设计人为发包人所做的各项设计工作，应按收费标准，相应支付设计费。

3）发包人要求设计人比合同规定时间提前交付设计资料及文件时，如果设计人能够做到，发包人应根据设计人提前投入的工作量，向设计人支付赶工费。

4）发包人应为派赴现场处理有关设计问题的工作人员，提供必要的工作生活及交通等方便条件。

5）发包人应保护设计人的投标书、设计方案、文件、资料图纸、数据、计算软件和专利技术。未经设计人同意，发包人对设计人交付的设计资料及文件不得擅自修改、复制或向第三人转让或用于合同外的项目，如发生以上情况，发包人应负法律责任，设计人有权向发包人提出索赔。

**2. 设计人义务**

设计人义务包括：

1）设计人应按国家规定技术规范、标准、规程及发包人提出的设计要求，进行工程设计，按合同规定的进度要求提交质量合格的设计资料，并对其负责。

2）设计人设计的建筑物（构筑物）必须注明设计的合理使用年限。

3）设计人按合同规定的内容、进度及份数向发包人交付资料及文件。

4）设计人交付设计资料及文件后，按规定参加有关的设计审查，并根据审查结论负责对不超出原定范围的内容做必要调整补充。设计人按合同规定时限交付设计资料及文件，本年内项目开始施工，负责向发包人及施工单位进行设计交底、处理有关设计问题和参加竣工验收。在1年内项目尚未开始施工，设计人仍负责上述工作，但应按所需工作量向发包人适当收取咨询服务费，收费额由双方商定。

5）设计人应保护发包人的知识产权，不得向第三人泄露、转让发包人提交的产品图纸等技术经济资料。如发生以上情况并给发包人造成经济损失，发包人有权向设计人索赔。

### 3.3.7　违约责任及争议处理方式

**1. 违约责任**

在合同履行期间，发包人要求终止或解除合同，设计人未开始设计工作的，不退还发包人已付的定金；已开始设计工作的，发包人应根据设计人已进行的实际工作量，不足一半时，按该阶段设计费的一半支付；超过一半时，按该阶段设计费的全部支付。

发包人应按合同规定的金额和时间向设计人支付设计费，每逾期支付1天，应承担支付金额2‰的逾期违约金。逾期超过30天以上时，设计人有权暂停履行下阶段工作，并书面通知发包人。发包人的上级或设计审批部门对设计文件不审批或合同项目停缓建，发包人均按合同规定支付设计费。

设计人对设计资料及文件出现的遗漏或错误负责修改或补充。由于设计人员错误造成工程质量事故损失，设计人除负责采取补救措施外，应免收直接受损失部分的设计费。损失严重的根据损失的程度和设计人责任大小向发包人支付赔偿金，赔偿金由双方商定。

由于设计人自身原因，延误了按建设工程设计合同规定的设计资料及设计文件的交付时间，每延误1天，应减收该项目应收设计费的2‰。

合同生效后，设计人要求终止或解除合同，设计人应双倍返还定金。

**2. 争议解决方式**

合同发生争议，发包人、设计人应及时协商解决，也可以由当地建设行政主管部门调解，协商或调解不成时，发包人、设计人可约定仲裁委员会仲裁，双方未在合同中约定仲裁机构，事后又未达成书面仲裁协议的，可向人民法院起诉。

### 3.3.8　合同生效及终止

合同经双方签章并在发包人向设计人支付定金后生效。合同生效后，按规定到项目所在地省级建设行政主管部门规定的审查部门备案；双方认为必要时，到项目所在地工商行政管理部门申请签证。双方履行完合同规定的义务后，合同即行终止。

合同未尽事宜，双方可签订补充协议，有关协议及双方认可的来往电报、传真、会议纪要等，均为合同组成部分，与合同具有同等法律效力。

## 重点与难点

重点：

1. 建设工程勘察的含义。
2. 建设工程设计的含义。
3. 建设工程总体设计的深度要求。
4. 建设工程初步设计的深度要求。
5. 建设工程施工图审查制度。
6. 建设工程施工图审查内容。
7. 建设工程勘察合同的主要内容。
8. 建设工程勘察合同双方的义务。
9. 建设工程设计合同的主要内容。
10. 建设工程设计合同双方的义务。

难点：

1. 建设工程施工图审查制度。
2. 建设工程勘察合同双方的义务。
3. 建设工程设计合同双方的义务。

## 思考与练习

1. 发包人如何有效监督勘察质量？
2. 发包人如何有效监督设计质量？
3. 设计咨询与施工图审查是什么关系？
4. 是否有必要实施建设工程勘察监理制度？
5. 什么是建设工程质量终身负责制？
6. 如何防止建设工程过分保守设计？
7. 建设工程因设计原因发生重大质量或安全事故，应追究设计单位还是设计人员的法律责任？
8. 我国设计费的计算多采用以估算总投资为基数乘以设计取费费率的方式。这种方式符合国际惯例吗？有何缺点？
9. 甲设计单位借用乙设计单位的资质承揽了某工程的设计业务，并给乙设计单位支付设计合同金额的5%作为挂靠费。后因设计质量差，工程竣工后，建设单位无法正常使用。建设单位应向甲设计单位还是乙设计单位追偿损失？

# 第**4**章

# 建设工程施工合同

## 4.1　概述

### 4.1.1　建设工程施工合同概念及特征

**1. 建设工程施工合同概念**

建设工程施工合同是指建设单位（发包人）与施工单位（承包人）之间，为完成商定的建设工程项目的建设任务，而签订的明确双方权利义务关系的协议。建设工程施工合同是建设工程合同中最重要的一种，它与建设工程勘察合同、建设工程设计合同等合同一样是一种双务合同。

**2. 建设工程施工合同特征**

建设工程施工合同有如下特征：

（1）主体的特殊性

按照我国法律的规定，工程的发包人可以是法人和其他组织，自然人是否可以作为工程的发包人，法律并未有禁止性规定。但对于工程的承包，法律规定禁止自然人从事工程的承包。

（2）合同期限的长期性

由于工程的复杂性，有的工程往往需要多年才能完成，因此决定了合同期限的长期性。

（3）合同标的的特殊性

工程项目的特殊性主要是指工程的投资大、工期长、工程技术和涉及的关系复杂。

（4）合同的行政性

施工合同虽然属于民事法律行为，但由于建设工程作为固定资产投资，国家对其实行严格的行政管理，而行政管理的主要方式就是对施工合同的管理，以保证施工合同的合法、公平和公正。

（5）合同为要式合同

按照我国法律的规定，施工合同应当以书面的形式签订。

### 4.1.2　签订施工合同的法律依据

签订工程施工合同，应遵守《合同法》、《民法通则》、《建筑法》、《招标投标法》以及国务院颁布的有关建设工程合同管理的行政法规。施工合同签订后需要公证的，还要根据《公证暂行条例》进行公证。施工合同履行过程中发生纠纷，需要申请仲裁或诉讼的，还要根据《仲裁法》或《民事诉讼法》进行仲裁或诉讼。

## 4.2　建设工程施工合同的订立

### 4.2.1　订立建设工程施工合同应具备的前提条件

订立建设工程施工合同应具备的前提条件是：建设工程的初步设计已经批准；建设工程项目已经列入政府批准的年度建设计划；有能够满足建设工程施工需要的设计文件和有关技术资料；建设工程的建设资金和主要建筑资料、设备来源已经落实；建设工程属招投标工程的，其中标通知书已经下达。

### 4.2.2　订立建设工程施工合同应遵守的原则

**1. 依法订立原则**

订立建设工程施工合同，必须遵守国家法律、行政法规，遵守国家的政策和建设计划等，尊重社会公德，不得扰乱社会经济秩序、损害社会公共利益。

**2. 自愿、平等、公平原则**

建设工程施工合同双方当事人，必须遵守自愿、平等、公平的原则，不得欺诈、胁迫和乘人之危强迫对方当事人签订不合理的条款。

**3. 诚实信用原则**

在订立建设工程施工合同时，双方应本着诚实信用的原则，不得有隐瞒、欺诈行为。

### 4.2.3　订立建设工程施工合同的程序

建设工程施工合同主要是通过招投标程序订立。招标方式包括公开招标和邀请招标。对于国家规定属工程建设项目招标范围以外的工程建设项目，发包人和承包人可以通过要约—承诺这一合同的一般订立程序订立建设工程施工合同。

## 4.3　建设工程施工合同协议书和主要条款

为了指导建设工程施工合同当事人的签约行为，维护合同当事人的合法权益，依据《合同法》、《建筑法》、《招标投标法》以及相关法律法规，住房城乡建设部、国家工商行政管理总局对《建设工程施工合同（示范文本）》（GF—1999－0201）进行了修订，制定了《建设工程施工合同（示范文本）》（GF—2013－0201），由合同协议书、通用合同条款和专用合同条款三部分组成。

《建设工程施工合同（示范文本）》为非强制性使用文本，适用于房屋建筑工程、土木工程、线路管道和设备安装工程、装修工程等建设工程的施工承发包活动，合同当事人可结合建设工程具体情况，根据《建设工程施工合同（示范文本）》订立合同，并按照法律法规规定和合同约定，享受合同权利，履行合同义务，并承担相应的法律责任。

下面介绍《建设工程施工合同（示范文本）》中合同协议书和通用合同条款的主要内容。

### 4.3.1　协议书

合同协议书共计 13 条，主要包括：工程概况、合同工期、质量标准、签约合同价和合同价格形式、项目经理、合同文件构成、承诺以及合同生效条件等重要内容，集中约定了合同当事人基本的合同权利义务。

**1. 工程概况**

工程概况主要包含工程名称、工程地点、工程立项批准文号、资金来源、工程内容以及工程承包范围等内容。

**2. 合同工期**

在协议书中要明确建设项目计划开工日期、计划竣工日期以及工期总日历天数。如果工期总日历天数与计划开竣工日期计算的工期天数不一致时，以工期总日历天数为准。

**3. 质量标准**

在协议书中要对工程质量的标准进行说明。有国家标准的应采用国家标准，没有国家标准的应采用行业标准。有强制性标准的应当采用强制性标准，没有强制性标准的可采用推荐性标准。

**4. 签约合同价与合同价格形式**

合同价款的大写与小写应规范一致，货币种类应明确。

**5. 项目经理**

确定承包人项目经理，对项目进行全面管理。

**6. 合同文件构成**

协议书与下列文件一起构成合同文件：①中标通知书（如果有）；②投标函及其附录（如果有）；③专用合同条款及其附件；④通用合同条款；⑤技术标准和要求；⑥图纸；⑦已标价工程量清单或预算书；⑧其他合同文件。在合同订立及履行过程中形成的与合同有关的文件均构成合同文件组成部分。

上述各项合同文件包括合同当事人就该项合同文件所作出的补充和修改，属于同一类内容的文件，应以最新签署的为准。专用合同条款及其附件须经合同当事人签字或盖章。

**7. 承诺**

发包人承诺按照法律规定履行项目审批手续、筹集工程建设资金并按照合同约定的期限和方式支付合同价款；承包人承诺按照法律规定及合同约定组织完成工程施工，确保工程质量和安全，不进行转包及违法分包，并在缺陷责任期及保修期内承担相应的工程维修责任；发包人和承包人通过招投标形式签订合同的，双方理解并承诺不再就同一工程另行签订与合同实质性内容相背离的协议。

**8. 词语含义**

协议书中词语含义与通用合同条款中赋予的含义相同。

**9. 签订时间**

协议书中应对合同具体的签订时间予以说明，精确到日。

**10. 签订地点**

协议书要明确合同的签订地点。

**11. 补充协议**

合同未尽事宜，合同当事人另行签订补充协议，补充协议是合同的组成部分。

**12. 合同生效**

合同生效包含合同生效的时间和条件。

**13. 合同份数**

规定合同的份数，确定发包人和承包人所执合同的份数，每份合同均具有同等的法律效力。

## 4.3.2　主要条款

通用合同条款是合同当事人根据《建筑法》、《合同法》等法律法规的规定，就工程建设的实施及相关事项，对合同当事人的权利义务作出的原则性约定。

通用合同条款共计20条，具体条款分别为：一般约定、发包人、承包人、监理人、工程质量、安全文明施工与环境保护、工期和进度、材料与设备、试验与检验、变更、价格调整、合同价格、计量与支付、验收和工程试车、竣工结算、缺陷责任与保修、违约、不可抗力、保险、索赔和争议解决。前述条款安排既考虑了现行法律法规对工程建设的有关要求，也考虑了建设工程施工管理的特殊需要，下面介绍其主要内容。

**1. 一般约定**

（1）词语定义与解释

1）合同。

①合同，是指根据法律规定和合同当事人约定具有约束力的文件，构成合同的文件包括合同协议书、中标通知书（如果有）、投标函及其附录（如果有）、专用合同条款及其附件、通用合同条款、技术标准和要求、图纸、已标价工程量清单或预算书以及其他合同文件。

②合同协议书，是指构成合同的由发包人和承包人共同签署的称为"合同协议书"的书面文件。

③中标通知书，是指构成合同的由发包人通知承包人中标的书面文件。

④投标函，是指构成合同的由承包人填写并签署的用于投标的称为"投标函"的文件。

⑤投标函附录，是指构成合同的附在投标函后的称为"投标函附录"的文件。

⑥技术标准和要求，是指构成合同的施工应当遵守的或指导施工的国家、行业或地方的技术标准和要求，以及合同约定的技术标准和要求。

⑦图纸，是指构成合同的图纸，包括由发包人按照合同约定提供或经发包人批准的设计文件、施工图、鸟瞰图及模型等，以及在合同履行过程中形成的图纸文件。图纸应当按照法律规定审查合格。

⑧已标价工程量清单，是指构成合同的由承包人按照规定的格式和要求填写并标明价格的工程量清单，包括说明和表格。

⑨预算书，是指构成合同的由承包人按照发包人规定的格式和要求编制的工程预算文件。

⑩其他合同文件，是指经合同当事人约定的与工程施工有关的具有合同约束力的文件或书面协议。合同当事人可以在专用合同条款中进行约定。

2）合同当事人及其他相关方。

①合同当事人，是指发包人和（或）承包人。

②发包人，是指与承包人签订合同协议书的当事人及取得该当事人资格的合法继承人。

③承包人，是指与发包人签订合同协议书的，具有相应工程施工承包资质的当事人及取得该当事人资格的合法继承人。

④监理人，是指在专用合同条款中指明的，受发包人委托按照法律规定进行工程监督管理的法人或其他组织。

⑤设计人，是指在专用合同条款中指明的，受发包人委托负责工程设计并具备相应工程设计资质的法人或其他组织。

⑥分包人，是指按照法律规定和合同约定，分包部分工程或工作，并与承包人签订分包合同的具有相应资质的法人。

⑦发包人代表，是指由发包人任命并派驻施工现场在发包人授权范围内行使发包人权利的人。

⑧项目经理，是指由承包人任命并派驻施工现场，在承包人授权范围内负责合同履行，且按照法律规定具有相应资格的项目负责人。

⑨总监理工程师，是指由监理人任命并派驻施工现场进行工程监理的总负责人。

3）工程和设备。

①工程，是指与合同协议书中工程承包范围对应的永久工程和（或）临时工程。

②永久工程，是指按合同约定建造并移交给发包人的工程，包括工程设备。

③临时工程，是指为完成合同约定的永久工程所修建的各类临时性工程，不包括施工设备。

④单位工程，是指在合同协议书中指明的，具备独立施工条件并能形成独立使用功能的永久工程。

⑤工程设备，是指构成永久工程的机电设备、金属结构设备、仪器及其他类似的设备和装置。

⑥施工设备，是指为完成合同约定的各项工作所需的设备、器具和其他物品，但不包括工程设备、临时工程和材料。

⑦施工现场，是指用于工程施工的场所，以及在专用合同条款中指明作为施工场所组成部分的其他场所，包括永久占地和临时占地。

⑧临时设施，是指为完成合同约定的各项工作服务的临时性生产和生活设施。

⑨永久占地，是指专用合同条款中指明为实施工程需永久占用的土地。

⑩临时占地，是指专用合同条款中指明为实施工程需要临时占用的土地。

4）日期和期限。

①开工日期，包括计划开工日期和实际开工日期。计划开工日期是指合同协议书约定的开工日期；实际开工日期是指监理人按照开工通知约定发出的符合法律规定的开工通知中载明的开工日期。

②竣工日期，包括计划竣工日期和实际竣工日期。计划竣工日期是指合同协议书约定的竣工日期；实际竣工日期按照竣工日期的约定确定。

③工期，是指在合同协议书约定的承包人完成工程所需的期限，包括按照合同约定所作的期限变更。

④缺陷责任期，是指承包人按照合同约定承担缺陷修复义务，且发包人预留质量保证金的期限，自工程实际竣工日期起计算。

⑤保修期，是指承包人按照合同约定对工程承担保修责任的期限，从工程竣工验收合格之日起计算。

⑥基准日期，招标发包的工程以投标截止日前28天的日期为基准日期，直接发包的工程以合同签订日前28天的日期为基准日期。

⑦天，除特别指明外，均指日历天。合同中按天计算时间的，开始当天不计入，从次日开始计算，期限最后一天的截止时间为当天24：00时。

5）合同价格和费用。

①签约合同价，是指发包人和承包人在合同协议书中确定的总金额，包括安全文明施工费、暂估价及暂列金额等。

②合同价格，是指发包人用于支付承包人按照合同约定完成承包范围内全部工作的金额，包括合同履行过程中按合同约定发生的价格变化。

③费用，是指为履行合同所发生的或将要发生的所有必需的开支，包括管理费和应分摊的其他费用，但不包括利润。

④暂估价，是指发包人在工程量清单或预算书中提供的用于支付必然发生但暂时不能确定价格的材料、工程设备的单价、专业工程以及服务工作的金额。

⑤暂列金额，是指发包人在工程量清单或预算书中暂定并包括在合同价格中的一笔款项，用于工程合同签订时尚未确定或者不可预见的所需材料、工程设备、服务的采购，施工中可能发生的工程变更、合同约定调整因素出现时的合同价格调整以及发生的索赔、现场签证确认等的费用。

⑥计日工，是指合同履行过程中，承包人完成发包人提出的零星工作或需要采用计日工计价的变更工作时，按合同中约定的单价计价的一种方式。

⑦质量保证金，是指按照质量保证金约定承包人用于保证其在缺陷责任期内履行缺陷修补义务的担保。

⑧总价项目，是指在现行国家、行业以及地方的计量规则中无工程量计算规则，在已标价工程量清单或预算书中以总价或以费率形式计算的项目。

6）其他，包括指合同文件、信函、电报、传真等可以有形地表现所载内容的形式。

（2）语言文字

合同以中国的汉语简体文字编写、解释和说明。合同当事人在专用合同条款中约定使用两种以上语言时，汉语为优先解释和说明合同的语言。

（3）法律

合同所称法律是指我国法律、行政法规、部门规章，以及工程所在地的地方性法规、自治条例、单行条例和地方政府规章等。合同当事人可以在专用合同条款中约定合同适用的其他规范性文件。

（4）标准和规范

适用于工程的国家标准、行业标准、工程所在地的地方性标准，以及相应的规范、规程等，合同当事人有特别要求的，应在专用合同条款中约定；发包人要求使用国外标准、规范的，发包人负责提供原文版本和中文译本，并在专用合同条款中约定提供标准规范的名称、份数和时间；发包人对工程的技术标准、功能要求高于或严于现行国家、行业或地方标准的，应当在专用合同条款中予以明确，除专用合同条款另有约定外，应视为承包人在签订合同前已充分预见前述技术标准和功能要求的复杂程度，签约合同价中已包含由此产生的费用。

（5）合同文件的优先顺序

组成合同的各项文件应互相解释，互为说明。除专用合同条款另有约定外，解释合同文件的优先顺序如下：①合同协议书；②中标通知书（如果有）；③投标函及其附录（如果有）；④专用合同条款及其附件；⑤通用合同条款；⑥技术标准和要求；⑦图纸；⑧已标价工程量清单或预算书；⑨其他合同文件。

上述各项合同文件包括合同当事人就该项合同文件所作出的补充和修改，属于同一类内容的文件，应以最新签署的为准。在合同订立及履行过程中形成的与合同有关的文件均构成合同文件组成部分，并根据其性质确定优先解释顺序。

（6）图纸和承包人文件

发包人应按照专用合同条款约定的期限、数量和内容向承包人免费提供图纸，并组织承包人、监理人和设计人进行图纸会审和设计交底。承包人在收到发包人提供的图纸后，发现图纸存在差错、遗漏或缺陷的，应及时通知监理人。监理人接到该通知后，应附具相关意见并立即报送发包人，发包人应在收到监理人报送的通知后的合理时间内作出决定。合理时间是指发包人在收到监理人的报送通知后，尽其努力且不懈怠地完成图纸修改补充所需的时间。

图纸需要修改和补充的，应经图纸原设计人及审批部门同意，并由监理人在工程或工程相应部位施工前将修改后的图纸或补充图纸提交给承包人，承包人应按修改或补充后的图纸施工。

承包人应按照专用合同条款的约定提供应当由其编制的与工程施工有关的文件，并按照专用合同条款约定的期限、数量和形式提交监理人，并由监理人报送发包人。除专用合同条款另有约定外，监理人应在收到承包人文件后7天内审查完毕，监理人对承包人文件有异议的，承包人应予以修改，并重新报送监理人。监理人的审查并不减轻或免除承包人根据合同约定应当承担的责任。

**2. 发包人**

发包人应遵守法律，并办理法律规定由其办理的许可、批准或备案，包括但不限于建设用地规划许可证、建设工程规划许可证、建设工程施工许可证、施工所需临时用水、临时用电、中断道路交通、临时占用土地等许可和批准。发包人应协助承包人办理法律规定的有关施工证件和批件。

发包人义务如下：

（1）提供施工现场

除专用合同条款另有约定外，发包人应最迟于开工日期7天前向承包人移交施工现场。

（2）提供施工条件

除专用合同条款另有约定外，发包人应负责提供施工所需要的条件，包括：将施工用水、电力、通讯线路等施工所必需的条件接至施工现场内；保证向承包人提供正常施工所需要的进入施工现场的交通条件；协调处理施工现场周围地下管线和邻近建筑物、构筑物、古树名木的保护工作，并承担相关费用；按照专用合同条款约定应提供的其他设施和条件。

（3）提供基础资料

发包人应当在移交施工现场前向承包人提供施工现场及工程施工所必需的毗邻区域内供水、排水、供电、供气、供热、通信、广播电视等地下管线资料，气象和水文观测资料，地质勘察资料，相邻建筑物、构筑物和地下工程等有关基础资料，并对所提供资料的真实性、准确性和完整性负责。

按照法律规定确需在开工后方能提供的基础资料，发包人应尽其努力及时地在相应工程施工前的合理期限内提供，合理期限应以不影响承包人的正常施工为限。

（4）其他

发包人应向承包人提供资金来源证明及支付担保，负责合同价款支付、组织竣工验收、与承包人签订施工现场统一管理协议。

**3. 承包人**

承包人在履行合同过程中应遵守法律和工程建设标准规范，并履行以下义务：

1）办理法律规定应由承包人办理的许可和批准，并将办理结果书面报送发包人留存。

2）按法律规定和合同约定完成工程，并在保修期内承担保修义务。

3）按法律规定和合同约定采取施工安全和环境保护措施，办理工伤保险，确保工程及人员、材料、设备和设施的安全。

4）按合同约定的工作内容和施工进度要求，编制施工组织设计和施工措施计划，并对所有施工作业和施工方法的完备性和安全可靠性负责。

5）在进行合同约定的各项工作时，不得侵害发包人与他人使用公用道路、水源、市政管网等公共设施的权利，避免对邻近的公共设施产生干扰。承包人占用或使用他人的施工场地，影响他人作业或生活的，应承担相应责任。

6）按照约定负责施工场地及其周边环境与生态的保护工作。

7）按约定采取施工安全措施，确保工程及其人员、材料、设备和设施的安全，防止因工程施工造成的人身伤害和财产损失。

8）将发包人按合同约定支付的各项价款专用于合同工程，且应及时支付其雇用人员工资，并及时向分包人支付合同价款。

9）按照法律规定和合同约定编制竣工资料，完成竣工资料立卷及归档，并按专用合同条款约定的竣工资料的套数、内容、时间等要求移交发包人。

10）应履行的其他义务。

**4. 监理人**

工程实行监理的，发包人和承包人应在专用合同条款中明确监理人的监理内容及监理权限等事项。监理人应当根据发包人授权及法律规定，代表发包人对工程施工相关事项进行检查、查验、审核、验收，并签发相关指示，但监理人无权修改合同，且无权减轻或免除合同约定的承包人的任何责任与义务。

监理人应按照发包人的授权发出监理指示。监理人的指示应采用书面形式，并经其授权的监理人员签字。紧急情况下，为了保证施工人员的安全或避免工程受损，监理人员可以口头形式发出指示，该指示与书面形式的指示具有同等法律效力，但必须在发出口头指示后24小时内补发书面监理指示，补发的书面监理指示应与口头指示一致。

监理人发出的指示应送达承包人项目经理或经项目经理授权接收的人员。因监理人未能按合同约定发出指示、指示延误或发出了错误指示而导致承包人费用增加和（或）工期延误的，由发包人承担相应责任。除专用合同条款另有约定外，总监理工程师不应将约定应由总监理工程师作出确定的权力授权或委托给其他监理人员。

承包人对监理人发出的指示有疑问的，应向监理人提出书面异议，监理人应在48小时内对该指示予以确认、更改或撤销，监理人逾期未回复的，承包人有权拒绝执行上述指示。

监理人对承包人的任何工作、工程或其采用的材料和工程设备未在约定的或合理期限内提出意见的，视为批准，但不免除或减轻承包人对该工作、工程、材料、工程设备等应承担的责任和义务。

### 5. 工程质量

（1）质量要求

工程质量标准必须符合现行国家有关工程施工质量验收规范和标准的要求。有关工程质量的特殊标准或要求由合同当事人在专用合同条款中约定。因发包人原因造成工程质量未达到合同约定标准的，由发包人承担由此增加的费用和（或）延误的工期，并支付承包人合理的利润。因承包人原因造成工程质量未达到合同约定标准的，发包人有权要求承包人返工直至工程质量达到合同约定的标准为止，并由承包人承担由此增加的费用和（或）延误的工期。

（2）质量保证措施

发包人应按照法律规定及合同约定完成与工程质量有关的各项工作。承包人应按照施工组织设计约定向发包人和监理人提交工程质量保证体系及措施文件，建立完善的质量检查制度，并提交相应的工程质量文件。对于发包人和监理人违反法律规定和合同约定的错误指示，承包人有权拒绝实施。

承包人应对施工人员进行质量教育和技术培训，定期考核施工人员的劳动技能，严格执行施工规范和操作规程。

承包人应按照法律规定和发包人的要求，对材料、工程设备以及工程的所有部位及其施工工艺进行全过程的质量检查和检验，并做详细记录，编制工程质量报表，报送监理人审查。此外，承包人还应按照法律规定和发包人的要求，进行施工现场取样试验、工程复核测量和设备性能检测，提供试验样品、提交试验报告和测量成果以及其他工作。

监理人应按照法律规定和发包人授权对工程的所有部位及其施工工艺、材料和工程设备进行检查和检验。承包人应为监理人的检查和检验提供方便，包括监理人到施工现场，或制造、加工地点，或合同约定的其他地方进行察看和查阅施工原始记录。监理人为此进行的检查和检验，不免除或减轻承包人按照合同约定应当承担的责任。

监理人的检查和检验不应影响施工正常进行。监理人的检查和检验影响施工正常进行的，且经检查检验不合格的，影响正常施工的费用由承包人承担，工期不予顺延；经检查检验合格的，由此增加的费用和（或）延误的工期由发包人承担。

（3）隐蔽工程检查

1）承包人自检。

承包人应当对工程隐蔽部位进行自检，并经自检确认是否具备覆盖条件。除专用合同条款另有约定外，工程隐蔽部位经承包人自检确认具备覆盖条件的，承包人应在共同检查前48小时书面通知监理人检查，通知中应载明隐蔽检查的内容、时间和地点，并应附有自检记录和必要的检查资料。

监理人应按时到场并对隐蔽工程及其施工工艺、材料和工程设备进行检查。经监理人检查确认质量符合隐蔽要求，并在验收记录上签字后，承包人才能进行覆盖。经监理人检查质量不合格的，承包人应在监理人指示的时间内完成修复，并由监理人重新检查，由此增加的费用和(或)延误的工期由承包人承担。

除专用合同条款另有约定外，监理人不能按时进行检查的，应在检查前24小时向承包人提交书面延期要求，但延期不能超过48小时，由此导致工期延误的，工期应予以顺延。监理人未按时进行检查，也未提出延期要求的，视为隐蔽工程检查合格，承包人可自行完成覆盖工作，并做相应记录报送监理人，监理人应签字确认。监理人事后对检查记录有疑问的，可按约定重新检查。

2)重新检查。

承包人覆盖工程隐蔽部位后，发包人或监理人对质量有疑问的，可要求承包人对已覆盖的部位进行钻孔探测或揭开重新检查，承包人应遵照执行，并在检查后重新覆盖恢复原状。经检查证明工程质量符合合同要求的，由发包人承担由此增加的费用和(或)延误的工期，并支付承包人合理的利润；经检查证明工程质量不符合合同要求的，由此增加的费用和(或)延误的工期由承包人承担。

承包人未通知监理人到场检查，私自将工程隐蔽部位覆盖的，监理人有权指示承包人钻孔探测或揭开检查，无论工程隐蔽部位质量是否合格，由此增加的费用和(或)延误的工期均由承包人承担。

(4)不合格工程的处理

因承包人原因造成工程不合格的，发包人有权随时要求承包人采取补救措施，直至达到合同要求的质量标准，由此增加的费用和(或)延误的工期由承包人承担。无法补救的，按照约定执行。因发包人原因造成工程不合格的，由此增加的费用和(或)延误的工期由发包人承担，并支付承包人合理的利润。

(5)质量争议检测

合同当事人对工程质量有争议的，由双方协商确定的工程质量检测机构鉴定，由此产生的费用及因此造成的损失，由责任方承担。合同当事人均有责任的，由双方根据其责任分别承担。合同当事人无法达成一致的，按照商定或确定执行。

**6. 安全文明施工与环境保护**

(1)安全文明施工

1)安全生产要求。

合同履行期间，合同当事人均应当遵守国家和工程所在地有关安全生产的要求，合同当事人有特别要求的，应在专用合同条款中明确施工项目安全生产标准化达标目标及相应事项。承包人有权拒绝发包人及监理人强令承包人违章作业、冒险施工的任何指示。

在施工过程中，如遇到突发的地质变动、事先未知的地下施工障碍等影响施工安全的紧急情况，承包人应及时报告监理人和发包人，发包人应当及时下令停工并报政府有关行政管理部门采取应急措施，因安全生产需要暂停施工的，按照暂停施工的约定执行。

2)安全生产保证措施。

承包人应当按照有关规定编制安全技术措施或者专项施工方案，建立安全生产责任制度、治安保卫制度及安全生产教育培训制度，并按安全生产法律规定及合同约定履行安全职责，如实编制工程安全生产的有关记录，接受发包人、监理人及政府安全监督部门的检查与监督。

3）特别安全生产事项。

承包人应按照法律规定进行施工，开工前做好安全技术交底工作，施工过程中做好各项安全防护措施。承包人为实施合同而雇用的特殊工种的人员应受过专门的培训并已取得政府有关管理机构颁发的上岗证书。

承包人在动力设备、输电线路、地下管道、密封防震车间、易燃易爆地段以及临街交通要道附近施工时，施工开始前应向发包人和监理人提出安全防护措施，经发包人认可后实施。

实施爆破作业，在放射、毒害性环境中施工（含储存、运输、使用）及使用毒害性、腐蚀性物品施工时，承包人应在施工前7天以书面通知发包人和监理人，并报送相应的安全防护措施，经发包人认可后实施。

需单独编制危险性较大分部分项专项工程施工方案的，及要求进行专家论证的超过一定规模的危险性较大的分部分项工程，承包人应及时编制和组织论证。

4）文明施工。

承包人在工程施工期间，应当采取措施保持施工现场平整，物料堆放整齐。工程所在地有关政府行政管理部门有特殊要求的，按照其要求执行。合同当事人对文明施工有其他要求的，可以在专用合同条款中明确。

在工程移交之前，承包人应当从施工现场清除承包人的全部施工设备、多余材料、垃圾和各种临时工程，并保持施工现场清洁整齐。经发包人书面同意，承包人可在发包人指定的地点保留承包人履行保修期内的各项义务所需要的材料、施工设备和临时工程。

5）安全文明施工费。

安全文明施工费由发包人承担，发包人不得以任何形式扣减该部分费用。因基准日期后合同所适用的法律或政府有关规定发生变化，增加的安全文明施工费由发包人承担。

承包人经发包人同意采取合同约定以外的安全措施所产生的费用，由发包人承担。未经发包人同意的，如果该措施避免了发包人的损失，则发包人在避免损失的额度内承担该措施费。如果该措施避免了承包人的损失，由承包人承担该措施费。

除专用合同条款另有约定外，发包人应在开工后28天内预付安全文明施工费总额的50%，其余部分与进度款同期支付。发包人逾期支付安全文明施工费超过7天的，承包人有权向发包人发出要求预付的催告通知，发包人收到通知后7天内仍未支付的，承包人有权暂停施工，并按发包人违约的情形执行。

承包人对安全文明施工费应专款专用，承包人应在财务账目中单独列项备查，不得挪作他用，否则发包人有权责令其限期改正；逾期未改正的，可以责令其暂停施工，由此增加的费用和（或）延误的工期由承包人承担。

6）安全生产责任。

①发包人的安全责任。

发包人应负责赔偿以下各种情况造成的损失：工程或工程的任何部分对土地的占用所造成的第三者财产损失；由于发包人原因在施工场地及其毗邻地带造成的第三者人身伤亡和财产损失；由于发包人原因对承包人、监理人造成的人员人身伤亡和财产损失；由于发包人原因造成的发包人自身人员的人身伤害以及财产损失。

②承包人的安全责任。

由于承包人原因在施工场地内及其毗邻地带造成的发包人、监理人以及第三者人员伤亡和财产损失，由承包人负责赔偿。

（2）职业健康

1）劳动保护。

承包人应按照法律规定安排现场施工人员的劳动和休息时间，保障劳动者的休息时间，并支付合理的报酬和费用。承包人应依法为其履行合同所雇用的人员办理必要的证件、许可、保险和注册等，承包人应督促其分包人为分包人所雇用的人员办理必要的证件、许可、保险和注册等。

承包人应按照法律规定保障现场施工人员的劳动安全，提供劳动保护，并应按国家有关劳动保护的规定，采取有效的防止粉尘、降低噪声、控制有害气体和保障高温、高寒、高空作业安全等劳动保护措施。承包人雇用人员在施工中受到伤害的，承包人应立即采取有效措施进行抢救和治疗。

承包人应按法律规定安排工作时间，保证其雇用人员享有休息和休假的权利。因工程施工的特殊需要占用休假日或延长工作时间的，应不超过法律规定的限度，并按法律规定给予补休或付酬。

2）生活条件。

承包人应为其履行合同所雇用的人员提供必要的膳宿条件和生活环境；承包人应采取有效措施预防传染病，保证施工人员的健康，并定期对施工现场、施工人员生活基地和工程进行防疫和卫生的专业检查和处理，在远离城镇的施工场地，还应配备必要的伤病防治和急救的医务人员与医疗设施。

（3）环境保护

承包人应在施工组织设计中列明环境保护的具体措施。在合同履行期间，承包人应采取合理措施保护施工现场环境。对施工作业过程中可能引起的大气、水、噪音以及固体废物污染采取具体可行的防范措施。

承包人应当承担因其原因引起的环境污染侵权损害赔偿责任，因上述环境污染引起纠纷而导致暂停施工的，由此增加的费用和（或）延误的工期由承包人承担。

**7. 工期和进度**

（1）施工组织设计

施工组织设计应包含以下内容：①施工方案；②施工现场平面布置图；③施工进度计划和保证措施；④劳动力及材料供应计划；⑤施工机械设备的选用；⑥质量保证体系及措施；⑦安全生产、文明施工措施；⑧环境保护、成本控制措施；⑨合同当事人约定的其他内容。

除专用合同条款另有约定外，承包人应在合同签订后14天内，但最迟不得晚于开工通知载明的开工日期前7天，向监理人提交详细的施工组织设计，并由监理人报送发包人。除专用合同条款另有约定外，发包人和监理人应在监理人收到施工组织设计后7天内确认或提出修改意见。对发包人和监理人提出的合理意见和要求，承包人应自费修改完善。根据工程实际情况需要修改施工组织设计的，承包人应向发包人和监理人提交修改后的施工组织设计。

（2）施工进度计划

1）施工进度计划的编制。

承包人应按照施工组织设计约定提交详细的施工进度计划，施工进度计划的编制应当符合国家法律规定和一般工程实践惯例，施工进度计划经发包人批准后实施。施工进度计划是控制工程进度的依据，发包人和监理人有权按照施工进度计划检查工程进度情况。

2）施工进度计划的修订。

施工进度计划不符合合同要求或与工程的实际进度不一致的，承包人应向监理人提交修订的施工进度计划，并附具有关措施和相关资料，由监理人报送发包人。除专用合同条款另有约定外，发包人和监理人应在收到修订的施工进度计划后7天内完成审核和批准或提出修改意见。发包人和监理人对承包人提交的施工进度计划的确认，不能减轻或免除承包人根据法律规定和合同约定应承担的任何责任或义务。

（3）开工

1）开工准备。

除专用合同条款另有约定外，承包人应按照施工组织设计约定的期限，向监理人提交工程开工报审表，经监理人报发包人批准后执行。开工报审表应详细说明按施工进度计划正常施工所需的施工道路、临时设施、材料、工程设备、施工设备、施工人员等落实情况以及工程的进度安排。

除专用合同条款另有约定外，合同当事人应按约定完成开工准备工作。

2）开工通知。

发包人应按照法律规定获得工程施工所需的许可。经发包人同意后，监理人发出的开工通知应符合法律规定。监理人应在计划开工日期7天前向承包人发出开工通知，工期自开工通知中载明的开工日期起算。

除专用合同条款另有约定外，因发包人原因造成监理人未能在计划开工日期之日起90天内发出开工通知的，承包人有权提出价格调整要求，或者解除合同。发包人应当承担由此增加的费用和（或）延误的工期，并向承包人支付合理利润。

（4）测量放线

1）除专用合同条款另有约定外，发包人应在最迟不得晚于开工通知载明的开工日期前7天通过监理人向承包人提供测量基准点、基准线和水准点及其书面资料。发包人应对其提供的测量基准点、基准线和水准点及其书面资料的真实性、准确性和完整性负责。

承包人发现发包人提供的测量基准点、基准线和水准点及其书面资料存在错误或疏漏的，应及时通知监理人。监理人应及时报告发包人，并会同发包人和承包人予以核实。发包人应就如何处理和是否继续施工作出决定，并通知监理人和承包人。

2）承包人负责施工过程中的全部施工测量放线工作，并配置具有相应资质的人员、合格的仪器、设备和其他物品。承包人应矫正工程的位置、标高、尺寸或准线中出现的任何差错，并对工程各部分的定位负责。

施工过程中对施工现场内水准点等测量标志物的保护工作由承包人负责。

（5）工期延误

1）因发包人原因导致工期延误。

在合同履行过程中，因下列情况导致工期延误和（或）费用增加的，由发包人承担由此延误的工期和（或）增加的费用，且发包人应支付承包人合理的利润：①发包人未能按合同约定提供图纸或所提供图纸不符合合同约定的；②发包人未能按合同约定提供施工现场、施工条件、基础资料、许可、批准等开工条件的；③发包人提供的测量基准点、基准线和水准点及其书面资料存在错误或疏漏的；④发包人未能在计划开工日期之日起 7 天内同意下达开工通知的；⑤发包人未能按合同约定日期支付工程预付款、进度款或竣工结算款的；⑥监理人未按合同约定发出指示、批准等文件的；⑦专用合同条款中约定的其他情形。

因发包人原因未按计划开工日期开工的，发包人应按实际开工日期顺延竣工日期，确保实际工期不低于合同约定的工期总日历天数。因发包人原因导致工期延误需要修订施工进度计划的，按照施工进度计划的修订执行。

2) 因承包人原因导致工期延误。

因承包人原因造成工期延误的，可以在专用合同条款中约定逾期竣工违约金的计算方法和逾期竣工违约金的上限。承包人支付逾期竣工违约金后，不免除承包人继续完成工程及修补缺陷的义务。

(6) 不利物质条件

不利物质条件是指有经验的承包人在施工现场遇到的不可预见的自然物质条件、非自然的物质障碍和污染物，包括地表以下物质条件和水文条件以及专用合同条款约定的其他情形，但不包括气候条件。

承包人遇到不利物质条件时，应采取克服不利物质条件的合理措施继续施工，并及时通知发包人和监理人。通知应载明不利物质条件的内容以及承包人认为不可预见的理由。监理人经发包人同意后应当及时发出指示，指示构成变更的，按变更约定执行。承包人因采取合理措施而增加的费用和(或)延误的工期由发包人承担。

(7) 异常恶劣的气候条件

异常恶劣的气候条件是指在施工过程中遇到的，有经验的承包人在签订合同时不可预见的，对合同履行造成实质性影响但尚未构成不可抗力事件的恶劣气候条件。合同当事人可以在专用合同条款中约定异常恶劣的气候条件的具体情形。

承包人应采取克服异常恶劣的气候条件的合理措施继续施工，并及时通知发包人和监理人。监理人经发包人同意后应当及时发出指示，指示构成变更的，按变更约定办理。承包人因采取合理措施而增加的费用和(或)延误的工期由发包人承担。

(8) 暂停施工

因发包人原因引起暂停施工的，监理人经发包人同意后，应及时下达暂停施工指示。情况紧急且监理人未及时下达暂停施工指示的，按照紧急情况下的暂停施工执行。因发包人原因引起的暂停施工，发包人应承担由此增加的费用和(或)延误的工期，并支付承包人合理的利润。监理人认为有必要时，并经发包人批准后，可向承包人作出暂停施工的指示，承包人应按监理人指示暂停施工。

因承包人原因引起的暂停施工，承包人应承担由此增加的费用和(或)延误的工期，且承包人在收到监理人复工指示后84 天内仍未复工的，视为承包人无法继续履行合同的情形。

因紧急情况需暂停施工，且监理人未及时下达暂停施工指示的，承包人可先暂停施工，并及时通知监理人。监理人应在接到通知后24 小时内发出指示，逾期未发出指示，视为同意承包人暂停施工。监理人不同意承包人暂停施工的，应说明理由，承包人对监理人的答复有异议，按照争议解决约定处理。

暂停施工后，发包人和承包人应采取有效措施积极消除暂停施工的影响。在工程复工前，监理人会同发包人和承包人确定因暂停施工造成的损失，并确定工程复工条件。当工程具备复工条件时，监理人应经发包人批准后向承包人发出复工通知，承包人应按照复工通知要求复工。承包人无故拖延和拒绝复工的，承包人承担由此增加的费用和（或）延误的工期；因发包人原因无法按时复工的，按照因发包人原因导致工期延误办理。

监理人发出暂停施工指示后 56 天内未向承包人发出复工通知，除该项停工属于承包人原因引起的暂停施工及不可抗力约定的情形外，承包人可向发包人提交书面通知，要求发包人在收到书面通知后 28 天内准许已暂停施工的部分或全部工程继续施工。发包人逾期不予批准的，则承包人可以通知发包人，将工程受影响的部分视为可取消工作。暂停施工持续 84 天以上不复工的，且不属于承包人原因引起的暂停施工及不可抗力约定的情形，并影响到整个工程以及合同目的实现的，承包人有权提出价格调整要求，或者解除合同。解除合同的，按照因发包人违约解除合同执行。

暂停施工期间，承包人应负责妥善照管工程并提供安全保障，由此增加的费用由责任方承担。发包人和承包人均应采取必要的措施确保工程质量及安全，防止因暂停施工扩大损失。

（9）提前竣工

发包人要求承包人提前竣工的，发包人应通过监理人向承包人下达提前竣工指示，承包人应向发包人和监理人提交提前竣工建议书，提前竣工建议书应包括实施的方案、缩短的时间、增加的合同价格等内容。发包人接受该提前竣工建议书的，监理人应与发包人和承包人协商采取加快工程进度的措施，并修订施工进度计划，由此增加的费用由发包人承担。承包人认为提前竣工指示无法执行的，应向监理人和发包人提出书面异议，发包人和监理人应在收到异议后 7 天内予以答复。任何情况下，发包人不得压缩合理工期。

发包人要求承包人提前竣工，或承包人提出提前竣工的建议能够给发包人带来效益的，合同当事人可以在专用合同条款中约定提前竣工的奖励。

**8. 材料与设备**

（1）发包人供应材料与工程设备

发包人自行供应材料、工程设备的，应在签订合同时在专用合同条款的附件《发包人供应材料设备一览表》中明确材料、工程设备的品种、规格、型号、数量、单价、质量等级和送达地点。发包人应按《发包人供应材料设备一览表》约定的内容提供材料和工程设备，并向承包人提供产品合格证明及出厂证明，对其质量负责。发包人应提前 24 小时以书面形式通知承包人、监理人材料和工程设备到货时间，承包人负责材料和工程设备的清点、检验和接收。

发包人提供的材料和工程设备的规格、数量或质量不符合合同约定的，或因发包人原因导致交货日期延误或交货地点变更等情况的，按照发包人违约约定办理。

发包人供应的材料和工程设备，承包人清点后由承包人妥善保管，保管费用由发包人承担，但已标价工程量清单或预算书已经列支或专用合同条款另有约定除外。因承包人原因发生丢失毁损的，由承包人负责赔偿；监理人未通知承包人清点的，承包人不负责材料和工程设备的保管，由此导致丢失毁损的由发包人负责。发包人供应的材料和工程设备使用前，由承包人负责检验，检验费用由发包人承担，不合格的不得使用。

（2）承包人采购材料与工程设备

承包人负责采购材料、工程设备的，应按照设计和有关标准要求采购，并提供产品合格证明及出厂证明，对材料、工程设备质量负责。合同约定由承包人采购的材料、工程设备，发包人不得指定生产厂家或供应商，发包人违反本款约定指定生产厂家或供应商的，承包人有权拒绝，并由发包人承担相应责任。承包人采购的材料和工程设备，应保证产品质量合格，承包人应在材料和工程设备到货前24小时通知监理人检验。承包人进行永久设备、材料的制造和生产的，应符合相关质量标准，并向监理人提交材料的样本以及有关资料，并应在使用该材料或工程设备之前获得监理人同意。

承包人采购的材料和工程设备不符合设计或有关标准要求时，承包人应在监理人要求的合理期限内将不符合设计或有关标准要求的材料、工程设备运出施工现场，并重新采购符合要求的材料、工程设备，由此增加的费用和（或）延误的工期，由承包人承担。承包人采购的材料和工程设备由承包人妥善保管，保管费用由承包人承担。法律规定材料和工程设备使用前必须进行检验或试验的，承包人应按监理人的要求进行检验或试验，检验或试验费用由承包人承担，不合格的不得使用。发包人或监理人发现承包人使用不符合设计或有关标准要求的材料和工程设备时，有权要求承包人进行修复、拆除或重新采购，由此增加的费用和（或）延误的工期，由承包人承担。

**9. 试验与检验**

承包人应按合同约定进行材料、工程设备和工程的试验和检验，并为监理人对上述材料、工程设备和工程的质量检查提供必要的试验资料和原始记录。按合同约定应由监理人与承包人共同进行试验和检验的，由承包人负责提供必要的试验资料和原始记录。

试验属于自检性质的，承包人可以单独进行试验。试验属于监理人抽检性质的，监理人可以单独进行试验，也可由承包人与监理人共同进行。承包人对由监理人单独进行的试验结果有异议的，可以申请重新共同进行试验。约定共同进行试验的，监理人未按照约定参加试验的，承包人可自行试验，并将试验结果报送监理人，监理人应承认该试验结果。

监理人对承包人的试验和检验结果有异议的，或为查清承包人试验和检验成果的可靠性要求承包人重新试验和检验的，可由监理人与承包人共同进行。重新试验和检验的结果证明该项材料、工程设备或工程的质量不符合合同要求的，由此增加的费用和（或）延误的工期由承包人承担；重新试验和检验结果证明该项材料、工程设备和工程符合合同要求的，由此增加的费用和（或）延误的工期由发包人承担。

承包人应按合同约定或监理人指示进行现场工艺试验。对大型的现场工艺试验，监理人认为必要时，承包人应根据监理人提出的工艺试验要求，编制工艺试验措施计划，报送监理人审查。

**10. 变更**

（1）变更的范围

除专用合同条款另有约定外，合同履行过程中发生以下情形的，应按照本条约定进行变更：①增加或减少合同中任何工作，或追加额外的工作；②取消合同中任何工作，但转由他人实施的工作除外；③改变合同中任何工作的质量标准或其他特性；④改变工程的基线、标高、位置和尺寸；⑤改变工程的时间安排或实施顺序。

（2）变更权

发包人和监理人均可以提出变更。变更指示均通过监理人发出，监理人发出变更指示前应征得发包人同意。承包人收到经发包人签认的变更指示后，方可实施变更。未经许可，承包人不得擅自对工程的任何部分进行变更。

涉及设计变更的，应由设计人提供变更后的图纸和说明。如变更超过原设计标准或批准的建设规模时，发包人应及时办理规划、设计变更等审批手续。

（3）变更程序

发包人提出变更的，应通过监理人向承包人发出变更指示，变更指示应说明计划变更的工程范围和变更的内容。监理人提出变更建议的，需要向发包人以书面形式提出变更计划，说明计划变更工程范围和变更的内容、理由，以及实施该变更对合同价格和工期的影响。发包人同意变更的，由监理人向承包人发出变更指示。发包人不同意变更的，监理人无权擅自发出变更指示。承包人收到监理人下达的变更指示后，认为不能执行，应立即提出不能执行该变更指示的理由。承包人认为可以执行变更的，应当书面说明实施该变更指示对合同价格和工期的影响，且合同当事人应当按照变更估价约定确定变更估价。

（4）变更估价

除专用合同条款另有约定外，变更估价按照如下约定处理：①已标价工程量清单或预算书有相同项目的，按照相同项目单价认定；②已标价工程量清单或预算书中无相同项目，但有类似项目的，参照类似项目的单价认定；③变更导致实际完成的变更工程量与已标价工程量清单或预算书中列明的该项目工程量的变化幅度超过15%的，或已标价工程量清单或预算书中无相同项目及类似项目单价的，按照合理的成本与利润构成的原则，由合同当事人按照合同相关条款的规定确定变更工作的单价。

（5）承包人的合理化建议

承包人提出合理化建议的，应向监理人提交合理化建议说明，说明建议的内容和理由，以及实施该建议对合同价格和工期的影响。

除专用合同条款另有约定外，监理人应在收到承包人提交的合理化建议后7天内审查完毕并报送发包人，发现其中存在技术上的缺陷，应通知承包人修改。发包人应在收到监理人报送的合理化建议后7天内审批完毕。合理化建议经发包人批准的，监理人应及时发出变更指示，由此引起的合同价格调整按照变更估价约定执行。发包人不同意变更的，监理人应书面通知承包人。

合理化建议降低了合同价格或者提高了工程经济效益的，发包人可对承包人给予奖励，奖励的方法和金额在专用合同条款中约定。

（6）变更引起的工期调整

因变更引起工期变化的，合同当事人均可要求调整合同工期，由合同当事人按照合同相关条款的规定确定，并参考工程所在地的工期定额标准确定增减工期天数。

**11. 价格调整**

（1）市场价格波动引起的调整

除专用合同条款另有约定外，市场价格波动超过合同当事人约定的范围，合同价格应当调整。合同当事人可以在专用合同条款中约定选择以下一种方式对合同价格进行调整：

第1种方式：采用价格指数进行价格调整

1）价格调整公式。

因人工、材料和设备等价格波动影响合同价格时，根据专用合同条款中约定的数据，按以下公式计算差额并调整合同价格：

$$\Delta P = P_0 \left[ A + \left( B_1 \times \frac{F_{t1}}{F_{01}} + B_2 \times \frac{F_{t2}}{F_{02}} + B_3 \times \frac{F_{t3}}{F_{03}} + \cdots + B_n \times \frac{F_{tn}}{F_{0n}} \right) - 1 \right]$$

公式中：$\Delta P$——需调整的价格差额；

$P_0$——约定的付款证书中承包人应得到的已完成工程量的金额。此项金额应不包括价格调整、不计质量保证金的扣留和支付、预付款的支付和扣回。约定的变更及其他金额已按现行价格计价的，也不计在内；

$A$——定值权重（即不调部分的权重）；

$B_1$，$B_2$，$B_3$，$\cdots$，$B_n$——各可调因子的变值权重（即可调部分的权重），为各可调因子在签约合同价中所占的比例；

$F_{t1}$，$F_{t2}$，$F_{t3}$，$\cdots$，$F_{tn}$——各可调因子的现行价格指数，指约定的付款证书相关周期最后一天的前 42 天的各可调因子的价格指数；

$F_{01}$，$F_{02}$，$F_{03}$，$\cdots$，$F_{0n}$——各可调因子的基本价格指数，指基准日期的各可调因子的价格指数。

以上价格调整公式中的各可调因子、定值和变值权重，以及基本价格指数及其来源在投标函附录价格指数和权重表中约定，非招标订立的合同，由合同当事人在专用合同条款中约定。价格指数应首先采用工程造价管理机构发布的价格指数，无前述价格指数时，可采用工程造价管理机构发布的价格代替。

2）暂时确定调整差额。

在计算调整差额时无现行价格指数的，合同当事人同意暂用前次价格指数计算。实际价格指数有调整的，合同当事人进行相应调整。

3）权重的调整。

因变更导致合同约定的权重不合理时，按照商定或确定执行。

4）因承包人原因工期延误后的价格调整。

因承包人原因未按期竣工的，对合同约定的竣工日期后继续施工的工程，在使用价格调整公式时，应采用计划竣工日期与实际竣工日期的两个价格指数中较低的一个作为现行价格指数。

第 2 种方式：采用造价信息进行价格调整

合同履行期间，因人工、材料、工程设备和机械台班价格波动影响合同价格时，人工、机械使用费按照国家或省、自治区、直辖市建设行政管理部门、行业建设管理部门或其授权的工程造价管理机构发布的人工、机械使用费系数进行调整；需要进行价格调整的材料，其单价和采购数量应由发包人审批，发包人确认需调整的材料单价及数量，作为调整合同价格的依据。

人工单价发生变化且符合省级或行业建设主管部门发布的人工费调整规定，合同当事人应按省级或行业建设主管部门或其授权的工程造价管理机构发布的人工费等文件调整合同价格，但承包人对人工费或人工单价的报价高于发布价格的除外。

材料、工程设备价格变化的价款调整按照发包人提供的基准价格，按以下风险范围规定执行：①承包人在已标价工程量清单或预算书中载明材料单价低于基准价格的：除专用合同条款另有约定外，合同履行期间材料单价涨幅以基准价格为基础超过 5% 时，或材料单价跌幅以在已标价工程量清单或预算书中载明材料单价为基础超过5%时，其超过部分据实调整。②承包人在已标价工程量清单或预算书中载明材料单价高于基准价格的：除专用合同条款另有约定外，合同履行期间材料单价跌幅以基准价格为基础超过5%时，材料单价涨幅以在已标价工程量清单或预算书中载明材料单价为基础超过5%时，其超过部分据实调整。③承包人在已标价工程量清单或预算书中载明材料单价等于基准价格的：除专用合同条款另有约定外，合同履行期间材料单价涨跌幅以基准价格为基础超过±5%时，其超过部分据实调整。④承包人应在采购材料前将采购数量和新的材料单价报发包人核对，发包人确认用于工程时，发包人应确认采购材料的数量和单价。发包人在收到承包人报送的确认资料后5天内不予答复的视为认可，作为调整合同价格的依据。未经发包人事先核对，承包人自行采购材料的，发包人有权不予调整合同价格。发包人同意的，可以调整合同价格。

前述基准价格是指由发包人在招标文件或专用合同条款中给定的材料、工程设备的价格，该价格原则上应当按照省级或行业建设主管部门或其授权的工程造价管理机构发布的信息价编制。

施工机械台班单价或施工机械使用费发生变化超过省级或行业建设主管部门或其授权的工程造价管理机构规定的范围时，按规定调整合同价格。

第3种方式：专用合同条款约定的其他方式

合同当事人可以在专用合同条款中约定其他方式对合同价格进行调整。

（2）法律变化引起的调整

基准日期后，法律变化导致承包人在合同履行过程中所需要的费用发生除市场价格波动引起的调整约定以外的增加时，由发包人承担由此增加的费用；减少时，应从合同价格中予以扣减。基准日期后，因法律变化造成工期延误时，工期应予以顺延。

因法律变化引起的合同价格和工期调整，合同当事人无法达成一致的，由总监理工程师按商定或确定的约定处理。

因承包人原因造成工期延误，在工期延误期间出现法律变化的，由此增加的费用和（或）延误的工期由承包人承担。

**12. 合同价格、计量与支付**

（1）合同价格形式

发包人和承包人应在合同协议书中选择下列一种合同价格形式：

1）单价合同。

单价合同是指合同当事人约定以工程量清单及其综合单价进行合同价格计算、调整和确认的建设工程施工合同，在约定的范围内合同单价不作调整。合同当事人应在专用合同条款中约定综合单价包含的风险范围和风险费用的计算方法，并约定风险范围以外的合同价格的调整方法，其中因市场价格波动引起的调整按市场价格波动引起的调整约定执行。

2）总价合同。

总价合同是指合同当事人约定以施工图、已标价工程量清单或预算书及有关条件进行合同价格计算、调整和确认的建设工程施工合同，在约定的范围内合同总价不作调整。合同当事人应在专用合同条款中约定总价包含的风险范围和风险费用的计算方法，并约定风险范围以外的合同价格的调整方法，其中因市场价格波动引起的调整按市场价格波动引起的调整约定执行，因法律变化引起的调整按法律变化引起的调整约定执行。

3）其他价格形式。

合同当事人可在专用合同条款中约定其他合同价格形式。

（2）预付款

1）预付款的支付。

预付款的支付按照专用合同条款约定执行，但最迟应在开工通知载明的开工日期 7 天前支付。预付款应当用于材料、工程设备、施工设备的采购及修建临时工程、组织施工队伍进场等。

除专用合同条款另有约定外，预付款在进度付款中同比例扣回。在颁发工程接收证书前，提前解除合同的，尚未扣完的预付款应与合同价款一并结算。

发包人逾期支付预付款超过 7 天的，承包人有权向发包人发出要求预付的催告通知，发包人收到通知后 7 天内仍未支付的，承包人有权暂停施工，并按发包人违约的情形执行。

2）预付款担保。

发包人要求承包人提供预付款担保的，承包人应在发包人支付预付款 7 天前提供预付款担保，专用合同条款另有约定除外。预付款担保可采用银行保函、担保公司担保等形式，具体由合同当事人在专用合同条款中约定。在预付款完全扣回之前，承包人应保证预付款担保持续有效。

发包人在工程款中逐期扣回预付款后，预付款担保额度应相应减少，但剩余的预付款担保金额不得低于未被扣回的预付款金额。

（3）工程进度款支付

除专用合同条款另有约定外，监理人应在收到承包人进度付款申请单以及相关资料后 7 天内完成审查并报送发包人，发包人应在收到后 7 天内完成审批并签发进度款支付证书。发包人逾期未完成审批且未提出异议的，视为已签发进度款支付证书。

发包人和监理人对承包人的进度付款申请单有异议的，有权要求承包人修正和提供补充资料，承包人应提交修正后的进度付款申请单。监理人应在收到承包人修正后的进度付款申请单及相关资料后 7 天内完成审查并报送发包人，发包人应在收到监理人报送的进度付款申请单及相关资料后 7 天内，向承包人签发无异议部分的临时进度款支付证书。存在争议的部分，按照约定处理。

除专用合同条款另有约定外，发包人应在进度款支付证书或临时进度款支付证书签发后 14 天内完成支付，发包人逾期支付进度款的，应按照中国人民银行发布的同期同类贷款基准利率支付违约金。

**13. 验收和工程试车**

（1）分部分项工程验收

分部分项工程质量应符合国家有关工程施工验收规范、标准及合同约定，承包人应按照施工组织设计的要求完成分部分项工程施工。除专用合同条款另有约定外，分部分项工程经承包人自检合格并具备验收条件的，承包人应提前 48 小时通知监理人进行验收。监理人不能按时进行验收的，应在验收前 24 小时向承包人提交书面延期要求，但延期不能超过 48 小时。监理人未按时进行验收，也未提出延期要求的，承包人有权自行验收，监理人应认可验收结果。分部分项工程未经验收的，不得进入下一道工序施工。分部分项工程的验收资料应当作为竣工资料的组成部分。

（2）竣工验收

除专用合同条款另有约定外，承包人申请竣工验收的，应当按照以下程序进行：

承包人向监理人报送竣工验收申请报告，监理人应在收到竣工验收申请报告后14天内完成审查并报送发包人。监理人审查后认为已具备竣工验收条件的，应将竣工验收申请报告提交发包人，发包人应在收到经监理人审核的竣工验收申请报告后28天内审批完毕并组织监理人、承包人、设计人等相关单位完成竣工验收。竣工验收合格的，发包人应在验收合格后14天内向承包人签发工程接收证书。发包人无正当理由逾期不颁发工程接收证书的，自验收合格后第15天起视为已颁发工程接收证书。

（3）工程试车

1）试车程序。

工程需要试车的，除专用合同条款另有约定外，试车内容应与承包人承包范围相一致，试车费用由承包人承担。工程试车应按如下程序进行：

具备单机无负荷试车条件，承包人组织试车，并在试车前48小时书面通知监理人，通知中应载明试车内容、时间、地点。承包人准备试车记录，发包人根据承包人要求为试车提供必要条件。试车合格的，监理人在试车记录上签字。监理人在试车合格后不在试车记录上签字，自试车结束满24小时后视为监理人已经认可试车记录，承包人可继续施工或办理竣工验收手续。监理人不能按时参加试车，应在试车前24小时以书面形式向承包人提出延期要求，但延期不能超过48小时，由此导致工期延误的，工期应予以顺延。监理人未能在前述期限内提出延期要求，又不参加试车的，视为认可试车记录。

具备无负荷联动试车条件，发包人组织试车，并在试车前48小时以书面形式通知承包人。通知中应载明试车内容、时间、地点和对承包人的要求，承包人按要求做好准备工作。试车合格，合同当事人在试车记录上签字。承包人无正当理由不参加试车的，视为认可试车记录。

2）试车中的责任。

因设计原因导致试车达不到验收要求，发包人应要求设计人修改设计，承包人按修改后的设计重新安装。发包人承担修改设计、拆除及重新安装的全部费用，工期相应顺延。因承包人原因导致试车达不到验收要求，承包人按监理人要求重新安装和试车，并承担重新安装和试车的费用，工期不予顺延。

因工程设备制造原因导致试车达不到验收要求的，由采购该工程设备的合同当事人负责重新购置或修理，承包人负责拆除和重新安装，由此增加的修理、重新购置、拆除及重新安装的费用及延误的工期由采购该工程设备的合同当事人承担。

3）投料试车。

如需进行投料试车的，发包人应在工程竣工验收后组织投料试车。发包人要求在工程竣工验收前进行或需要承包人配合时，应征得承包人同意，并在专用合同条款中约定有关事项。

投料试车合格的，费用由发包人承担；因承包人原因造成投料试车不合格的，承包人应按照发包人要求进行整改，由此产生的整改费用由承包人承担；非因承包人原因导致投料试车不合格的，如发包人要求承包人进行整改的，由此产生的费用由发包人承担。

**14. 竣工结算**

（1）竣工结算申请

除专用合同条款另有约定外，承包人应在工程竣工验收合格后 28 天内向发包人和监理人提交竣工结算申请单，并提交完整的结算资料，有关竣工结算申请单的资料清单和份数等要求由合同当事人在专用合同条款中约定。

除专用合同条款另有约定外，竣工结算申请单应包括以下内容：①竣工结算合同价格；②发包人已支付承包人的款项；③应扣留的质量保证金；④发包人应支付承包人的合同价款。

（2）竣工结算审核

除专用合同条款另有约定外，监理人应在收到竣工结算申请单后 14 天内完成核查并报送发包人。发包人应在收到监理人提交的经审核的竣工结算申请单后 14 天内完成审批，并由监理人向承包人签发经发包人签认的竣工付款证书。监理人或发包人对竣工结算申请单有异议的，有权要求承包人进行修正和提供补充资料，承包人应提交修正后的竣工结算申请单。发包人在收到承包人提交竣工结算申请书后 28 天内未完成审批且未提出异议的，视为发包人认可承包人提交的竣工结算申请单，并自发包人收到承包人提交的竣工结算申请单后第 29 天起视为已签发竣工付款证书。

除专用合同条款另有约定外，发包人应在签发竣工付款证书后的 14 天内，完成对承包人的竣工付款。发包人逾期支付的，按照中国人民银行发布的同期同类贷款基准利率支付违约金；逾期支付超过 56 天的，按照中国人民银行发布的同期同类贷款基准利率的两倍支付违约金。

承包人对发包人签认的竣工付款证书有异议的，对于有异议部分应在收到发包人签认的竣工付款证书后 7 天内提出异议，并由合同当事人按照专用合同条款约定的方式和程序进行复核，或按照约定处理。对于无异议部分，发包人应签发临时竣工付款证书，并按规定完成付款。承包人逾期未提出异议的，视为认可发包人的审批结果。

（3）甩项竣工协议

发包人要求甩项竣工的，合同当事人应签订甩项竣工协议。在甩项竣工协议中应明确，合同当事人按照竣工结算申请及竣工结算审核的约定，对已完合格工程进行结算，并支付相应合同价款。

（4）最终结清

1）最终结清申请单。

除专用合同条款另有约定外，承包人应在缺陷责任期终止证书颁发后 7 天内，按专用合同条款约定的份数向发包人提交最终结清申请单，并提供相关证明材料。除专用合同条款另有约定外，最终结清申请单应列明质量保证金、应扣除的质量保证金、缺陷责任期内发生的增减费用。

发包人对最终结清申请单内容有异议的，有权要求承包人进行修正和提供补充资料，承包人应向发包人提交修正后的最终结清申请单。

2）最终结清证书和支付。

除专用合同条款另有约定外，发包人应在收到承包人提交的最终结清申请单后 14 天内完成审批并向承包人颁发最终结清证书。发包人逾期未完成审批，又未提出修改意见的，视为发包人同意承包人提交的最终结清申请单，且自发包人收到承包人提交的最终结清申请单后 15 天起视为已颁发最终结清证书。

除专用合同条款另有约定外，发包人应在颁发最终结清证书后 7 天内完成支付。发包人逾期支付的，按照中国人民银行发布的同期同类贷款基准利率支付违约金；逾期支付超过 56 天的，按照中国人民银行发布的同期同类贷款基准利率的两倍支付违约金。

承包人对发包人颁发的最终结清证书有异议的，按约定办理。

**15. 缺陷责任与保修**

（1）工程保修的原则

在工程移交发包人后，因承包人原因产生的质量缺陷，承包人应承担质量缺陷责任和保修义务。缺陷责任期届满，承包人仍应按合同约定的工程各部位保修年限承担保修义务。

（2）缺陷责任期

缺陷责任期自实际竣工日期起计算，合同当事人应在专用合同条款约定缺陷责任期的具体期限，但该期限最长不超过 24 个月。单位工程先于全部工程进行验收，经验收合格并交付使用的，该单位工程缺陷责任期自单位工程验收合格之日起算。因发包人原因导致工程无法按合同约定期限进行竣工验收的，缺陷责任期自承包人提交竣工验收申请报告之日起开始计算；发包人未经竣工验收擅自使用工程的，缺陷责任期自工程转移占有之日起开始计算。

工程竣工验收合格后，因承包人原因导致的缺陷或损坏致使工程、单位工程或某项主要设备不能按原定目的使用的，则发包人有权要求承包人延长缺陷责任期，并应在原缺陷责任期届满前发出延长通知，但缺陷责任期最长不能超过 24 个月。

任何一项缺陷或损坏修复后，经检查证明其影响了工程或工程设备的使用性能，承包人应重新进行合同约定的试验和试运行，试验和试运行的全部费用应由责任方承担。

除专用合同条款另有约定外，承包人应于缺陷责任期届满后 7 天内向发包人发出缺陷责任期届满通知，发包人应在收到缺陷责任期满通知后 14 天内核实承包人是否履行缺陷修复义务，承包人未能履行缺陷修复义务的，发包人有权扣除相应金额的维修费用。发包人应在收到缺陷责任期届满通知后 14 天内，向承包人颁发缺陷责任期终止证书。

（3）质量保证金

承包人提供质量保证金有三种方式：质量保证金保函、相应比例的工程款、双方约定的其他方式。

质量保证金的扣留有以下三种方式：①在支付工程进度款时逐次扣留，在此情形下，质量保证金的计算基数不包括预付款的支付、扣回以及价格调整的金额；②工程竣工结算时一次性扣留质量保证金；③双方约定的其他扣留方式。

发包人累计扣留的质量保证金不得超过结算合同价格的 5%，如承包人在发包人签发竣工付款证书后 28 天内提交质量保证金保函，发包人应同时退还扣留的作为质量保证金的工程价款。

（4）保修

1）保修责任。

工程保修期从工程竣工验收合格之日起算，具体分部分项工程的保修期由合同当事人在专用合同条款中约定，但不得低于法定最低保修年限。在工程保修期内，承包人应当根据有关法律规定以及合同约定承担保修责任，发包人未经竣工验收擅自使用工程的，保修期自转移占有之日起算。

2）修复费用。

保修期内，修复的费用按照以下约定处理：①保修期内，因承包人原因造成工程的缺陷、损坏，承包人应负责修复，并承担修复的费用以及因工程的缺陷、损坏造成的人身伤害和财产损失；②保修期内，因发包人使用不当造成工程的缺陷、损坏，可以委托承包人修复，但发包人应承担修复的费用，并支付承包人合理利润；③因其他原因造成工程的缺陷、损坏，可以委托承包人修复，发包人应承担修复的费用，并支付承包人合理的利润，因工程的缺陷、损坏造成的人身伤害和财产损失由责任方承担。

**16. 违约**

（1）发包人违约

1）发包人违约的责任。

发包人应承担因其违约给承包人增加的费用和（或）延误的工期，并支付承包人合理的利润。此外，合同当事人可在专用合同条款中另行约定发包人违约责任的承担方式和计算方法。除专用合同条款另有约定外，承包人按约定暂停施工满28天后，发包人仍不纠正其违约行为并致使合同目的不能实现的，或发包人明确表示或者以其行为表明不履行合同主要义务的，承包人有权解除合同，发包人应承担由此增加的费用，并支付承包人合理的利润。

2）因发包人违约解除合同后的付款。

承包人按照上述约定解除合同的，发包人应在解除合同后28天内支付下列款项，并解除履约担保：①合同解除前所完成工作的价款；②承包人为工程施工订购并已付款的材料、工程设备和其他物品的价款；③承包人撤离施工现场以及遣散承包人人员的款项；④按照合同约定在合同解除前应支付的违约金；⑤按照合同约定应当支付给承包人的其他款项；⑥按照合同约定应退还的质量保证金；⑦因解除合同给承包人造成的损失。

（2）承包人违约

1）承包人违约的责任。

承包人应承担因其违约行为而增加的费用和（或）延误的工期。此外，合同当事人可在专用合同条款中另行约定承包人违约责任的承担方式和计算方法。除专用合同条款另有约定外，出现承包人明确表示或者以其行为表明不履行合同主要义务的，或监理人发出整改通知后，承包人在指定的合理期限内仍不纠正违约行为并致使合同目的不能实现的，发包人有权解除合同。合同解除后，因继续完成工程的需要，发包人有权使用承包人在施工现场的材料、设备、临时工程、承包人文件和由承包人或以其名义编制的其他文件，合同当事人应在专用合同条款约定相应费用的承担方式。发包人继续使用的行为不免除或减轻承包人应承担的违约责任。

2）因承包人违约解除合同后的处理。

因承包人原因导致合同解除的，则合同当事人应在合同解除后28天内完成估价、付款和清算，并按以下约定执行：①合同解除后，按商定或确定承包人实际完成工作对应的合同价款，以及承包人已提供的材料、工程设备、施工设备和临时工程等的价值；②合同解除后，承包人应支付的违约金；③合同解除后，因解除合同给发包人造成的损失；④合同解除后，承包人应按照发包人要求和监理人的指示完成现场的清理和撤离；⑤发包人和承包人应在合同解除后进行清算，出具最终结清付款证书，结清全部款项。

因承包人违约解除合同的，发包人有权暂停对承包人的付款，查清各项付款和已扣款项。发包人和承包人未能就合同解除后的清算和款项支付达成一致的，按照争议解决的约定处理。

（3）第三人造成的违约

在履行合同过程中，一方当事人因第三人的原因造成违约的，应当向对方当事人承担违约责任。一方当事人和第三人之间的纠纷，依照法律规定或者按照约定解决。

**17. 不可抗力**

（1）不可抗力的确认

不可抗力是指合同当事人在签订合同时不可预见，在合同履行过程中不可避免且不能克服的自然灾害和社会性突发事件，如地震、海啸、瘟疫、骚乱、戒严、暴动、战争和专用合同条款中约定的其他情形。

不可抗力发生后，发包人和承包人应收集证明不可抗力发生及不可抗力造成损失的证据，并及时认真统计所造成的损失。合同当事人对是否属于不可抗力或其损失的意见不一致的，由监理人按商定或确定的约定处理。发生争议时，按争议解决的约定处理。

（2）不可抗力的通知

合同一方当事人遇到不可抗力事件，使其履行合同义务受到阻碍时，应立即通知合同另一方当事人和监理人，书面说明不可抗力和受阻碍的详细情况，并提供必要的证明。

不可抗力持续发生的，合同一方当事人应及时向合同另一方当事人和监理人提交中间报告，说明不可抗力和履行合同受阻的情况，并于不可抗力事件结束后 28 天内提交最终报告及有关资料。

（3）不可抗力后果的承担

不可抗力引起的后果及造成的损失由合同当事人按照法律规定及合同约定各自承担。不可抗力发生前已完成的工程应当按照合同约定进行计量支付。

不可抗力导致的人员伤亡、财产损失、费用增加和（或）工期延误等后果，由合同当事人按以下原则承担：

1）永久工程、已运至施工现场的材料和工程设备的损坏，以及因工程损坏造成的第三人人员伤亡和财产损失由发包人承担。

2）承包人施工设备的损坏由承包人承担。

3）发包人和承包人承担各自人员伤亡和财产的损失。

4）因不可抗力影响承包人履行合同约定的义务，已经引起或将引起工期延误的，应当顺延工期，由此导致承包人停工的费用损失由发包人和承包人合理分担，停工期间必须支付的工人工资由发包人承担。

5）因不可抗力引起或将引起工期延误，发包人要求赶工的，由此增加的赶工费用由发包人承担。

6）承包人在停工期间按照发包人要求照管、清理和修复工程的费用由发包人承担。

不可抗力发生后，合同当事人均应采取措施尽量避免和减少损失的扩大，任何一方当事人没有采取有效措施导致损失扩大的，应对扩大的损失承担责任。

因合同一方迟延履行合同义务，在迟延履行期间遭遇不可抗力的，不免除其违约责任。

（4）因不可抗力解除合同

因不可抗力导致合同无法履行连续超过 84 天或累计超过 140 天的,发包人和承包人均有权解除合同。合同解除后,由双方当事人按照约定商定或确定发包人应支付的款项,该款项包括:

1)合同解除前承包人已完成工作的价款。

2)承包人为工程订购的并已交付给承包人,或承包人有责任接受交付的材料、工程设备和其他物品的价款。

3)发包人要求承包人退货或解除订货合同而产生的费用,或因不能退货或解除合同而产生的损失。

4)承包人撤离施工现场以及遣散承包人人员的费用。

5)按照合同约定在合同解除前应支付给承包人的其他款项。

6)扣减承包人按照合同约定应向发包人支付的款项。

7)双方商定或确定的其他款项。

除专用合同条款另有约定外,合同解除后,发包人应在商定或确定上述款项后 28 天内完成上述款项的支付。

**18. 保险**

(1)工程保险

除专用合同条款另有约定外,发包人应投保建筑工程一切险或安装工程一切险;发包人委托承包人投保的,因投保产生的保险费和其他相关费用由发包人承担。

(2)工伤保险

发包人应依照法律规定参加工伤保险,并为在施工现场的全部员工办理工伤保险,缴纳工伤保险费,并要求监理人及由发包人为履行合同聘请的第三方依法参加工伤保险。

承包人应依照法律规定参加工伤保险,并为其履行合同的全部员工办理工伤保险,缴纳工伤保险费,并要求分包人及由承包人为履行合同聘请的第三方依法参加工伤保险。

(3)其他保险

发包人和承包人可以为其施工现场的全部人员办理意外伤害保险并支付保险费,包括其员工及为履行合同聘请的第三方的人员,具体事项由合同当事人在专用合同条款约定。

除专用合同条款另有约定外,承包人应为其施工设备等办理财产保险。

(4)持续保险

合同当事人应与保险人保持联系,使保险人能够随时了解工程实施中的变动,并确保按保险合同条款要求持续保险。

(5)保险凭证

合同当事人应及时向另一方当事人提交其已投保的各项保险的凭证和保险单复印件。

(6)未按约定投保的补救

发包人未按合同约定办理保险,或未能使保险持续有效的,则承包人可代为办理,所需费用由发包人承担。发包人未按合同约定办理保险,导致未能得到足额赔偿的,由发包人负责补足。

承包人未按合同约定办理保险,或未能使保险持续有效的,则发包人可代为办理,所需费用由承包人承担。承包人未按合同约定办理保险,导致未能得到足额赔偿的,由承包人负责补足。

（7）通知义务

除专用合同条款另有约定外，发包人变更除工伤保险之外的保险合同时，应事先征得承包人同意，并通知监理人；承包人变更除工伤保险之外的保险合同时，应事先征得发包人同意，并通知监理人。

保险事故发生时，投保人应按照保险合同规定的条件和期限及时向保险人报告。发包人和承包人应当在知道保险事故发生后及时通知对方。

**19. 索赔**

（1）承包人的索赔

根据合同约定，承包人认为有权得到追加付款和（或）延长工期的，应按以下程序向发包人提出索赔：

1）承包人应在知道或应当知道索赔事件发生后 28 天内，向监理人递交索赔意向通知书，并说明发生索赔事件的事由；承包人未在前述 28 天内发出索赔意向通知书的，丧失要求追加付款和（或）延长工期的权利。

2）承包人应在发出索赔意向通知书后 28 天内，向监理人正式递交索赔报告；索赔报告应详细说明索赔理由以及要求追加的付款金额和（或）延长的工期，并附必要的记录和证明材料。

3）索赔事件具有持续影响的，承包人应按合理时间间隔继续递交延续索赔通知，说明持续影响的实际情况和记录，列出累计的追加付款金额和（或）工期延长天数。

4）在索赔事件影响结束后 28 天内，承包人应向监理人递交最终索赔报告，说明最终要求索赔的追加付款金额和（或）延长的工期，并附必要的记录和证明材料。

（2）对承包人索赔的处理

对承包人索赔的处理如下：①监理人应在收到索赔报告后 14 天内完成审查并报送发包人。监理人对索赔报告存在异议的，有权要求承包人提交全部原始记录副本。②发包人应在监理人收到索赔报告或有关索赔的进一步证明材料后的 28 天内，由监理人向承包人出具经发包人签认的索赔处理结果。发包人逾期答复的，则视为认可承包人的索赔要求。③承包人接受索赔处理结果的，索赔款项在当期进度款中进行支付；承包人不接受索赔处理结果的，按照争议解决约定处理。

（3）发包人的索赔

根据合同约定，发包人认为有权得到赔付金额和（或）延长缺陷责任期的，监理人应向承包人发出通知并附有详细的证明。

发包人应在知道或应当知道索赔事件发生后 28 天内通过监理人向承包人提出索赔意向通知书，发包人未在前述 28 天内发出索赔意向通知书的，丧失要求赔付金额和（或）延长缺陷责任期的权利。发包人应在发出索赔意向通知书后 28 天内，通过监理人向承包人正式递交索赔报告。

（4）对发包人索赔的处理

对发包人索赔的处理如下：①承包人收到发包人提交的索赔报告后，应及时审查索赔报告的内容、查验发包人证明材料。②承包人应在收到索赔报告或有关索赔的进一步证明材料后 28 天内，将索赔处理结果答复发包人。如果承包人未在上述期限内作出答复的，则视为对发包人索赔要求的认可。③发包人接受索赔处理结果的，发包人可从应支付给承包人的合同价款中扣除赔付的金额或延长缺陷责任期；发包人不接受索赔处理结果的，按争议解决约定处理。

（5）提出索赔的期限

承包人按约定接收竣工付款证书后，应被视为已无权再提出在工程接收证书颁发前所发生的任何索赔。

承包人按最终结清提交的最终结清申请单中，只限于提出工程接收证书颁发后发生的索赔。提出索赔的期限自接受最终结清证书时终止。

**20. 争议解决**

（1）和解

合同当事人可以就争议自行和解，自行和解达成协议的经双方签字并盖章后作为合同补充文件，双方均应遵照执行。

（2）调解

合同当事人可以就争议请求建设行政主管部门、行业协会或其他第三方进行调解，调解达成协议的，经双方签字并盖章后作为合同补充文件，双方均应遵照执行。

（3）争议评审

合同当事人在专用合同条款中约定采取争议评审方式解决争议以及评审规则，并按下列约定执行：

1）争议评审小组的确定。

合同当事人可以共同选择一名或三名争议评审员，组成争议评审小组。除专用合同条款另有约定外，合同当事人应当自合同签订后28天内，或者争议发生后14天内，选定争议评审员。

选择一名争议评审员的，由合同当事人共同确定；选择三名争议评审员的，各自选定一名，第三名成员为首席争议评审员，由合同当事人共同确定或由合同当事人委托已选定的争议评审员共同确定，或由专用合同条款约定的评审机构指定第三名首席争议评审员。

除专用合同条款另有约定外，评审员报酬由发包人和承包人各承担一半。

2）争议评审小组的决定。

合同当事人可在任何时间将与合同有关的任何争议共同提请争议评审小组进行评审。争议评审小组应秉持客观、公正原则，充分听取合同当事人的意见，依据相关法律、规范、标准、案例经验及商业惯例等，自收到争议评审申请报告后14天内作出书面决定，并说明理由。合同当事人可以在专用合同条款中对本项事项另行约定。

3）争议评审小组决定的效力。

争议评审小组作出的书面决定经合同当事人签字确认后，对双方具有约束力，双方应遵照执行。

任何一方当事人不接受争议评审小组决定或不履行争议评审小组决定的，双方可选择采用其他争议解决方式。

（4）仲裁或诉讼

因合同及合同有关事项产生的争议，合同当事人可以在专用合同条款中约定以下一种方式解决争议：1）向约定的仲裁委员会申请仲裁；2）向有管辖权的人民法院起诉。

（5）争议解决条款效力

合同有关争议解决的条款独立存在，合同的变更、解除、终止、无效或者被撤销均不影响其效力。

---

## 重点与难点

重点：

1. 建设工程施工合同概念及特征。

2. 订立建设工程施工合同应具备的前提条件。

3. 订立建设工程施工合同应遵守的原则。

4. 建设工程施工合同协议书的主要内容。

5. 基准日期。

6. 缺陷责任期。

7. 保修期。

8. 发包人的主要义务。

9. 承包人的主要义务。

10. 监理人的主要义务。

难点：

1. 施工合同中的变更机制。

2. 施工合同中的索赔机制。

---

## 思考与练习

1. 合同中的暂列金额数额大，对承包人有利还是不利？

2. 监理人没有履行施工合同中的义务，给承包人造成了损失。承包人能否向发包人索赔？能否向监理人索赔？

3. 竣工结算与竣工决算是什么关系？

4. 法律法规变更的风险应由发包人承担，还是承包人承担？

5. 不可抗力造成的损失应该由发包人承担，还是承包人承担？

6. 分包工程能够再分包吗？

7. 发包人签发进度款支付证书或临时进度款支付证书，是否表明发包人已同意、批准或接受了承包人完成的相应部分的工作？

8. 因合同一方迟延履行合同义务，在迟延履行期间遭遇不可抗力的，是否免除其违约责任？

# 第 5 章

# 建设工程相关合同

## 5.1　工程监理合同

### 5.1.1　概述

#### 1. 工程监理的概念

工程监理是指监理人受委托人的委托，依照法律法规、工程建设标准、勘察设计文件及合同，在建设过程尤其是施工阶段对建设工程质量、进度、造价进行控制，对合同、信息进行管理，对工程建设相关方的关系进行协调，并履行建设工程安全生产管理法定职责的服务活动。

#### 2. 工程监理的范围

工程监理在我国是一种强制实行的制度。根据《建设工程质量管理条例》及《建设工程监理范围和规模标准规定》，下列建设工程必须实行监理：①国家重点建设工程；②大中型公用事业工程；③成片开发建设的住宅小区工程；④利用外国政府或国际组织贷款、援助资金的工程；⑤国家规定必须实行监理的其他工程。

#### 3. 建设工程监理规模标准

（1）国家重点建设工程

国家重点建设工程，是指依据《国家重点建设项目管理办法》所确定的对国民经济和社会发展有重大影响的骨干项目。

（2）大中型公用事业工程

大中型公用事业工程，是指项目总投资额在 3 000 万元以上的下列工程项目：

1）供水、供电、供气、供热等市政工程项目。

2）科技、教育、文化等项目。

3）体育、旅游、商业等项目。

4）卫生、社会福利等项目。

5）其他公用事业项目。

（3）成片开发建设的住宅小区工程

成片开发建设的住宅小区工程，建筑面积在 $5 \times 10^4$ m² 以上的住宅建设工程必须实行监理；$5 \times 10^4$ m² 以下的住宅建设工程，可以实行监理，具体范围和规模标准，由省、自治区、直辖市人民政府建设行政主管部门规定。

为了保证住宅质量，对高层住宅及地基、结构复杂的多层住宅应当实行监理。

（4）利用外国政府或国际组织贷款、援助资金的工程

利用外国政府或国际组织贷款、援助资金的工程范围包括：

1）使用世界银行、亚洲开发银行等国际组织贷款资金的项目。

2）使用国外政府及其机构贷款资金的项目。

3）使用国际组织或者国外政府援助资金的项目。

（5）国家规定必须实行监理的其他工程

国家规定必须实行监理的其他工程是指：

1）项目总投资额在3 000万元以上关系社会公共利益、公众安全的下列基础设施项目：①煤炭、石油、化工、天然气、电力、新能源等项目；②铁路、公路、管道、水运、民航以及其他交通运输业等项目；③邮政、电信枢纽、通信、信息网络等项目；④防洪、灌溉、排涝、发电、引（供）水、滩涂治理、水资源保护、水土保持等水利建设项目；⑤道路、桥梁、地铁和轻轨交通、污水排放及处理、垃圾处理、地下管道、公共停车场等城市基础设施项目；⑥生态环境保护项目；⑦其他基础设施项目。

2）学校、影剧院、体育场馆项目。

**4. 工程监理合同**

工程监理合同的全称叫建设工程委托监理合同，也简称为监理合同，是指工程建设单位聘请监理单位代其对工程项目进行管理，明确双方权利、义务的协议，建设单位称委托人、监理单位称受托人，即监理人。

住房与城乡建设部和国家工商行政管理总局在2000年2月联合发布了《建设工程委托监理合同（示范文本）》（GF—2000－0202），2006年7月，成立了"修订《建设工程监理合同（示范文本）》与工程监理统计制度研究课题组"，对原示范文本予以修订，于2012年3月发布了《建设工程监理合同（示范文本）》（GF—2012－0202）。

下面主要以2012年3月发布的最新版示范文本对工程监理合同内容进行阐释。

## 5.1.2　工程监理合同示范文本的构成

《建设工程监理合同（示范文本）》（GF—2012－0202）由"协议书"、"通用条件"、"专用条件"、附录A和附录B五部分构成。协议书概括反映了监理工程的概况，通用条件规定了所有工程都应遵守的基本条件，适用于所有工程的监理业务的委托。专用条件是在通用条件的基础上，就地域特点、专业特点和委托监理项目的特点，对标准条件中的某些条款进行的补充和修正，附录A和附录B分别对相关服务的范围和内容以及委托人派遣的人员和提供的房屋、资料、设备进行了说明。

## 5.1.3　工程监理合同的主要条款

**1. 定义与解释**

在建设工程监理合同中，为了使当事人双方更好地履行合同，避免争议的出现，对组成合同的全部文件中的名词和用语进行了明确的定义。

（1）与合同双方当事人有关的词语定义

建设工程监理合同示范文本中对委托人、监理人、承包人、总监理工程师、一方、双方以

及第三方等词语的含义进行了说明。其中："总监理工程师"是指由监理人的法定代表人书面授权，全面负责履行监理合同、主持项目监理机构工作的注册监理工程师。"一方"是指委托人或监理人；"双方"是指委托人和监理人；"第三方"是指除委托人和监理人以外的有关方。

（2）与监理活动有关的词语定义

除了对与合同双方当事人有关的词语进行定义之外，示范文本还对与监理活动有关的词语进行了解释。例如，"工程"是指按照监理合同约定实施监理与相关服务的建设工程；"相关服务"是指监理人受委托人的委托，按照监理合同约定，在勘察、设计、保修等阶段提供的服务活动；"正常工作"指监理合同订立时通用条件和专用条件中约定的监理人的工作；"附加工作"是指监理合同约定的正常工作以外监理人的工作；"酬金"是指监理人履行监理合同义务，委托人按照监理合同约定给付监理人的金额；"正常工作酬金"是指监理人完成正常工作，委托人应给付监理人并在协议书中载明的签约酬金额；"附加工作酬金"是指监理人完成附加工作，委托人应给付监理人的金额等。

（3）其他词语的定义

示范文本中的"天"是指第一天零时至第二天零时的时间，"月"是指按公历从一个月中任何一天开始的一个公历月时间。"书面形式"是指合同书、信件和数据电文（包括电报、电传、传真、电子数据交换和电子邮件）等可以有形地表现所载内容的形式。"不可抗力"是指委托人和监理人在订立监理合同时不可预见，在工程施工过程中不可避免发生并不能克服的自然灾害和社会性突发事件，如地震、海啸、瘟疫、水灾、骚乱、暴动、战争和专用条件约定的其他情形。

（4）相关解释

示范文本为了使合同内容更加明确，对合同中的一些问题进行了说明。规定合同应使用中文书写、解释和说明。除专用条件另有约定外，合同文件的解释顺序如下：

1）协议书。

2）中标通知书（适用于招标工程）或委托书（适用于非招标工程）。

3）专用条件及附录 A、附录 B。

4）通用条件。

5）投标文件（适用于招标工程）或监理与相关服务建议书（适用于非招标工程）。

双方签订的补充协议与其他文件发生矛盾或歧义时，属于同一类内容的文件，应以最新签署的为准。

**2. 监理人的义务**

依据适用的法律、行政法规及部门规章与标准，遵照工程设计、有关文件、监理合同及委托人与第三方签订的与实施工程有关的其他合同的约定，监理人应组建满足工作需要的项目监理机构，配备具有相应资格的专业人员来实施工程监理活动。

监理人的义务包括：

1）收到工程设计文件后编制监理规划，并在第一次工地会议 7 天前报委托人。根据有关规定和监理工作需要，编制监理实施细则。

2）熟悉工程设计文件，并参加由委托人主持的图纸会审和设计交底会议。

3）参加由委托人主持的第一次工地会议；主持监理例会并根据工程需要主持或参加专题会议。

4）审查施工承包人提交的施工组织设计，重点审查其中的质量安全技术措施、专项施工方案与工程建设强制性标准的符合性。

5）检查施工承包人工程质量、安全生产管理制度及组织机构和人员资格。

6）检查施工承包人专职安全生产管理人员的配备情况。

7）审查施工承包人提交的施工进度计划，核查承包人对施工进度计划的调整。

8）检查施工承包人的试验室。

9）审核施工分包人资质条件。

10）查验施工承包人的施工测量放线成果。

11）审查工程开工条件，对条件具备的签发开工令。

12）审查施工承包人报送的工程材料、构配件、设备质量证明文件的有效性和符合性，并按规定对用于工程的材料采取平行检验或见证取样方式进行抽检。

13）审核施工承包人提交的工程款支付申请，签发或出具工程款支付证书，并报委托人审核、批准。

14）在巡视、旁站和检验过程中，发现工程质量、施工安全存在事故隐患的，要求施工承包人整改并报委托人。

15）经委托人同意，签发工程暂停令和复工令。

16）审查施工承包人提交的采用新材料、新工艺、新技术、新设备的论证材料及相关验收标准。

17）验收隐蔽工程、分部分项工程。

18）审查施工承包人提交的工程变更申请，协调处理施工进度调整、费用索赔、合同争议等事项。

19）审查施工承包人提交的竣工验收申请，编写工程质量评估报告。

20）参加工程竣工验收，签署竣工验收意见。

21）审查施工承包人提交的竣工结算申请并报委托人。

22）编制、整理工程监理归档文件并报委托人。

除此之外，监理人应遵循职业道德准则和行为规范，严格按照法律法规、工程建设有关标准及合同规定履行职责。

在监理与相关服务范围内，委托人和承包人提出的意见和要求，监理人应及时提出处置意见。当委托人与承包人之间发生合同争议时，监理人应协助委托人、承包人协商解决。当委托人与承包人之间的合同争议提交仲裁机构仲裁或人民法院审理时，监理人应提供必要的证明资料。监理人应在专用条件约定的授权范围内，处理委托人与承包人所签订合同的变更事宜。如果变更超过授权范围，应以书面形式报委托人批准。在紧急情况下，为了保护财产和人身安全，监理人所发出的指令未能事先报委托人批准时，应在发出指令后的24小时内以书面形式报委托人。除专用条件另有约定外，监理人发现承包人的人员不能胜任本职工作的，有权要求承包人予以调换。

监理人应按专用条件约定的种类、时间和份数向委托人提交监理与相关服务的报告。在合同履行期内，监理人应在现场保留工作所用的图纸、报告及记录监理工作的相关文件。工程竣工后，应当按照档案管理规定将监理有关文件归档。监理人无偿使用附录B中由委托人派遣的人员和提供的房屋、资料、设备。除专用条件另有约定外，委托人提供的房屋、设备属于委托人的财产，监理人应妥善使用和保管，在监理合同终止时将这些房屋、设备的清单提交委托人，并按专用条件约定的时间和方式移交。

**3. 委托人的义务**

在合同履行过程中，委托人应按要求完成以下义务：

（1）告知

委托人应在委托人与承包人签订的合同中明确监理人、总监理工程师和授予项目监理机构的权限。如有变更，应及时通知承包人。

（2）提供资料

委托人应按照附录 B 约定，无偿向监理人提供工程有关的资料。在监理合同履行过程中，委托人应及时向监理人提供最新的与工程有关的资料。

（3）提供工作条件

委托人应为监理人完成监理与相关服务提供必要的条件。

1）委托人应按照附录 B 约定，派遣相应的人员，提供房屋、设备，供监理人无偿使用。

2）委托人应负责协调工程建设中所有外部关系，为监理人履行监理合同提供必要的外部条件。

（4）委托人代表

委托人应授权一名熟悉工程情况的代表，负责与监理人联系。委托人应在双方签订监理合同后 7 天内，将委托人代表的姓名和职责书面告知监理人。当委托人更换委托人代表时，应提前 7 天通知监理人。

（5）委托人意见或要求

在监理合同约定的监理与相关服务工作范围内，委托人对承包人的任何意见或要求应通知监理人，由监理人向承包人发出相应指令。

（6）答复

委托人应在专用条件约定的时间内，对监理人以书面形式提交并要求作出决定的事宜，给予书面答复。逾期未答复的，视为委托人认可。

（7）支付

委托人应按监理合同约定，向监理人支付酬金。

**4. 合同生效、变更、暂停、解除与终止**

（1）生效

除法律另有规定或者专用条件另有约定外，委托人和监理人的法定代表人或其授权代理人在协议书上签字并盖单位章后监理合同生效。

（2）变更

1）任何一方提出变更请求时，双方经协商一致后可进行变更。

2）除不可抗力外，因非监理人原因导致监理人履行合同期限延长、内容增加时，监理人应当将此情况与可能产生的影响及时通知委托人。增加的监理工作时间、工作内容应视为附加工作。附加工作酬金的确定方法在专用条件中约定。

3）合同生效后，如果实际情况发生变化使得监理人不能完成全部或部分工作时，监理人应立即通知委托人。除不可抗力外，其善后工作以及恢复服务的准备工作应为附加工作，附加工作酬金的确定方法在专用条件中约定。监理人用于恢复服务的准备时间不应超过 28 天。

4）合同签订后，遇有与工程相关的法律法规、标准颁布或修订的，双方应遵照执行。由此引起监理与相关服务的范围、时间、酬金变化的，双方应通过协商进行相应调整。

5）因非监理人原因造成工程概算投资额或建筑安装工程费增加时，正常工作酬金应作相应调整。调整方法在专用条件中约定。

6）因工程规模、监理范围的变化导致监理人的正常工作量减少时，正常工作酬金应作相应调整。调整方法在专用条件中约定。

（3）暂停与解除

除双方协商一致可以解除监理合同外，当一方无正当理由未履行监理合同约定的义务时，另一方可以根据监理合同约定暂停履行监理合同直至解除监理合同。

1）在监理合同有效期内，由于双方无法预见和控制的原因导致监理合同全部或部分无法继续履行或继续履行已无意义，经双方协商一致，可以解除监理合同或监理人的部分义务。在解除之前，监理人应作出合理安排，使开支减至最小。

因解除监理合同或解除监理人的部分义务导致监理人遭受的损失，除依法可以免除责任的情况外，应由委托人予以补偿，补偿金额由双方协商确定。

解除监理合同的协议必须采取书面形式，协议未达成之前，监理合同仍然有效。

2）在监理合同有效期内，因非监理人的原因导致工程施工全部或部分暂停，委托人可通知监理人要求暂停全部或部分工作。监理人应立即安排停止工作，并将开支减至最小。除不可抗力外，由此导致监理人遭受的损失应由委托人予以补偿。

暂停部分监理与相关服务时间超过 182 天，监理人可发出解除监理合同约定的该部分义务的通知；暂停全部工作时间超过 182 天，监理人可发出解除监理合同的通知，监理合同自通知到达委托人时解除。委托人应将监理与相关服务的酬金支付至监理合同解除日，且应承担违约责任。

3）当监理人无正当理由未履行监理合同约定的义务时，委托人应通知监理人限期改正。若委托人在监理人接到通知后的 7 天内未收到监理人书面形式的合理解释，则可在 7 天内发出解除监理合同的通知，自通知到达监理人时监理合同解除。委托人应将监理与相关服务的酬金支付至限期改正通知到达监理人之日，但监理人应承担违约责任。

4）监理人在专用条件中约定的支付之日起 28 天后仍未收到委托人按监理合同约定应付的款项，可向委托人发出催付通知。委托人接到通知 14 天后仍未支付或未提出监理人可以接受的延期支付安排，监理人可向委托人发出暂停工作的通知并可自行暂停全部或部分工作。暂停工作后 14 天内监理人仍未获得委托人应付酬金或委托人的合理答复，监理人可向委托人发出解除监理合同的通知，自通知到达委托人时监理合同解除。委托人应承担违约责任。

5）因不可抗力致使监理合同部分或全部不能履行时，一方应立即通知另一方，可暂停或解除监理合同。

6）监理合同解除后，监理合同约定的有关结算、清理、争议解决方式的条款仍然有效。

（4）终止

以下条件全部满足时，监理合同即告终止：

1）监理人完成监理合同约定的全部工作。

2）委托人与监理人结清并支付全部酬金。

## 5.2　工程咨询合同

### 5.2.1　概述

**1. 工程咨询的概念**

工程咨询是指遵循独立、科学、公正的原则，运用工程技术、科学技术、经济管理和法律法规等多学科方面的知识和经验，为政府部门、项目业主及其他各类委托人的工程建设项目决策和管理提供咨询活动的智力服务，包括前期立项阶段咨询、勘察设计阶段咨询、施工阶段咨询、投产或交付使用后的评价等工作。

**2. 工程咨询的特点**

工程咨询有如下特点：

1）工程咨询业务弹性很大，可以是宏观的、整体的、全过程咨询，也可以是某个问题、某项内容、某项工作的咨询。

2）每一项咨询任务都是一次性、单独的任务，只有类似性而无重复性。

3）工程咨询是高度智能化服务，需要多学科知识、技术、经验、方法和信息的集成及创新。

4）工程咨询牵涉面广，包括政治、经济、技术、社会、文化等领域，需要协调和处理方方面面的关系，考虑各种复杂多变因素。

5）投资项目受相关条件的约束性较大，咨询结果是充分分析、研究各方面约束条件和风险的结果，可以是肯定结论，也可以是否定结论。结论为"项目不可行"的评估报告，也可以是质量优秀的咨询报告。

6）工程咨询的成果带有预测性、前瞻性，咨询的成果除了咨询单位自我评价外，还要接受委托方或外部的验收评价，要经受时间和历史的考验。

7）工程咨询提供智力服务，咨询成果（或产出品）属于非物质产品。

### 5.2.2　工程咨询合同的概念与类型

**1. 工程咨询合同的概念**

工程咨询合同是委托人咨询人之间就工程建设项目决策和管理提供工程咨询服务所达成的协议，以明确双方的权利与义务以及违约责任。工程咨询合同也称为工程咨询服务协议书。

**2. 工程咨询合同的类型**

工程咨询合同按照其计价方式和付款方式的不同，可以分为以下类型：

（1）总价合同

总价合同被广泛应用于简单的规划和可行性研究、环境研究、标准或普通建筑物的详细设计。总价合同的特点是合同的总额一旦确定，就不需要按照人力或成本的投入量计算付款。总价合同一般按约定的时间表或进度付款，管理容易，但谈判可能复杂。对于咨询人应当完成的任务，委托人应当有充分的了解。在谈判中，委托人应当仔细审查咨询人提出的合同金额费用概算和计算依据。总价合同的费用预算通常包括价格不可预见费，但是应当在谈判中检查其是否合理。总价合同金额内不应包括实物不可预见费，合同之外的工作通常按计时费率另行支付。

（2）人月合同

人月合同主要用于复杂的研究、顾问性服务、培训服务等服务工作。这类服务工作的服务范围和时间长短一般难于确定。付款是基于双方同意的人员（一般在合同中列出名单）按小时、日、周或月计算的费率，以及使用实际支出和双方同意的单价计算的可报销项目费用。人员的费率包括工资、社会成本、管理费、酬金/利润以及特别津贴。这类合同应包括一个对咨询人付款总额的最高限额。这一付款上限应包括为不可预见的工作量和工作期限留出的备用费，以及在合适情况下提供的价格调整。这类合同需要由委托人严密监督和管理以确保该项服务的各项具体工作的进展令人满意，且咨询人的付款申请是适当的。

（3）百分比合同

这类合同通常用于建筑方面的服务，也可用于采购代理和检验代理。百分比合同将付给咨询人的费用与估算或者实际的项目建设成本，或者所采购和检验的货物的成本直接挂钩。对这类合同应以服务的市场标准和/或估算的人月费用为基础进行报价，或寻求竞争性报价。与总价合同一样，合同项下的付款总额一旦确定，就不要求按照人力或者成本的投入量计算付款。这种合同在某些国家一度广为采用，但是容易增加工程成本，因此一般是不可取的。只有在合同是以一个固定的目标成本为基础并且合同项下的服务能够精确界定时，才推荐在建筑服务中使用此类合同。

在实际工作中，委托人可以使用工程咨询合同示范文本，如国际咨询工程师联合会颁布的各种咨询服务合同范本、世界银行颁布的系列咨询服务合同范本、财政部与世界银行共同编制的个人咨询专家服务合同标准范本等。

### 5.2.3  工程咨询合同的组成部分

工程咨询合同一般由下列文件组成：

1）委托函或中标函。

2）工程咨询服务协议书通用条件。

3）工程咨询服务协议书专用条件。

4）委托工程咨询服务范围，委托人提供的职员、设备、设施和其他人员的服务，报酬和支付等附录。

5）在实施过程中共同签署的补充和修正文件。

### 5.2.4  工程咨询合同的主要条款

**1. 词语定义**

下列词语，除上下文另有规定的以外，具有下列含义：

1）"项目"是指协议书专用条件中指定的，并为之提供咨询服务的项目。

2）"服务"是指咨询人根据协议书所提供的服务，包括正常的服务、附加的服务和额外的服务。

3）"正常服务"是指协议书附录中列出的各项正常服务。

4）"附加服务"是指协议书附录中列出的各项附加服务，以及经双方书面协议，在正常服务之外的附加服务。

5)"额外服务"是指不属于正常服务和附加服务,但根据协议书相关规定,咨询人必须履行的服务。

6)"工程"是指为完成项目所实施的永久性工程,包括提供给委托人的设备、设施及其他物品。

7)"委托人"是协议书中所指的、聘用咨询人的一方,及其合法继承人和允许的受让人。

8)"咨询人"是协议书中所指的、受委托人聘用提供服务的一方,及其合法继承人和允许的受让人。

**2. 咨询人的主要义务**

(1)认真地尽职尽责和行使职权

1)咨询人在履行协议书规定的义务时,要认真贯彻国家有关法律、法规和政策,为国家的利益和委托人的合法利益,应用合理的技能,谨慎而勤奋地工作。

2)根据委托人与第三方签订的合同的授权或要求,行使权力或履行职责时,咨询人应:

①根据合同进行工作。合同中上述权力和职责的详细规定,应在协议书附录中加以说明,或以书面的形式,另行商得咨询人同意。②在委托人和第三方之间提供证明、行使决定权或处理权时,不是作为仲裁人,而是作为独立的专业人员,依据自己的专业技能和判断,公正地进行工作。③在变更任何第三方的义务时,对于可能对费用或质量或时间有重大影响的任何变更,须事先得到委托人的批准(发生紧急情况除外,但事后咨询人应尽快通知委托人)。

(2)恰当使用和移交委托人的财产

咨询人使用的由委托人提供或支付费用的物品,属于委托人的财产。当服务完成或终止时,咨询人应将尚未消费的物品库存清单提交给委托人,并按委托人的指示移交此类物品。此项工作应视为附加的服务。

**3. 委托人的义务**

1)委托人应在不耽误服务的合理时间内,免费向咨询人提供他能获取的、与服务有关的一切资料。

2)委托人应在双方商定的合理时间内,就咨询人以书面形式提交给委托人的一切事宜,作出书面决定和答复。

3)委托人应负责咨询服务所涉及的所有外部关系的协调,为咨询人履行职责提供外部条件。提供与其他组织相联系的渠道,以便咨询人收集需要的信息。

4)对于国外咨询项目,委托人应尽其所能对咨询人的人员以及下属提供如下协助:

①提供入境、居留、工作和出境所需的文件。

②提供服务所需要的畅通无阻的渠道。

③个人财产和服务所需物品的进口、出口,以及海关结关。

④发生意外事件时的遣返。

⑤咨询人及其人员为服务目的和个人使用,将外币汇入项目所在国或工作所在地,以及将履行服务中所赚外币汇出项目所在国或工作所在地所需办理的手续。

⑥咨询人为委托人项目出境考察时,除制装费外,其他一切费用应由委托人负担。

5)为了服务的需要,委托人应免费向咨询人提供附录所规定的设备和设施。

6)在与咨询人协商后,委托人应按照附录的规定,自费从其雇员中为咨询人挑选和提供职员,以及提供其他人员的服务。委托人提供的职员在涉及服务时,只应接受咨询人的指示。咨询人应与委托人安排的提供其他服务的人员合作,但不对此类人员或他们的行为负责。

**4. 双方代表和职员**

1)咨询人和委托人,根据协议互相派遣的工作人员,要能胜任本职工作,并互相取得对方认可。如果委托人未能按规定提供职员及其他人员的服务,咨询人可自行安排,并作为附加的服务。

2)为了执行协议书,每一方应指定一位高级职员作为本方代表。

3)如果需要更换任何人员,双方同意后,由任命一方负责安排同等能力人员代替,同时承担更换费用。如果另一方提出更换,应提出书面要求,并须阐述更换理由,如提出的理由不能成立,则提出要求的一方要承担更换费用。

**5. 责任与赔偿**

1)如果确认咨询人违反了协议书相关条款的规定,委托人提出索赔,则咨询人应对由于其违约引起的或与之有关的事宜负责,并向委托人赔偿。

2)如果确认委托人违反了对咨询人应尽义务,咨询人提出索赔,则委托人应负责向咨询人赔偿。

3)任何一方对另一方的赔偿,仅限于因违约所造成的可以合理预见的损失或损害数额,而不牵连其他方面。

4)任何一方向另一方支付的赔偿的最大数额,不能超过协议书专用条件中规定的最高赔偿数额。如果可能另外要支付的赔偿总额超过应支付的最大数额,则任何一方均应同意放弃对另一方超过部分的索赔。

5)一方提出索赔要求不能成立时,要完全补偿对方因该索赔要求所导致的各种费用支出。

6)如果认为任何一方与第三方应共同对另一方负责赔偿,负责赔偿的任何一方所支付的赔偿额,应限于由于其违约所应负责的那一部分比例。

7)双方必须在协议书专用条件中规定的时间或法律规定的更早时间之前正式提出索赔,在规定时间之外提出索赔无效。

8)除因咨询人故意违约或缺乏谨慎而渎职引起的索赔外,委托人应保障咨询人免受因委托人或第三方提出的其没有保险的、或责任期终止后提出的索赔造成的影响。

9)咨询人及其任何职员,在根据协议履行义务中的行为或失职只向委托人负责,不应以任何方式向第三方负责。

**6. 咨询人的保险**

在保险监督管理委员会规定的范围内,委托人可要求咨询人进行以下保险:

1)在允许条件下,对咨询人的违约责任进行保险。

2)对公共或第三方的责任进行保险。

3)对委托人提供的财产进行保险。

上述各项保险的费用应由委托人负担。

**7. 协议书的开始、完成、变更与终止**

1) 协议书从双方正式签字之日起生效。

2) 在协议书专用条件中规定的时间或期限内，服务必须开始和完成，但根据双方协议延期的例外。

3) 当委托人或咨询人一方提出要求，对方书面同意时，可对协议进行变更，另签补充协议书。如委托人书面要求，咨询人应提交变更服务的建议书，并视为一项附加的服务。

4) 如果委托人或其承包商使服务受到拖延，咨询人应将此情况和可能产生的影响通知委托人，对导致增加的工作应视为附加的服务，完成服务时间应相应延长。

5) 如果出现非咨询人应负责的情况，造成全部或部分服务不能按时履行时，咨询人应立即通知委托人。如由此使某些服务不得已减慢或暂停时，该部分服务完成期限应予延长。对于暂停服务的还应加 42 天以内的恢复服务期限。

6) 委托人至少在 56 天前通知咨询人全部或部分暂停服务或终止协议书。咨询人应立即安排停止服务，将开支减至最小。

7) 如果委托人认为咨询人无正当理由而不履行其义务时，可通知咨询人要求按期履行服务。如 21 天内没有收到满意的答复，委托人可在第一个通知发出 35 天内进一步发出书面通知终止协议书。

8) 咨询人在支付通知单应支付的日期后 30 天，仍未收到委托人未提出书面异议的款项时，或根据协议书相关规定已暂停服务超过 182 天时，可向委托人发出通知要求支付。14 天后可发出进一步通知，再过 42 天后，可终止协议书，或在不损害其终止权利情况下，自行暂停或继续暂停全部或部分服务。

9) 当由于非咨询人的原因或责任撤销或暂停或恢复服务或并终止协议书时，除正常的和附加的服务以外，咨询人需做的任何工作或支出的费用应被视为额外的服务。对此，咨询人有权得到所需的额外时间和费用。

10) 协议书终止，不应损害和影响各方的权利、责任及索赔。

**8. 支付**

1) 正常的服务、附加的服务和额外的服务的报酬，按照协议书条件和附录约定的方法计取，并按约定的时间和数额支付。

2) 如果委托人在协议书专用条件中规定的支付期限内未支付服务报酬，自规定支付之日起，应当向咨询人补偿应支付的报酬利息。利息额按规定支付期限最后一日银行贷款利率乘以拖欠酬金时间计算。该利息补偿不影响咨询人的其他合同权利。

3) 支付报酬所采用的货币币种、汇率由协议书专用条件约定。

4) 如果委托人对咨询人提交的支付通知单中的报酬或部分报酬项目提出异议，应当在收到支付通知单 24 小时内向咨询人发出异议的通知，但委托人不得拖延其他无异议报酬项目的支付。协议书中逾期支付报酬应补偿利益的规定适用于最终支付给咨询人的一切有争议的金额。

5) 除按协议书规定的固定总价支付外，在完成或终止服务后 12 个月内，委托人可在发出通知后不少于 7 天请一家有声誉的会计师事务所对咨询人申报的任何金额进行审计。

**9. 争端的解决**

1) 双方应本着诚信原则协商解决因履行协议书引起的任何争端或分歧。如在 14 天或双方商定的其他期间内，未能达成一致，应将争端事项提交调解人进行调解。调解人由双方协商聘请，或向中国工程咨询协会会长（涉外咨询服务可规定：向国际咨询工程师联合会主席）或双方同意的其他授权机构申请选派一名调解员。

双方应在聘请调解员 14 天或双方商定的其他期间内，联合与调解员共同商定交流有关资料的计划和将采取的协商步骤。

协商应在保密情况下进行。如双方接受调解员的最终建议，就解决争端达成一致意见，应写成书面协议，经双方代表签字后，约束双方遵照执行。

如双方在约定期间未达成一致协议，任一方可请调解员提供一份给双方的无约束力的书面意见。除经双方书面同意，调解员的上述意见不能作为随后任何诉讼程序中的证据。

调解中，各方作证等支出自行承担，其他费用双方均摊，或按调解员决定分摊。

如双方在聘请调解员 28 天或双方商定的其他期间内未能达成协议，可将争端事项提交仲裁。

2）如调解失败，经双方同意，调解员可将双方已协商一致的事项写出记录。争端的其余事项可提交给仲裁员。除调解员将双方协商一致事项的记录可交给仲裁员外，在聘请仲裁员后，调解员的任务将终止，不再作为仲裁中的证人，也不再提供调解中得出的其他证据。仲裁按照专用条件中的规定进行。双方同意仲裁为终局，同意裁决结果，放弃任何形式的上诉权利。

## 5.3　工程物资采购合同

### 5.3.1　概述

**1. 建设工程物资采购合同的概念**

建设工程物资采购合同，是指具有平等主体的自然人、法人、其他组织之间为实现建设工程物资的买卖，设立，变更、终止相互权利义务关系的协议。

建设工程物资大致可划分为一般建筑物资和大型设备两大类。

**2. 建设工程物资采购合同的特点**

1）建设工程物资采购合同属于买卖合同。

2）建设工程物资采购合同以转移财物和支付价款为基本内容。

3）建设工程物资采购合同是双务、有偿合同。

4）建设工程物资采购合同是诺成合同。

5）建设工程物资采购合同是不要式合同，订立合同一般采用书面形式。

### 5.3.2　一般建筑物资采购合同

**1. 一般建筑物资采购合同的主要内容**

采购建筑材料和通用设备的购销合同，分为约首、合同条款和约尾三部分。约首要写明采购方和供货方的单位名称、合同编号和签约地点；合同条款规定了合同当事人的权利和义务；约尾是最终签字盖章使合同生效的有关内容，包括签字的法定代表人或委托代理人姓名、开户银行和账号、合同的有效起止日期等。

一般建筑物资采购合同的主要内容包括：

1）合同标的：包括产品的名称、品种、商标、型号、规格、等级、花色、生产厂家、订购数量、合同金额、供货时间及每次供应数量等。

2）质量要求的技术标准、供货方对质量负责的条件和期限。

3）交（提）货地点、方式。

4）运输方式及到站、港和费用的负担责任。

5）合理损耗及计算方法。

6）包装标准、包装物的供应与回收。

7）验收标准、方法及提出异议的期限。

8）随机备品、配件工具数量及供应办法。

9）结算方式及期限。

10）如需提供担保，另立合同担保书作为合同附件。

11）违约责任。

12）解决合同争议的方法。

13）其他约定事项。

**2. 订购产品的交付**

（1）产品的交付方式

订购物资或产品的供应方式，可以分为采购方到合同约定地点自提货物和供货方负责将货物送达指定地点两大类，而供货方送货又可细分为将货物负责送抵现场或委托运输部门代运两种形式。为了明确货运输责任，应在相应条款内写明所采用的交（提）货方式、交（接）货物的地点、接货单位（或接货人）名称。

（2）交（提）货期限

货物的交（提）货期限不仅关系到合同是否按期履行，还可能会出现货物意外灭失或损坏时的责任承担问题。

合同履行过程中，判定是否按期交货或提货，依照约定的交（提）货方式不同，可能有以下几种情况：

1）供货方送货到现场的交货日期，以采购方接收货物时在货单上签收的日期为准。

2）供货方负责代运货物，以发货时承运部门签发货单上的戳记日期为准。

3）采购方自提产品，以供货方通知提货的日期为准。但在供货方的提货通知中，应给对方合理预留必要的途中时间。

（3）交货检验

1）验收依据。

①双方签订的采购合同。

②供货方提供的发货单、计量单、装箱单及其他有关凭证。

③合同内约定的质量标准，应写明执行的标准代号、标准名称。

④产品合格证、检验单。

⑤图纸、样品或其他技术证明文件。

⑥双方当事人共同封存的样品。

2）交货数量检验。

①供货方代运货物的到货检验。由供货方代运的货物，采购方在站场提货地点应与运输部门共同验货。属于交运前出现的数量短少，由供货方负责；运输过程中发生的问题，由运输部门负责。

②现场交货的到货检验。

A. 数量验收的方法。依据采购材料的性质不同，采用不同的数量计量方法，包括以重量、长度、面积、体积计算的衡量法；定型管材或其他型材的理论换算法；标准包装的数量查点法。

B. 交货数量的允许增减范围。交付货物的数量在合理的尾差和磅差内，不按多交或少交对待，双方互不退补；超过界限范围时，按合同约定的方法计算多交或少交部分的数量。

C. 如果超过合理范围，则按实际交货数量计算。不足部分由供货方补齐或退回不足部分的货款；采购方同意接受的多交付部分，进一步支付溢出数量货物的货款。但在计算多交或少交数量时，应按订购数量与实际交货数量比较，均不再考虑合理磅差和尾差因素。

3）交货质量检验。

①质量责任。不论采用何种交接方式，采购方均应在合同规定的由供货方对质量负责的条件和期限内，对交付产品进行验收和试验。某些必须安装运转后才能发现内在质量缺陷的设备，应于合同内规定缺陷责任期或保修期。在此期限内，凡检测不合格的物资或设备，均由供货方负责。如果采购方在规定时间内未提出质量异议，或因其使用、保管、保养不善而造成质量下降，供货方不再负责。

②质量要求和技术标准。依据合同内约定的产品应达到的质量标准，标准可能来源于国家标准、部颁标准、企业标准。没有上述标准，或虽有上述某一标准但采购方有特殊要求时，按双方在合同中商定的技术条件、样品或补充的技术要求执行。

③验收方法。根据合同内具体写明的检验内容和手段进行质量检验或试验，以约定的标准判定交付的货物是否合格。质量验收的方法通常包括：经验鉴别法进行外观检验；物理试验判定产品的物理特性指标；化学分析检查判定产品原材料的成分指标。

4）对产品提出异议。

采购方应在合同约定的时间内，向供货方提出数量或质量异议，并可对不符合合同约定部分拒付货款。采购方提出的书面异议中，应说明检验情况，出具检验证明和对不符合规定产品提出具体处理意见。凡因采购方使用、保管、保养不善原因导致的质量下降，供货方不承担责任。在接到采购方的书面异议通知后，供货方应在10天内（或合同商定的时间内）负责处理，否则即视为默认采购方提出的异议和处理意见。

（4）合同的变更或解除

合同履行过程中，如需变更合同内容或解除合同，都必须依据《合同法》的有关规定执行。一方当事人要求变更或解除合同时，在未达成新的协议前，原合同仍然有效。要求变更或解除合同一方应及时将自己的意图通知对方，对方也应在接到书面通知后的15天或合同约定的时间内予以答复，逾期不答复的视为默认。

物资采购合同变更的内容可能涉及订购数量的增减、包装物标准的改变、交货时间和地点的变更等方面。采购方对合同内约定的订购数量不得少要或不要，否则要承担中途退货的责任。只有当供货方不能按期交付货物，或交付的货物存在严重质量问题而影响工程使用时，采购方认为继续履行合同已成为不必要，才可以拒收货物，甚至解除合同关系。如果采购方要求变更到货地点或接货人,应在合同规定的交货期限届满前 40 天通知供货方,以便供货方修改发运计划和组织运输工具。迟于上述规定期限,双方应当立即协商处理。如果已不可能变更或变更后会发生额外费用支出,其后果均应由采购方负责。

(5)支付结算管理

1)货款结算。

①支付货款的条件。

合同内需明确是验单付款还是验货后付款,然后再约定结算方式和结算时间。验单付款是指委托供货方代运的货物,供货方把货物交付承运部门并将运输单证寄给采购方,采购方在收到单证后合同约定的期限内即应支付的结算方式。尤其对分批交货的物资,每批交付后应在多少天内支付货款也应明确注明。

②结算支付的方式。

结算方式可以是现金支付、转账结算或异地托收承付。现金结算只适用于成交货物数量少,且金额小的购销合同;转账结算适用于同城市或同地区内的结算;托收承付适用于合同双方不在同一城市的结算方式。

2)拒付货款。

采购方拒付货款,应当按照中国人民银行结算办法的拒付规定办理。采用托收承付结算时,如果采购方的拒付手续超过承付期,银行不予受理。采购方对拒付货款的产品必须负责接收,并妥为保管不准动用。如果发现动用,由银行代供货方扣收货款,并按逾期付款对待。

采购方有权部分或全部拒付货款的情况大致包括:

①交付货物的数量少于合同约定,拒付少交部分的货款;

②拒付质量不符合合同要求部分货物的货款;

③供货方交付的货物多于合同规定的数量且采购方不同意接收部分的货物,在承付期内可以拒付。

(6)违约责任

1)违约金的规定。

当事人任何一方不能正确履行合同义务时,均应以违约金的形式承担违约赔偿责任。双方应通过协商,将具体采用的比例数写在合同条款内。

2)供货方的违约责任。

①未能按合同约定交付货物。

供货方原因不能全部或部分供货,违约金 = 合同约定的违约金比例 × 不能交货部分货款。若违约金不足以偿付采购方所受到的实际损失时,可以修改违约金的计算方法,使实际受到的损害能够得到合理的补偿。

②供货方不能按期供货(分为逾期交货和提前交货两种)。

A.逾期交货:

a.按合同约定依据逾期交货部分货款总价计算违约金;

b.赔偿采购方自提货物时发生的其他损失;

c.采购方仍需要时,可继续发货照数补齐,并承担逾期交货责任;

d.采购方认为已不再需要,有权在接到发货协商通知后的 15 天内,通知供货方办理解除合同手续。但逾期不予答复视为同意供货方继续发货。

B.提前交货：

a.采购方自提货物的，采购方接到对方发出的提前提货通知后，可拒绝提前提货；

b.对于供货方提前发运或交付的货物，采购方仍可按合同规定的时间付款；

c.对多交货部分，以及不符合合同规定的产品，在代为保管期内实际支出的保管、保养等费用由供货方承担；

d.代为保管期内，不是因采购方保管不善原因而导致的损失，仍由供货方负责。

③交货数量与合同不符。

A.当交货数量多于合同规定且采购方不同意接受时：

a.可在承付期内拒付多交部分的货款和运杂费；

b.合同双方在同一城市，采购方可以拒收多交部分；

c.双方不在同一城市，采购方应先把货物接收下来并负责保管，然后将详细情况和处理意见在到货后的10天内通知对方。

B.当交付的数量少于合同规定时：

a.采购方凭有关的合法证明在承付期内可以拒付少交部分的货款，也应在到货后的10天内将详情和处理意见通知对方；

b.供货方接到通知后应在10天内答复，否则视为同意对方的处理意见。

④产品的质量缺陷。

当交付货物的品种、型号、规格、质量不符合合同约定时：

A.如果采购方同意使用，应当按质论价。

B.当采购方不同意使用时，由供货方负责包换或包修。

C.不能修理或调换的产品，按供货方不能交货对待。

3）供货方的运输责任。

供货方的运输责任主要涉及包装责任和发运责任两个方面。

①因包装不符合规定而造成的货物运输过程中的损坏或灭失，均由供货方负责赔偿。

②货物错发到货地点或接货人时：

A.负责运交合同规定的到货地点或接货人。

B.承担对方因此多支付的一切实际费用和逾期交货的违约金。

C.供货方应按合同约定的路线和运输工具发运货物，如果未经对方同意私自变更运输工具或路线，要承担由此增加的费用。

### 5.3.3 大型设备采购合同

**1.合同的主要内容**

一个较为完备的大型设备采购合同，通常由合同条款和附件组成。合同条款一般包括约首、正文（主要内容）、约尾三部分。约首即合同的开头部分，包括项目名称、合同号、签约日期、签约地点、双方当事人名称或者姓名、住所等条款。约尾即合同的结尾部分，包括双方的名称、签字盖章及签字时间、地点等。

（1）合同条款的主要内容

当事人双方在合同内根据具体订购设备的特点和要求，约定以下几方面的内容：合同文件、合同中的词语定义；合同标的；供货范围和数量；合同价格；付款；交货和运输；包装与标记；技术服务；质量监督与检验；安装、调试、验收；保证与索赔；保险；税费；分包与外购；合同的变更、修改、中止和终止；不可抗力；合同争议的解决；其他。

（2）主要附件

为了对合同中某些约定条款涉及内容较多部分作出更为详细的说明，还需要编制一些附件作为合同的组成部分。附件通常可能包括：技术规范；供货范围；技术资料的内容和交付安排；交货进度；监造、检验和性能验收试验；价格表；技术服务的内容；分包加外购计划；大部件说明表等。

**2. 设备制造期内双方的责任**

（1）设备监造

1）监造的概念。

设备监造也称设备制造监理，指在设备制造过程中采购方委托有资质的监造单位派出驻厂代表，对供货方提供合同设备的关键部位进行质量监督。但质量监造不解除供货方对合同设备质量应负的责任。

2）供货方的义务。

①在合同约定的时间内向采购方提交订购设备的设计、制造和检验的标准，包括与设备监造有关的标准、图纸、资料、工艺要求。

②合同设备开始投料制造时，向监造代表提供整套设备的生产计划。

③每个月末均应提供月报表，说明本月包括工艺过程和检验记录在内的实际生产进度，以及下一月的生产、检验计划。中间检验报告需说明检验的时间、地点、过程、试验记录，以及不一致性原因分析和改进措施。

④监造代表在监造中如果发现设备和材料存在质量问题或不符合规定的标准或包装要求而提出意见并暂不予以签字时，供货方需采取相应改进措施，以保证交货质量。无论监造代表是否要求或是否知道，供货方均有义务主动及时地向其提供合同设备制造过程中出现的较大的质量缺陷和问题，不得隐瞒，在监造单位不知道的情况下供货方不得擅自处理。

⑤监造代表发现重大问题要求停工检验时，供货方应当遵照执行。

⑥为监造代表提供工作、生活必要的方便条件。

⑦不论监造代表是否参与监造与出厂检验，或者监造代表参加了监造与检验并签署了监造与检验报告，均不能被视为免除供货方对设备质量应负的责任。

3）采购方的义务。

①制造现场的监造检验和见证，尽量结合供货方工厂实际生产过程进行，不应影响正常的生产进度（不包括发现重大问题时的停工检验）。

②监造代表应按时参加合同规定的检查和实验。若监造代表不能按供货方通知时间及时到场，供货方工厂的试验工作可以正常进行，试验结果有效。但是监造代表有权事后了解、查阅、复制检查试验报告和结果（转为文件见证）。若供货方未及时通知监造代表而单独检验，采购方将不承认该检验结果，供货方应在监造代表在场的情况下进行该项试验。

4）监造方式。

监造实行现场见证和文件见证两种方式：

①现场见证的形式。现场见证的形式包括：

A. 以巡视的方式监督生产制造过程，检查使用的原材料、元件质量是否合格，制造操作工艺是否符合技术规范的要求等。

B. 接到供货方的通知后，参加合同内规定的中间检查试验和出厂前的检查试验。

C. 在认为必要时，监造代表有权要求进行合同内没有规定的检验。如对某一部分的焊接质量有疑问，可以对该部分进行无损探伤试验。

②文件见证指监造代表对供货方所进行的检查或检验认为质量达到合同规定的标准后，在检查或试验记录上签署认可意见，以及就制造过程中有关问题给供货方签发相关文件。

（2）工厂内的检验

1）监造内容的约定。

当事人双方需在合同内约定设备监造的内容，以便监造代表进行检查和试验。具体内容应包括：监造的部套（以订购范围确定）；每套的监造内容；监造方式（可以是现场见证、文件见证或停工待检之一）；检验的数量等。

2）检查和试验的范围。

①原材料和元器件的进厂检验。

②部件的加工检验和实验。

③出厂前预组装检验。

④包装检验。

供货方供应的所有合同设备、部件（包括分包与外购部分），在生产过程中都需进行严格的检验和试验，出厂前还需进行部套或整机总装试验。所有检验、试验和总装（装配）必须有正式的记录文件。只有以上所有工作完成后才能出厂发运。这些正式记录文件和合格证明提交给采购方，作为技术资料的一部分存档。此外，供货方还应在随机文件中提供合格证和质量证明文件。

**3. 现场交货**

（1）货物交接

1）供货方的义务。

①应在发运前合同约定的时间内向采购方发出通知，以便对方做好接货准备工作。

②向承运部门办理申请发运设备所需的运输工具计划，负责合同设备从供货方到现场交货地点的运输。

③每批合同设备交货日期以到货车站（码头）的到货通知单时间戳记为准，以此来判定是否延误交货。

④在每批货物备妥及装运车辆（船）发出24小时内，应以电报或传真将该批货物的如下内容通知采购方：合同号；机组号；货物备妥发运日期；货物名称及编号和价格；货物总毛重；货物总体积；总包装件数；交运车站（码头）的名称、车号（船号）和运单号；重量超过20 t或尺寸超过9 m×3 m×3 m的每件特大型货物的名称、重量、体积和件数，以及对每件该类设备（部件）还必须标明重心和吊点位置，并附有草图。

2）采购方的义务。

①应在接到发运通知后做好现场接货的准备工作；

②按时到运输部门提货；

③如果由于采购方原因要求供货方推迟设备发货，应及时通知对方，并承担推迟期间的仓储费和必要的保养费。

（2）到货检验

1）检验程序。

①货物到达目的地后，采购方向供货方发出到货检验通知，邀请对方派代表共同进行检验。

②货物清点。双方代表共同根据运单和装箱单对货物的包装、外观和件数进行清点。如果发现任何不符之处，经过双方代表确认属于供货方责任后，由供货方处理解决。

③开箱检验。货物运到现场后，采购方应尽快与供货方共同进行开箱检验，如果采购方未通知供货方而自行开箱或每一批设备到达现场后在合同规定时间内不开箱，产生的后果由采购方承担。双方共同检验货物的数量、规格和质量，检验结果和记录对双方有效，并作为采购方向供货方提出索赔的证据。

2）损害、缺陷、短少的责任。

①现场检验时，如发现设备由于供货方原因（包括运输）有任何损坏、缺陷、短少或不符合合同中规定的质量标准和规范，应做好记录，并由双方代表签字，各执一份，作为采购方向供货方提出修理或更换索赔的依据。如果供货方要求采购方修理损坏的设备，所有修理设备的费用由供货方承担。

②由于采购方原因，发现损坏或短缺，供货方在接到采购方通知后，应尽快提供或替换相应的部件，但费用由采购方自负。

③供货方如对采购方提出修理、更换、索赔的要求有异议，应在接到采购方书面通知后合同约定的时间内提出，否则上述要求即告成立。如有异议，供货方应在接到通知后派代表赴现场同采购方代表共同复验。

④双方代表在共同检验中对检验记录不能取得一致意见时，可由双方委托的权威第三方检验机构进行裁定检验。检验结果对双方都有约束力，检验费用由责任方负担。

⑤供货方在接到采购方提出的索赔后，应按合同约定的时间尽快修理、更换或补发短缺部分，由此产生的制造、修理和运费及保险费均应由责任方负担。

**4. 设备安装验收**

（1）供货方的现场服务

按照合同约定不同，设备安装工作可以由供货方负责，也可以在供货方提供必要的技术服务条件下由采购方承担。如果由采购方负责设备安装，供货方应提供的现场服务内容可能包括：

1）派出必要的现场服务人员。

供货方现场服务人员的职责包括指导安装和调试，处理设备的质量问题，参加试车和验收试验等。

2）技术交底。

安装和调试前，供货方的技术服务人员应向安装施工人员进行技术交底，讲解和示范将要进行工作的程序和方法。对合同约定的重要工序，供货方的技术服务人员要对施工情况进行确认和签证，否则采购方不能进行下一道工序。经过确认和签证的工序，如果因技术服务人员指导错误而发生问题，由供货方负责。

3）重要安装、调试的工序。

①整个安装、调试过程应在供货方现场技术服务人员指导下进行。重要工序须经供货方

现场技术服务人员签字确认。安装、调试过程中，若采购方未按供货方的技术资料规定和现场技术服务人员指导、未经供货方现场技术服务人员签字确认而出现问题，采购方自行负责（设备质量问题除外）；若采购方按供货方技术资料规定和现场技术服务人员的指导、供货方现场技术服务人员签字确认而出现问题，供货方承担责任。

②设备安装完毕后的调试工作由供货方的技术人员负责，或采购方的人员在其指导下进行。供货方应尽快解决调试中出现的设备问题，其所需时间应不超过合同约定的时间，否则将视为延误工期。

（2）设备验收

1）启动试车。

安装调试完毕后，双方共同参加启动试车的检验工作。试车分无负荷空运和带负荷试运行两个步骤进行，且每一阶段均应按技术规范要求的程序维持一定的持续时间，以检验设备的质量。试验合格后，双方在验收文件上签字，正式移交采购方进行生产运行。若检验不合格，属于设备质量原因，由供货方负责修理、更换并承担全部费用；如果是由于工程施工质量问题，由采购方负责拆除后纠正缺陷。不论何种原因试车不合格，经过修理或更换设备后应再次进行试车试验，直到满足合同规定的试车质量要求为止。

2）性能验收。

性能验收又称性能指标达标考核。启动试车只是检验设备安装完毕后是否能够顺利安全运行，但各项具体的技术性能指标是否达到供货方在合同内承诺的保证值还无法判定，因此合同中均要约定设备移交试生产稳定运行多少个月后进行性能测试。性能验收试验由采购方负责，供货方参加。

试验大纲由采购方准备，与供货方讨论后确定。试验现场和所需的人力、物力由采购方提供。供货方应提供试验所需的测点、一次性元件和装设的试验仪表，以及做好技术配合和人员配合工作。

性能验收试验完毕，每套合同设备都达到合同规定的各项性能保证值指标后，采购方与供货方共同会签合同设备初步验收证书。

如果合同设备经过性能测试检验表明未能达到合同约定的一项或多项保证指标，可以根据缺陷或技术指标试验值与供货方在合同内的承诺值偏差程度，按下列原则区别对待：

①在不影响合同设备安全、可靠运行的条件下，如有个别微小缺陷，供货方在双方商定的时间内免费修理，采购方则可同意签署初步验收证书。

②如果第一次性能验收试验达不到合同规定的一项或多项性能保证值，则双方应共同分析原因，澄清责任，由责任一方采取措施，并在第一次验收试验结束后合同约定的时间内进行第二次验收试验。如能顺利通过，则签署初步验收证书。

③在第二次性能验收试验后，如仍有一项或多项指标未能达到合同规定的性能保证值，按责任的原因分别对待。

A. 属于采购方原因，合同设备应被认为初步验收通过，共同签署初步验收证书。此后供货方仍有义务与采购方一起采取措施，使合同设备性能达到保证值。

B. 属于供货方原因，则应按照合同约定的违约金计算方法赔偿采购方的损失。

④在合同设备稳定运行规定的时间后，如果由于采购方原因造成性能验收试验的延误超过约定的期限，采购方也应签署设备初步验收证书，视为初步验收合格。

初步验收证书只是证明供货方所提供的合同设备性能和参数截至出具初步验收证明时可以按合同要求予以接受,但不能视为供货方对合同设备中存在的可能引起合同设备损坏的潜在缺陷所应负责任解除的证据。所谓潜在缺陷指设备的隐患在正常情况下不能在制造过程中被发现,供货方应承担纠正缺陷责任。供货方的质量缺陷责任期时间应保证到合同规定的保证期终止后或到第一次大修时。当发现这类潜在缺陷时,供货方应按照合同的规定进行修理或调换。

3)最终验收。

①合同内应约定具体的设备保证期限。保证期从签发初步验收证书之日起开始计算。

②在保证期内的任何时候,如果由于供货方责任而需要进行的检查、试验、再试验、修理或调换,当供货方提出请求时,采购方应做好安排进行配合以便进行上述工作。供货方应负担修理或调换的费用,并按实际修理或更换使设备停运所延误的时间将保证期限作相应延长。

③如果供货方委托采购方施工人员进行加工、修理、更换设备,或由于供货方设计图纸错误以及因供货方技术服务人员的指导错误造成返工,供货方应承担因此所发生合理费用的责任。向采购方支付的费用可按发生时的费率水平用如下公式计算:

$$P = a \times h + M + C \times m$$

式中:$P$ 为总费用(元),$a$ 为人工费[元/(小时·人)],$h$ 为人员工时[(小时·人)],$M$ 为材料费(元),$C$ 为机械台班数(台·班),$m$ 为每台机械设备的台班费[元/(台·班)]。

④合同保证期满后,采购方在合同规定时间内应向供货方出具合同设备最终验收证书。条件是此前供货方已完成采购方保证期满前提出的各项合理索赔要求,设备的运行质量符合合同的约定。供货方对采购方人员的非正常维修和误操作,以及正常磨损造成的损失不承担责任。

⑤每套合同设备最后一批交货到达现场之日起,如果因采购方原因在合同约定的时间内未能进行试运行和性能验收试验,期满后即视为通过最终验收。此后采购方应与供货方共同会签合同设备的最终验收证书。

**5. 合同价格与支付**

(1)合同价格

大型设备采购合同通常采用固定总价合同,在合同交货期内为不变价格。合同价内包括合同设备(含备品备件、专用工具)、技术资料、技术服务等费用,还包括合同设备的税费、运杂费、保险费等与合同有关的其他费用。

(2)付款

支付的条件、支付的时间和费用内容应在合同内具体约定。目前大型设备采购合同较多采用如下的程序。

1)支付条件。

合同生效后,供货方提交金额为合同设备价格约定的某一百分比不可撤销履约保函,作为采购方支付合同款的先决条件。

2)支付程序。

①合同设备款的支付。订购的合同设备价款一般分三次支付:

A.设备制造前供货方提交履约保函和金额为合同设备价格10%的商业发票后,采购方支付合同设备价格的 10% 作为预付款。

B. 供货方按交货顺序在规定的时间内将每批设备(部组件)运到交货地点,并将该批设备的商业发票、清单、质量检验合格证明、货运提单提供给采购方,采购方支付该批设备价格的 80% 。

C. 剩余合同设备价格的 10% 作为设备保证金,待每套设备保证期满没有问题,采购方签发设备最终验收证书后支付。

②技术服务费的支付。合同约定的技术服务费一般分两次支付:

A. 第一批设备交货后,采购方支付给供货方该套合同设备技术服务费的 30% 。

B. 每套合同设备通过该套机组性能验收试验,初步验收证书签署后,采购方支付该套合同设备技术服务费的 70% 。

③运杂费的支付。运杂费在设备交货时由供货方分批向采购方结算,结算总额为合同规定的运杂费。

3)采购方的支付责任。

付款时间以采购方银行承付日期为实际支付日期,若此日期晚于合同约定的付款日期,即从约定的日期开始按合同约定计算迟付款违约金。

**6. 违约责任**

为了保证合同双方的合法权益,虽然在前述条款中已说明责任的划分,如修理、置换、补足短少部件等规定,但双方还应在合同内约定承担违约责任的条件、违约金的计算办法和违约金的最高赔偿限额等。

(1)供货方的违约责任

1)延误责任的违约金。

①设备延误到货的违约金计算办法。

②未能按合同规定时间交付严重影响施工的关键技术资料违约金的计算办法。

③因技术服务的延误、疏忽或错误导致工程延误违约金的计算办法。

2)质量责任的违约金。

这是指经过二次性能试验后,一项或多项性能指标仍达不到保证指标时,各项具体性能指标违约金的计算办法。

3)不能供货的违约金。

合同履行过程中如果因供货方原因不能交货,按不能交货部分设备价格约定某一百分比用于计算违约金。

4)由于供货方中途解除合同,采购方可采取合理的补救措施,并要求供货方赔偿损失。

(2)采购方的违约责任

1)延期付款违约金的计算办法。

2)延期付款利息的计算办法。

3)如果因采购方原因中途要求退货,按退货部分设备价格约定某一百分比用于计算违约金。

双方在违约责任条款内还应分别列明任何一方严重违约时,对方可以单方面终止合同的条件、终止程序和后果责任等。

## 5.4　租赁合同与融资租赁合同

### 5.4.1　租赁合同

**1. 概述**

（1）租赁合同的概念

租赁合同是指出租人将租赁物交付给承租人使用、收益，承租人支付租金的合同。在当事人中，提供物的使用或收益权的一方为出租人；对租赁物有使用或收益权的一方为承租人。

（2）租赁合同的特征

租赁合同有以下特征：

1）租赁合同是转移租赁物使用收益权的合同。在租赁合同中，承租人的目的是取得租赁物的使用收益权，出租人也只转让租赁物的使用收益权，而不转让其所有权；租赁合同终止时，承租人须返还租赁物。这是租赁合同区别于买卖合同的根本特征。

2）租赁合同是双务、有偿合同。在租赁合同中，交付租金和转移租赁物的使用收益权之间存在着对价关系，交付租金是获取租赁物使用收益权的对价，而获取租金是出租人出租财产的目的。

3）租赁合同是诺成合同。租赁合同的成立不以租赁物的交付为要件，当事人只要依法达成协议合同即告成立。

（3）租赁的分类

根据租赁物的不同，租赁可以划分为动产租赁和不动产租赁。不动产租赁包括房屋租赁和土地使用权租赁等。

**2. 租赁合同的主要内容**

根据《合同法》规定，租期超过 6 个月的应订立书面租赁合同。租赁合同的内容包括租赁物的名称、数量、用途、租赁期限、租金以及其支付期限和方式、租赁物维修等条款。

（1）租赁物的名称、数量和质量

租赁物是租赁合同的标的物，当事人在订立租赁合同时，应将明确租赁物的条款作为合同的首要条款。明确租赁物可以从租赁物的名称、数量等方面加以规定。明确租赁物的质量有助于防止相关纠纷，在发生纠纷时还可以为解决争议提供依据。

（2）租赁物的用途

租赁合同是让渡一定时期的租赁物使用权的合同。当事人应当在租赁合同中对承租人将租赁财产如何使用、用于何处等加以规定。一方面，它是承租人合理使用租赁物的标准，使得承租人能在约定范围内对租赁物充分使用，实现租赁物的使用价值；另一方面，它是出租人保障自己对租赁物的所有权的依据，出租人通过对租赁物用途的限制，防止承租人滥用其享有的使用权，从而维护自己的权益。

（3）租赁期限

我国《合同法》第 214 条规定：租赁期限不得超过 20 年。超过 20 年的，超过部分无效。租赁期间届满，当事人可以续订合同，但约定的租赁期限自续订之日起不得超过 20 年。

（4）租金及其交付期限和方式

租金是承租人使用收益租赁物应付的代价。交付租金是承租人的主要义务，收取租金则是出租人的权利。当事人在订立合同时应根据租赁物的状况、用途、租赁期限等对租金的数额、交付期限和方式予以约定。

（5）租赁物的维修

租赁物应得到必要的维修。当事人在订立合同之时，应就租赁物的维修义务加以约定，以保障承租人对租赁物的使用。

**3. 租赁合同当事人的权利和义务**

（1）出租人的义务

1）交付出租物。出租人应依照合同约定的时间和方式交付租赁物。物的使用以交付占有为必要的，出租人应按照约定交付承租人实际占有使用。物的使用不以交付占有为必要的，出租人应使之处于承租人得以使用的状态。如果合同成立时租赁物已经为承租人直接占有，从合同约定的交付时间时起承租人即对租赁物享有使用收益权。

2）在租赁期间保持租赁物符合约定用途。租赁合同是继续性合同，在其存续期间，出租人有继续保持租赁物的法定或者约定品质的义务，使租赁物合于约定的使用收益状态。倘发生品质降低而损害承租人使用收益或其他权利时，则应维护修缮，恢复原状。因修理租赁物而影响承租人使用、收益的，出租人应相应减少租金或延长租期，但按约定或习惯应由承租人修理，或租赁物的损坏因承租人过错所致的除外。

3）物的瑕疵担保。出租人应担保所交付的租赁物处于能够为承租人依约正常使用、收益的状态，即交付的标的物须合于约定的用途。

4）权利的瑕疵担保义务。出租人应担保不因第三人对承租人主张租赁物上的权利而使承租人无法依约行使对租赁物的使用收益权。

（2）承租人的义务

1）支付租金。《合同法》第 226 条规定："承租人应当按照约定的期限支付租金。对支付期限没有约定或者约定不明确，依照本法第 61 条的规定仍不能确定，租赁合同不满 1 年的，应当在租赁期间届满时支付；租赁期间 1 年以上的，应当在每届满 1 年时支付，剩余期间不满 1 年的，应当在租赁期间届满时支付。"

承租人交付租金，应当依数一次性交足，不能仅交租金的一部分，而拖欠一部分。承租人延迟交付租金的，应负债务延迟履行的责任。

2）按照约定的方法使用租赁物。承租人应按照约定的方法使用租赁物；无约定的或约定不明确的，可以由当事人事后达成补充协议来确定；不能达成协议的，按合同的有关条款或交易习惯确定；仍不能确定的，应根据租赁物的性质使用。承租人按照约定的方法或者按租赁物的性质使用致使租赁物受到损耗的，因属于正常损耗，不承担损害赔偿责任。承租人不按照约定的方法或者按租赁物的性质使用致使租赁物受到损耗的，为承租人违约，出租人可以解除合同并要求赔偿损失。

3）妥善保管租赁物。承租人应以善良管理人的注意妥善保管租赁物，未尽妥善保管义务，造成租赁物毁损灭失的，应当承担损害赔偿责任。

4）不得擅自改善和增设他物。承租人经出租人同意，可以对租赁物进行改善和增设他物。承租人未经出租人同意对租赁物进行改善和增设他物的，出租人可以请求承租人恢复原状或赔偿损失。

5)通知义务。在租赁关系存续期间，出现以下情形之一的，承租人应当及时通知出租人：①租赁物有修理、防止危害的必要；②其他依诚实信用原则应该通知的事由。承租人怠于通知，致出租人不能及时救济而受到损害的，承租人应负赔偿责任。

6)返还租赁物。租赁合同终止时，承租人应将租赁物返还出租人。逾期不返还，即构成违约，须给付违约金或逾期租金，并须负担逾期中的风险。经出租人同意对租赁物进行改善和增设他物的，并且不是附合装饰装修的，承租人可以请求出租人偿还租赁物增值部分的费用。

## 5.4.2　融资租赁合同

### 1. 概述

(1)融资租赁合同的概念

融资租赁合同，是指出租人根据承租人对出卖人、租赁物的选择，向出卖人购买租赁物，提供给承租人使用，承租人支付租金的合同。融资租赁集借贷、租赁、买卖于一体，是将融资与融物结合在一起的交易方式。融资租赁合同是由出卖人与买受人(租赁合同的出租人)之间的买卖合同和出租人与承租人之间的租赁合同构成的，但其法律效力又不是买卖和租赁两个合同效力的简单叠加。

(2)融资租赁合同的法律特征

融资租赁合同的法律特征如下：

1)与买卖合同不同，融资租赁合同的出卖人是向承租人履行交付标的物和瑕疵担保义务，而不是向买受人(出租人)履行义务，即承租人享有买受人的权利但不承担买受人的义务。

2)与租赁合同不同，融资租赁合同的出租人不负担租赁物的维修与瑕疵担保义务，但承租人须向出租人履行交付租金义务。

3)根据约定以及支付的价款数额，融资租赁合同的承租人有取得租赁物之所有权或返还租赁物的选择权，即如果承租人支付的是租赁物的对价，就可以取得租赁物之所有权，如果支付的仅是租金，则须于合同期间届满时将租赁物返还出租人。

### 2. 融资租赁合同的主要内容

根据《合同法》第 238 条的规定，融资租赁合同通常具有以下内容：

1)租赁物的名称。

2)租赁物的数量。

3)租赁物的规格。

4)租赁物的技术性能。

5)对租赁物的检验方法。

6)租赁期限。

7)租金构成及其支付期限和方式。应当注意，融资租赁合同的目的在于融通资金，其区别于一般的租赁合同，其租金往往高于一般的租赁合同。

8)币种。融资租赁合同在我国的出现，在很大程度上是为了引进外资，解决国内经济建设资金不足的矛盾。不同国家的币种和货币政策差异很多，因此，在融资租赁合同中通常应当约定交易所采用的结算币种。

9)租赁期间届满租赁物的归属。在一般租赁合同中,租赁期间届满,承租人负有向出租人返还租赁物的义务。然而,在融资租赁合同中,一方面,出租人承担的实际上是一种融资人的角色,取得租赁物的所有权仅仅是其一种投资方式,租赁物使用价值对其自身意义不大;另一方面,承租人承租租赁物是为了解决购买机器设备等租赁物资金不足的困难,租赁物的使用价值对其意义巨大。因此,当租赁期间届满时,融资租赁合同当事人可以约定租赁物所有权的归属,各取所需。

另外,由于融资租赁合同交易金额通常比较高,而且往往涉及对外贸易,因此《合同法》规定融资租赁合同应当采用书面形式。《民用航空法》还特别规定,民用航空器的融资租赁和租赁期限为6个月以上的其他租赁,承租人应当就其对民用航空器的占有权向国务院民用航空主管部门办理登记;未经登记的,不得对抗第三人。

**3. 融资租赁合同当事人义务**

(1)出卖人的义务

1)向承租人交付租赁物。

2)承担标的物之瑕疵担保义务和损害赔偿义务。

(2)出租人的义务

相对于出卖人,出租人就是买受人,其主要义务有:

1)向出卖人支付标的物的价金。

2)在承租人向出卖人行使索赔权时,负有协助义务。

3)不变更买卖合同中与承租人有关条款的不作为义务。

4)租赁物不符合租赁合同目的时的责任

租赁物不符合约定或者不符合使用目的的,出租人一般不承担责任。但承租人依赖出租人的技能确定租赁物或者出租人干预选择租赁物的除外。

5)权利瑕疵担保责任。

出租人应当保证承租人对租赁物的占有和使用。这是关于权利瑕疵担保责任的规定,即出租人担保标的物不被第三人(出卖人等)所追夺,不被第三人主张任何权利(包括不被第三人主张知识产权)。

需要指出如下两点:

①承租人占有租赁物期间,租赁物造成第三人的人身伤害或者财产损害的,出租人不承担责任。

②出租人享有租赁物的所有权。承租人破产的,租赁物不属于破产财产。当承租人破产时,出租人可以取回;当租赁期间届满时,可以取回;当承租人重大违约出租人解除合同时,当然也可以取回。

(3)承租人的义务

1)根据约定,向出租人支付租金。

2)妥善保管和使用租赁物并担负租赁物的维修义务。

3)依约定支付租金,并于租赁期间届满时按可能的约定留购或返还租赁物。

### 5.4.3　租赁合同与融资租赁合同的比较

#### 1. 合同形式的区别

融资租赁合同应当采用书面形式。而传统的租赁合同既可以是书面形式，也可以是口头形式。融资租赁合同一般标的额大，履行周期长，法律关系复杂，采用书面形式一方面有利于明确各方的权利义务关系，另一方面发生纠纷时可以作为证明法律事实的重要证据。所以法律规定融资租赁合同应当以书面形式订立，而不能采用口头形式。

#### 2. 合同当事人的区别

融资租赁中涉及三方当事人：出租人、承租人和出卖人。而在传统的租赁合同中只涉及两方当事人：出租人和承租人。融资租赁有三方当事人（出租人、承租人和出卖人）参与，通常由两个合同（租赁合同、买卖合同）或者两个以上合同（有些情况下，还可能出现出租人与金融机构之间的借贷合同、承租人与出卖人之间的设备供应合同，等等）构成，其内容是融资，表现形式是融物。

#### 3. 出租人资格要求的区别

融资租赁合同中的出租人必须具备相应的经营资格。传统的租赁合同中的出租人没有特别的限制。未经中国银行业监督管理委员会批准，任何单位和个人不得经营融资租赁业务，所以从事融资租赁业务必须具备相应的经营资格。融资租赁合同的出租人只能是法人。传统的租赁合同中出租人是非常广泛的，既可以是法人，也可以是自然人，没有特定的限制。

#### 4. 租赁物是否事先拥有的区别

在订立融资租赁合同时，出租人事先并不拥有租赁物。而在订立传统的租赁合同时，出租人事先已经拥有了租赁物。在融资租赁合同中出租人事先并不拥有租赁物，而是根据承租人对出卖人和租赁物的选择出资购买租赁物。传统的租赁合同的出租人是以自己现有的财物出租，或者根据自己的意愿购买财物用于出租，总之出租人事先是拥有租赁物的。

#### 5. 租赁物维修义务负担的区别

在融资租赁合同中，承租人对租赁物负有维修义务。而在传统租赁合同中一般由出租人承担租赁物的维修义务。在融资租赁合同中，出租人一方面不负担租赁物的质量瑕疵担保责任，另一方面享有于租赁期满后收回租赁物加以使用或者处分的期待利益。因此，承租人为保障出租人期待利益的实现，不仅需妥善保管租赁物，而且负有维修保养租赁物的义务。在传统的租赁合同中承租人租赁的目的是为了使用收益，这就要求租赁物的状态必须符合使用的目的。对租赁物的维修义务应当由出租人承担，这是出租人在租赁合同中的主要义务，但并不排除在有些租赁合同中约定由承租人负担租赁物的维修义务。

#### 6. 租赁期满租赁物归属的区别

在融资租赁合同中一般约定租赁期满租赁物归承租人所有。而在传统的租赁合同中租赁期满租赁物归还出租人。在融资租赁中，出租人关心的是如何收回其投资以及盈利，而对租赁物本身并没有什么兴趣，在实践中，大多数融资租赁交易均把承租人留购租赁物作为交易的条件。这是因为出租人购买租赁物的目的，并不是要取得租赁物的所有权，而在于通过向承租人融通资金来获得利润，其之所以在租赁期间要保留租赁物的所有权，主要是为担保能取得承租人支付的租金，收回投资。租赁期满，出租人无保留租赁物的必要，而租赁物对承租人仍有价值。在传统的租赁中，出租人为租赁物的所有人，承租人的一项主要义务就是于租赁期满时，将租赁物返还给出租人。

**7. 租赁期限的区别**

在融资租赁合同中对租赁期没有特别的限制。在传统的租赁合同中租赁期不得超过 20 年。超过 20 年的，超过部分无效。

# 5.5　借款合同

## 5.5.1　概述

**1. 借款合同的概念**

借款合同是借款人向贷款人借款，到期返还借款并支付利息的合同。在借款合同中，提供借款的一方为贷款人，接受借款、到期返还借款并支付利息的一方为借款人。

**2. 借款合同的类型**

按合同的期限不同，借款合同可以分为短期借款合同（期限不超过 1 年）、中期借款合同（期限超过 1 年、不超过 3 年）、长期借款合同（期限 3 年以上）。

从国家管理的角度看，借款合同可以分为民间借款合同和信贷合同两大类。民间借款合同是指公民个人之间，贷款人将属于其合法收入的货币资金借给借款人，借款到期时借款人归还所借货币资金和利息的合同；信贷合同是指经营贷款业务的商业银行、信用合作社将货币资金出借给法人、其他经济组织或者个人使用，贷款到期时借款人归还所借资金和利息的合同。

对于实践中存在的自然人与企业（非金融企业）之间的借贷行为，最高人民法院的相关批复规定：自然人与非金融企业之间的借贷行为属于民间借贷，在不违反法律、行政法规的前提下，只要双方意思表示真实即可认定有效。

**3. 借款合同的法律特征**

借款合同有以下法律特征：

（1）借款合同一般为诺成合同

对于金融机构借款合同来讲，借款合同是诺成合同，只要双方当事人协商一致，借款合同即告成立，自成立时生效；而民间借款合同由于其互助性质，不应对贷款人规定过于严格的义务，自贷款人提供借款时生效，为实践合同。

（2）借款合同一般是要式合同

《合同法》第 197 条规定："借款合同采用书面形式，但自然人之间借款另有约定的除外。"贷款人为金融机构的借款合同，应当采用书面形式。贷款人是自然人的，借款合同的形式由当事人自由决定，可以采用口头形式，也可以采用书面形式。

（3）借款合同为双务合同

贷款人未按照约定的日期、数额提供借款的，应按约定支付违约金。借款人也有按期偿还借款并支付利息的义务。

（4）借款合同一般是有偿合同

按《合同法》规定，银行借款合同只能是有偿的，而民间借款合同中的自然人之间的借款合同以无偿为原则，以有偿为例外，即合同中对支付利息没有约定或者约定不明确的，视为不支付利息。

## 5.5.2　借款合同的主要内容

借款合同包含的主要内容如下：

**1. 借款种类**

借款种类主要是按借款方的行业属性、借款用途以及资金来源和运用方式进行划分的。针对不同种类的借款，国家信贷政策在贷款的限额、利率等方面有不同规定，以体现区别对待、择优扶持的信贷原则。因此，借款合同一定要订明借款种类，它是借款合同必不可少的主要条款。

**2. 借款币种**

借款币种即借款合同标的的种类。借款合同的标的除人民币外，还包括一些外币，如美元、日元、欧元等。不同的货币种类借款利率有所不同，借款合同应对货币种类明确规定。

**3. 借款用途**

借款用途是指借款使用的范围和内容，即贷款在生产和再生产过程中与哪种生产要素相结合，它规定了贷款的使用方向。借款用途是由借款种类和条件所决定的，银行严格规定各种借款用途并监督贷款的使用情况，有利于保证国家产业政策的实施和国民经济的协调发展，同时也有利于保证贷款的安全性。

**4. 借款数额**

借款数额，是指借款货币数量的多少。任何合同都必须有数量条款，只有标的而没有数量的合同是无法履行的。没有数量，当事人权利义务的大小就无法确定，借款合同没有借款数额，就无法确定借款货币的多少，也失去了计算借款利息的依据，因此，没有借款数额条款，借款合同便不能成立。

**5. 借款利率**

利率是指一定时期借款利息与借款本金的比率。利率的高低对确定借款双方当事人权利义务多少至关重要，借款合同不能没有利率条款。

**6. 借款期限**

借款期限是指借款双方依照有关规定，在合同中约定的借款使用期限。借款期限应按借款种类、借款性质、借款用途分别确定。在借款合同中，当事人订立借款期限必须具体、明确、全面，以确保借款合同的顺利履行。

**7. 还款方式**

还款方式，是指借款人采取何种结算方式将借款返还给贷款人。借款人一般可以采用一次结清和分期分批偿还，如果是分期的情况，应明确具体时间以及具体金额等。

**8. 违约责任**

违约责任，是指当事人不履行合同义务时所应承担的法律责任。如果借款合同中缺少了违约责任条款，当事人的违约行为就失去了法律约束依据，当事人的权利就失去了保障，合同履行将受到严重的影响。借款合同中约定违约责任条款对于督促当事人及时、正确、全面地履行合同，保护当事人权益有重要意义。

### 5.5.3 借款合同当事人的权利和义务

**1. 贷款人的权利和义务**

（1）贷款人的权利

贷款人的权利主要有：①有权请求返还本金和利息。②对借款使用情况的监督检查权。贷款人可以按照约定监督检查贷款的使用情况。③停止发放借款、提前收回借款和解除合同权。借款人未按照约定的借款用途使用借款的，贷款人可以停止发放借款、提前收回借款或者解除合同。

（2）贷款人的义务

贷款人的义务主要有：①贷款人不得利用优势地位预先在本金中扣除利息。利息预先在本金中扣除的，按实际借款数额返还借款并计算利息。②贷款人应当按照合同约定的时间、数量、币种给借款人发放贷款。③贷款人不得将借款人的营业秘密泄露于第三方，否则，应承担相应的法律责任。

**2. 借款人的权利和义务**

（1）借款人的权利

借款人的权利主要有：①有权向主办银行或者其他银行的经办机构申请贷款并依条件取得贷款。②有权按合同约定提取和使用全部贷款。③有权拒绝借款合同以外的附加条件。④有权向贷款人的上级和中国人民银行反映、举报有关情况。⑤在征得贷款人同意后，有权向第三人转让债务。

（2）借款人的义务

借款人的义务主要有：①应当如实提供贷款人要求的资料（法律规定不能提供者除外），应当向贷款人如实提供所有开户行、账号及存贷款余额情况，配合贷款人的调查、审查和检查。②应当接受贷款人对其使用信贷资金情况和有关生产经营、财务活动的监督。③应当按借款合同约定用途使用贷款。④应当按借款合同的约定及时清偿贷款本息。⑤将债务全部或部分转让给第三人的，应当取得贷款人的同意。⑥有危及贷款人债权安全情况时，应当及时通知贷款人，同时采取保全措施。

---

**重点与难点**

---

重点：

1. 工程监理的概念。

2. 建设工程监理范围和规模标准规定。

3. 监理人的义务。

4. 委托人的义务。

5. 工程咨询的概念。

6. 委托人的义务。

7. 咨询人的主要义务。

8. 设备监造的概念。

9. 租赁合同当事人的权利和义务。

10. 借款合同的概念和法律特征。

11. 贷款人的权利和义务。

12. 借款人的权利和义务。

难点：

1. 融资租赁合同的概念和法律特征。

2. 融资租赁合同出卖人的义务。

3. 融资租赁合同出租人的义务。

4. 融资租赁合同承租人的义务。

5. 租赁合同与融资租赁合同的共同点和不同点。

6. 工程咨询与工程监理的关系。

## 思考与练习

1. 大型设备到货检验的程序是什么？

2. 大型设备供货方的义务有哪些？

3. 大型设备采购方的义务有哪些？

4. 现场交货到货检验时，数量验收的方法有哪些？

5. 一般建筑物资采购合同履行过程中，如何判定是否按期交货或提货？

6. 某商业银行为了控制风险，将利息 75 万元预先在本金中扣除。这种行为是否合法？为什么？

7. 民间借款合同约定利息超过中国人民银行发布的贷款利率上限的 4 倍，这样的利息条款是否有效？

8. 什么是非法集资？

9. 什么是现场见证？

10. 什么是文件见证？

# 第 6 章

# 工程担保法律制度

## 6.1 概述

### 6.1.1 担保的概念及法律特征

**1. 担保的概念**

担保是债权人与债务人或者债权人与第三人根据法律规定或者合同约定而实施的以保障债权人的债权得以实现和促使债务人履行其债务为目的民事法律行为。在担保法律关系中，债权人称为担保权人，债务人称为被担保人，第三人称为担保人。

**2. 担保的法律特征**

担保是经济活动中保障债权实现的一种法律制度，它是民商法体系的一个重要组成部分，受民商法一般原则的制约。为促进资金融通和商品流通，保障债权的实现，发展社会主义市场经济，我国于 1995 年 6 月 30 日由第 8 届全国人民代表大会常务委员会第 14 次会议通过了《担保法》)，并于同年 10 月 1 日起施行。《担保法》第 2 条规定，在借贷、买卖、货物运输、加工承揽等经济活动中，债权人需要以担保方式保障其债权实现的，可以依照本法规定设定担保。本法规定的担保方式为保证、抵押、质押、留置、定金。其中，保证属于人的担保，也即信用担保，后四种属于物的担保，也就是财产担保。

担保具有三个法律特征：

（1）从属性

担保的从属性体现在：担保的目的是保障债权。一般地说，担保措施从属于主债权。在合同关系中，担保合同是主合同的从合同，除非担保合同另有规定，主合同无效，担保合同也无效。

（2）可变性

可变性体现在：当事人约定的担保措施是否付诸实施应根据主合同履行情况确定。如果债务人严格履行了主合同，当事人约定的担保措施不必实施。否则，当事人约定的担保措施将予以实施。

（3）自愿性

自愿性体现在：一般情况下，当事人可以自主确定在经济活动中是否约定担保以及约定哪种担保方式。

## 6.1.2　反担保

**1. 反担保的概念**

反担保是指在担保法律关系中，向债权人提供担保者(以下称原始担保人)判断被担保人履行债务的能力较差，由自己代为履行或者代位赔偿损失的概率较高，担保的风险过大，为降低风险，要求被担保人向自己提供一个担保人(此处反担保人可由被担保人担任)(以下称反担保人)，一旦需要自己履行担保义务时，就可由反担保人弥补自己履行担保义务所致的损失，转移可能遇到的担保风险。

**2. 反担保的法律性质**

反担保是在担保基础上新设立的担保，体现了债的关系进一步的复杂性。《最高人民法院关于适用〈担保法〉若干问题的解释》第 2 条规定，反担保可以是债务人，也可以是债务人之外的其他人。反担保方式可以是债务人提供抵押或者质押，也可以是其他人提供的保证、抵押或者质押。留置和定金不适用于反担保。

反担保与原始担保的履行顺序有严格的先后之分，反担保的兑现是在主债不能得到履行或不能得到完全履行时，原始担保兑现后，反担保才开始补偿原始担保人的支出。因此，原始担保人不能在自己履行担保义务之前就要反担保人履行反担保义务，也不得要求反担保人与自己同时履行担保义务。

反担保与主债之间没有财产联系，反担保合同不是反担保人与主债的债权人之间签订的，而是在反担保人与原始担保人之间签订的。反担保合同所涉及的债权债务关系只在反担保人与原始担保人之间存在，因此，如果原始担保人不履行担保义务时，主债的债权人不得请求反担保人补偿自己合同的损失，反担保人也没有义务代替担保人向主债债权人履行主债债务或者赔偿主债损失。

担保人在履行了担保义务后，有权请求反担保人补偿自己的担保支出，在得到补偿后，须将对被担保人的追索权转交给反担保人，追索的财产权利为反担保人为补偿担保人的支出所付出的全部费用。

**3. 反担保合同的订立及实施程序**

(1)反担保合同订立时间

反担保合同的订立时间须在担保合同或担保条款订立之后，被担保人必须向反担保人提供主债债权债务关系的全部情况及担保合同或者担保条款的全部情况，以及如实提供自己履约能力的各种资料。

(2)反担保合同订立的程序

反担保人应被担保人之邀，与原始担保人就反担保的财产关系进行协商，协商的标的主要是原始担保人为被担保人的债务履行或债务赔偿所做出的支付，以及反担保实施的条件和时间。

(3)反担保合同形式

反担保涉及主债法律关系和原始担保法律关系，当事人的权利义务关系相对较为复杂，必须以书面的形式确定各方的权利义务。这与普通的担保有所不同，简单的普通担保可以采用口头合同形式。

(4)反担保合同实施的条件

反担保合同的实施须同时满足以下条件：第一，被担保人（主债债务人）不能履行或不能完全履行主债，并且因此给主债债权人造成损失；第二，原始担保人履行了原始担保义务。

（5）反担保合同实施的后果

反担保合同实施后，原始担保人的担保支出得到补偿，其担保风险转嫁给反担保人。为此，他须将主债债务人的担保支出追索权转交给反担保人，反担保人在履行了反担保义务后，取得了对主债债务人的追索权。

### 6.1.3　无效担保合同

无效担保合同是指不具有法律约束力，不能产生当事人所期望的担保法律后果的担保合同。《担保法》第5条规定，担保合同是主合同的从合同，主合同无效，担保合同无效。担保合同另有约定的，按照约定。

**1. 无效担保合同的产生原因**

（1）担保合同因主合同无效而无效

（2）担保合同因其自身违法而无效

1）担保合同的主体不合法。

担保合同的主体有下列情形之一的，担保合同无效：

①当事人是无行为能力的人。

②当事人是限制行为能力的人。

③依据《担保法》关于保证人资格的规定，如有下列情形，保证合同无效：A. 国家机关作保证人的，但经国务院批准为使用外国贷款进行转贷的除外；B. 学校、医院等以公益为目的的事业单位、社会团体作保证人的；C. 企业法人的职能部门作保证人的，但经法人追认的除外；D. 企业法人的分支机构作保证人的，但有书面授权或企业法人追认的除外。

④法律规定的其他情形。

2）担保合同的形式不符合法律规定的要求。

《担保法》第13条规定，保证人与债权人应当以书面形式订立保证合同。凡未采用书面形式订立的保证合同均属无效合同。同时，法律对担保合同的生效条件也有明确的规定，如果当事人不履行法定手续或担保合同不具备法定条件，担保合同均属无效合同。

3）担保合同的内容不合法。

《最高人民法院关于适用〈担保法〉若干问题的解释》第5条规定，以法律、法规禁止流通的财产或者不可转让的财产设定担保的，担保合同无效。以法律、法规限制流通的财产设定担保的，在实现债权时，人民法院应当按照有关法律、法规的规定对该财产进行处理。"在法律、法规禁止流通的财产上设定担保的，担保合同无效。

**2. 无效担保合同的法律后果**

担保合同被确认无效后，债务人、担保人、债权人有过错的，应当根据其过错各自承担相应的民事责任。担保人因无效担保合同向债权人承担赔偿责任后，可以向债务人追偿，或者在承担赔偿责任的范围内，要求有过错的反担保人承担赔偿责任。担保人可以根据承担赔偿责任的事实对债务人或者反担保人另行提起诉讼。

## 6.2　担保类型

我国《担保法》规定，法定担保种类主要有五种：保证、抵押、质押、留置、定金。其中保证属于人的担保，也即信用担保，后四种属于物的担保，也就是财产担保。

### 6.2.1　保证担保

**1. 保证的概念和法律特征**

保证是指保证人和债权人约定，当债务人不履行债务时，保证人按照约定履行债务或者承担责任的行为。

在实践中保证是经常被采用的一种担保方式。在保证的法律关系中涉及债权人、债务人、保证人三方当事人以及主合同、委托保证合同、保证合同三个合同。主合同是债权人和债务人之间订立的合同，该合同是保证法律关系成立的基础。委托保证合同是债务人和保证人之间签订的合同，该合同与债权人并无直接关系。保证合同是债权人与保证人之间签订的合同，以主合同债权的实现为目的，保证债务人清偿债务。

保证具有如下法律特征：

（1）保证属于人的担保范畴

保证不是以担保人的特定财产为担保对象，而是以担保人的不特定财产（如担保人的信用）作为担保的对象，不同于抵押、质押、留置等物的担保方式，因此保证属于人的担保范畴。

（2）保证必须是由债权人、债务人以外的第三人提供的担保

在抵押、质押等物的担保方式中，可以由主合同中的债权人、债务人以外的第三人，或者是主合同的债务人作为担保人提供担保。但是在保证担保中，必须是由债权人、债务人以外的第三人提供担保，这也是保证与抵押、质押等担保方式的一个重要区别。

（3）保证合同具有从属性

保证合同是主合同的从合同，随着主合同的成立而成立，随着债权的转移、消灭、无效而随之相应变化。

（4）保证合同具有补充性

在保证的法律关系中，债务人是第一债务人，保证人是第二债务人。补充性是指只有在债务人不履行债务时，债权人才可以要求保证人承担担保责任。

（5）保证合同是诺成性合同

在保证合同中，只要债权人与保证人意思表示真实一致，合同即成立而无须交付标的物，因此保证合同属于诺成性合同。

（6）保证合同是单务、无偿合同

在债务人不履行义务时，由保证人代替债务人向债权人履行，而债权人只享有权利而不承担任何义务，亦不用向保证人支付报酬。可见，保证合同属于单务、无偿合同，合同当事人的权利、义务是不对等的。

**2. 保证人**

（1）保证人的主体资格

在保证担保中，提供担保的第三人称为保证人。《担保法》第 7 条规定，具有代为清偿能力的法人、其他组织或者公民，可以做保证人。根据《担保法》及《最高人民法院关于适用〈担保法〉若干问题的解释》，不能做保证人的主体有：

1）未经国务院批准的国家机关。

如果以国家机关作为保证人，在债务人到期不履行债务时，国家机关就必须用经费来承担保证责任，则必然严重影响到国家机关的职能和社会的正常秩序。因此，《担保法》第 8 条规定，国家机关不得作为保证人，但经国务院批准为使用外国政府或者国际经济组织贷款进行转贷的除外。

2）以公益为目的的事业单位、社会团体。

公益一般指非经济利益，而以担保债权实现为目的的保证担保显然是一种经济行为，如果允许以公益为目的的事业单位、社会团体为保证人，则会严重损害国家的公共利益。因此，《担保法》第 9 条规定，学校、幼儿园、医院等以公益为目的的事业单位、社会团体不得为保证人。

3）企业法人的分支机构、职能部门。

企业法人的分支机构、职能部门因其没有独立的法人资格、清偿能力欠缺等原因，不合适作为保证人。《担保法》第 10 条规定，企业法人的分支机构、职能部门不得作为保证人。企业法人的分支机构有书面授权的，可以在授权范围内提供担保。

（2）保证人的权利

保证合同是单务、无偿合同，因此债权人享有请求保证人承担保证责任的权利，而保证人仅负有履行保证责任的义务，所享有的只是抗辩权。所谓抗辩权是指债权人行使债权时，债务人根据法定事由，对抗债权人行使请求权的权利。保证人的抗辩权具体包括：

1）债务人享有的抗辩权。

在保证关系中，保证人也是债务人，债务人享有的抗辩权，保证人也应该享有。《担保法》第 20 条规定，一般保证和连带责任保证的保证人享有债务人的抗辩权。债务人放弃对债务的抗辩权的，保证人仍有权抗辩。

2）基于保证人的地位特有的抗辩权。

基于保证人的地位而特有的抗辩权，也就是先诉抗辩权。先诉抗辩权是一般保证人特有的抗辩权，连带责任保证的保证人不享有此权利。

**3. 保证的方式**

保证的方式是指债权人与保证人在保证合同中约定的保证人承担保证责任的方式。根据我国《担保法》的规定，保证的方式分为一般保证和连带责任保证两种。

（1）一般保证

一般保证是指债权人和保证人在保证合同中约定，债务人不能履行债务时，由保证人承担保证责任的一种保证方式。一般保证最重要的一个特点就是保证人享有先诉抗辩权。所谓先诉抗辩权，是指一般保证中在主债务纠纷未经审判和仲裁，并就债务人财产依法强制执行不能履行债务前，对债权人可以拒绝承担保证责任的抗辩权。为了确保债权人债权的实现，根据《担保法》的规定，有下列情形之一的，保证人不得行使先诉抗辩权：①债务人住所变更，致使债权人要求其履行债务发生重大困难的；②人民法院受理债务人破产案件，中止执行程序的；③保证人以书面形式放弃前款规定的权利的。

（2）连带责任保证

连带责任保证是指债权人与保证人在保证合同中约定保证人与债务人对债务承担连带责任的一种保证方式。连带责任保证的债务人在主合同规定的债务履行期届满没有履行债务的，债权人可以要求债务人履行债务，也可以要求保证人在其保证范围内承担保证责任。因此，连带责任保证的保证人不享有先诉抗辩权，这也是连带责任保证和一般保证的一个重大区别。

**4. 保证合同**

保证合同是指保证人和债权人之间以书面形式订立的明确双方权利义务关系的协议。

（1）保证合同的内容

根据《担保法》第 15 条规定，保证合同应当包括以下内容：①被保证的主债权种类、数额。如主债权的种类是金钱还是标的物，具体的数额是多少。②债务人履行债务的期限。要明确规定债务到期的具体时间，以便债务人、保证人及时履行义务。③保证的方式。一般保证方式和连带责任保证方式对当事人的利益有较大的影响，因此，应该明确规定。④保证担保的范围。担保的范围可以依照当事人在合同中的约定，没有约定时，可按照《担保法》第 21 条的规定，保证担保的范围包括主债权及利息、违约金、损害赔偿金和实现债权的费用。为了避免产生分歧，最好在合同中明确规定保证的范围。⑤保证的期间。保证期间即保证人承担保证责任的起止时间，事关保证责任能否顺利履行，因此应该明确规定。⑥双方认为需要约定的其他事项。

保证合同不完全具备前款规定内容的，可以补正。

（2）保证合同的形式

《担保法》第 13 条规定，保证人与债权人应当以书面形式订立保证合同。当事人仅有订立保证合同的意思表示，没有订立书面的保证合同的，不能认定当事人之间设立了保证法律关系。保证合同的具体形式可以有以下几种：①保证人和债权人单独签订一份保证合同；②在主合同中写明保证人的保证范围和保证期限，并由保证人签字盖章；③保证人在主合同保证栏内表明担保意思，并签字盖章；④保证人向债权人递交保证书。

**5. 共同保证**

共同保证是指两个以上的保证人对同一债务人的同一债务履行进行的保证。根据是否约定了保证份额，共同保证可以分为按份共同保证和连带共同保证。

（1）按份共同保证

按份共同保证是指保证人与债权人约定保证份额，保证人在约定的保证范围内承担保证责任的一种保证方式。应该特别注意两点：一是保证人与债权人之间约定保证份额，而不是各保证人之间约定保证份额。《最高人民法院关于适用〈担保法〉若干问题的解释》第 19 条规定，连带共同保证的保证人以其相互之间各自承担的份额对抗债权人的，人民法院不予支持。二是保证人在与债权人订立保证合同时应明确约定保证份额。《担保法》第 12 条规定，没有约定保证份额的，保证人承担连带责任，债权人可以要求任何一个保证人承担全部保证责任，保证人都负有担保全部债务实现的义务。

按份共同保证的保证人按照合同约定的保证份额承担保证责任后，在其履行保证责任的范围内只能对债务人行使追偿权，而与其他保证人无关。在按份共同保证中，各保证人只承担在保证合同中约定份额的责任，即使债务人满足不了保证人的追偿，该保证人也不能要求其他保证人予以补偿。

（2）连带共同保证

连带共同保证是指，两个以上的保证人对同一债务同时或者分别提供保证时，各保证人与债权人没有约定保证份额的一种保证方式。《最高人民法院关于适用〈担保法〉若干问题的解释》第20条规定，连带共同保证的债务人在主合同规定的债务履行期届满没有履行债务的，债权人可以要求债务人履行债务，也可以要求任何一个保证人承担全部保证责任。连带共同保证的保证人承担保证责任后，向债务人不能追偿的部分，由各连带保证人按其内部约定的比例分担。没有约定的，平均分担。可见，在连带共同保证中，履行了全部保证责任的保证人既可以向债务人追偿，也可以要求其他的保证人分担，这是与按份共同保证的一个区别。

**6. 保证责任的免除**

保证人的保证责任可能因为一定的事件而免除，根据我国《担保法》及《最高人民法院关于适用〈担保法〉若干问题的解释》，保证责任的免除主要有以下原因：①主合同当事人双方串通，骗取保证人提供担保的，保证人不承担保证责任。②主合同债权人采取欺诈、胁迫等手段，使保证人在违背真实意思的情况下提供担保的，保证人不承担保证责任。③保证期间，保证人与债权人事先约定仅对特定的债权人承担保证责任或者禁止债权转让的，债权转让后保证人不再承担保证责任。④保证期间，债权人许可债务人转让债务的，应当取得保证人书面同意，保证人对未经其同意转让的债务，不再承担保证责任。⑤债权人与债务人协议变更主合同的，应当取得保证人的书面同意，未经保证人书面同意的，保证人不再承担保证责任。⑥同一债权既有保证又有物的担保的，保证人对物的担保以外债权承担保证责任。若债权人放弃物的担保，保证人在债权人放弃权利的范围内免除保证责任。⑦一般保证的保证人在主债权履行期间届满后，向债权人提供了债务人可供执行财产的真实情况的，债权人放弃或者怠于行使权利致使该财产不能被执行，保证人可以请求人民法院在其提供可供执行财产的实际价值范围内免除保证责任。⑧保证合同是主合同的从合同，如果主合同的债务因合同的履行、抵消、免除、混同、诉讼时效等消灭了，保证人就不用再承担保证责任。

## 6.2.2 抵押担保

**1. 抵押的概念和法律特征**

抵押，是指债务人或者第三人不转移对财产的占有，将该财产作为债权的担保。债务人不履行债务时，债权人有权将该财产折价或者以拍卖、变卖该财产的价款优先受偿。

债务人或者第三人为抵押人，债权人为抵押权人，提供担保的财产为抵押物。抵押担保法律关系核心是抵押权，而所谓抵押权，是指抵押权人在债务人不履行债务时，有权依法律以抵押物折价或者从抵押物的变卖或者拍卖价金中享有优先受偿的权利。抵押权具有以下法律特征：

（1）抵押权作为担保物权的一种，具有物权的一般属性。

抵押权虽为担保债权而存在，但其本身是一种物权，具有物权的一般属性。抵押权人控制支配着抵押物，即抵押人非经抵押权人同意不得处分抵押物，债权人在债权已到受清偿的期限而未受清偿时，有权依法处置抵押物并就抵押物所获得的价款优先受偿。

（2）抵押权以特定的、可依法处分的财产为客体，并且不转移对该财产的占有。

特定的可抵押的财产必须是具体的、明确的,抵押人合法拥有的。可依法处分的财产是指依法可以转让、拍卖或者变卖的财产。若财产不能处分,抵押权也就无法实现。

(3)抵押权具有追及力。

抵押权的追及力是指因转让或者其他原因导致抵押物所有权变更的,抵押权不会因此受到影响。不论是何种原因导致抵押物所有权的变更,也不论抵押物落入何人之手,抵押权人都可以对抵押物行使抵押权。抵押权的追及力是物权所特有的效力,债权原则上不具有追及力。

(4)抵押权人对依法处置后的抵押物享有优先受偿的权利。

优先受偿是指当债务人有多个债权人时,有抵押权的债权人的债权可以优先于其他普通债权人的债权得到清偿。

**2. 抵押物**

抵押物是指债务人或者第三人提供担保的财产。《担保法》第 34 条规定,下列财产可以作为抵押物:①抵押人所有的房屋和其他地上定着物;②抵押人所有的机器、交通运输工具和其他财产;③抵押人依法有权处分的国有土地使用权、房屋和其他地上定着物;④抵押人依法有权处分的国有机器、交通运输工具和其他财产;⑤抵押人依法承包并经发包方同意抵押的荒山、荒沟、荒丘、荒滩等荒地的土地使用权;⑥依法可以抵押的其他财产。

抵押人既可以将上述财产中的一项进行抵押,也可以将几项财产一并抵押。抵押人所担保的债权不得超出其抵押物的价值,超出部分不具有优先受偿的权利。财产抵押后,该财产的价值大于所担保债权的余额部分,可以再次抵押,但不得超出其余额部分。以依法取得的国有土地上的房屋抵押的,该房屋占用范围内的国有土地使用权同时抵押。以出让方式取得的国有土地使用权抵押的,应当将抵押时该国有土地上的房屋同时抵押。乡(镇)、村企业的土地使用权不得单独抵押。以乡(镇)、村企业的厂房等建筑物抵押的,其占用范围内的土地使用权同时抵押。

根据我国《担保法》第 37 条规定,不得抵押的财产有:①土地所有权;②耕地、宅基地、自留地、自留山等集体所有的土地使用权,但本法第 34 条第⑤项、第 36 条第 3 款规定的除外;③学校、幼儿园、医院等以公益为目的的事业单位、社会团体的教育设施、医疗卫生设施和其他社会公益设施;④所有权、使用权不明或者有争议的财产;⑤依法被查封、扣押、监管的财产;⑥依法不得抵押的其他财产。

**3. 抵押合同**

抵押人和抵押权人应当以书面的形式订立抵押合同。抵押合同一般包括以下内容:①被担保的主债权种类、数额;②债务人履行债务的期限;③抵押物的名称、数量、质量、状况、所在地、所有权权属或者使用权权属;④抵押担保的范围;⑤当事人认为需要约定的其他事项。

抵押合同不完全具备前款规定内容的,可以补正。订立抵押合同时,抵押权人和抵押人在合同中不得约定在债务履行期届满抵押权人未受清偿时,抵押物的所有权转移为债权人所有。

**4. 抵押登记**

根据《担保法》第 41 条、第 42 条的规定,以下述财产办理抵押的,应当到相应部门办理抵押物登记,抵押合同自登记之日起生效:①以无地上定着物的土地使用权抵押的,为核发土地使用权证书的土地管理部门；②以城市房地产或者乡（镇）、村企业的厂房等建筑物抵押的，为县级以上地方人民政府规定的部门；③以林木抵押的，为县级以上林木主管部门；④以航空器、船舶、车辆抵押的，为运输工具的登记部门；⑤以企业的设备和其他动产抵押的，为财产所在地的工商行政管理部门。

当事人以其他财产抵押的，可以自愿办理抵押物登记，抵押合同自签订之日起生效，登记部门为抵押人所在地的公证部门。当事人未办理抵押物登记的，不得对抗第三人。

当事人办理抵押物登记，应当向登记部门提供的文件或者其复印件有：①主合同和抵押合同；②抵押物的所有权或者使用权证书。登记部门登记的资料，应当允许查阅、抄录或者复印。

**5. 抵押权的实现**

债务履行期届满抵押权人未受清偿的，可以与抵押人协议以抵押物折价或者以拍卖、变卖该抵押物所得的价款受偿；协议不成的，抵押权人可以向人民法院提起诉讼。抵押物折价或者拍卖、变卖后，其价款超过债权数额的部分归抵押人所有，不足部分由债务人清偿。抵押权的实现是抵押权效力的体现，是抵押权人最主要的权利。

（1）折价

折价是指主合同的债务履行期届满后债务人不能履行债务时，抵押人与抵押权人协议，将抵押物的所有权转移给抵押权人，使其债权得以实现。这是实现抵押权的一种常见的方式。但是应当注意，折价方式只能在实现抵押权时订立，抵押物的所有权也只能在折价协议签订后才能转移。《担保法》第40条规定，订立抵押合同时，抵押权人和抵押人在合同中不得约定在债务履行期届满抵押权人未受清偿时，抵押物的所有权转移为债权人所有。这样规定的目的是保护抵押人的利益，防止抵押人在一时紧急的情况下，以高价值的财产设定抵押权担保数额较小的债权。

（2）拍卖

拍卖是指以一种公开竞价的方式，将标的物卖给最高应价者的一种买卖方式。以拍卖的方式处理抵押物，通过竞价可以充分实现抵押物的价值，不仅维护了抵押人的利益，也能最大限度的满足被担保债权。拍卖是在公开、公正、公平的原则下进行的，并由一定的专门机构实施，因此，拍卖是处理抵押物的一种最公平的方式。

（3）变卖

变卖是指采用一般的买卖方式将抵押物出售，抵押权人对抵押物所得的价款享有优先受偿的权利。变卖方式无法真正的体现抵押物的价值，但当抵押权人不愿意取得抵押物的所有权，也不愿意拍卖抵押物时，可以采用此种方式。

**6. 最高额抵押**

最高额抵押，是指抵押人与抵押权人协议，在最高债权额限度内，以抵押物对一定期间内连续发生的债权作担保。借款合同、债权人与债务人就某项商品在一定期间内连续发生交易而签订的合同，可以附最高额抵押合同。最高额抵押的主合同债权不得转让。

## 6.2.3　质押担保

**1. 质押的概念和法律特征**

质押是指债务人或者第三人将特定的动产或者权利凭证交债权人占有，作为债务履行的担保，在债务人不履行债务时，债权人有权以该财产或者权利折价、拍卖或者变卖该财产或者权利所得价款优先受偿。质押可以分为动产质押和权利质押。在质押的法律关系中，提供动产或者权利的债务人或者第三人为出质人，占有动产或者权利凭证的人为质权人，被质权人占有的动产或者权利为质物。

质押具有以下法律特征：

（1）质物只能是动产或者财产权利，不包括不动产

这里所说的财产权利包括支票、汇票、本票、债权及依法可以转让的股票等，非财产权利不能质押。不动产主要是指土地以及房屋、林木等地上定着物。若以不动产出质，作为质物的不动产必然由质权人占有，这样出质人便丧失了对不动产的利用或者受益，甚至影响到正常的生产和生活。对于社会而言，增加了社会的不稳定因素，与法律维护社会稳定的根本目的不符，因此，不动产不能作为质物。

（2）质押的设立转移了质押物的占有

《最高人民法院关于适用〈担保法〉若干问题的解释》第87条规定，出质人代债权人占有质物的，质押合同不生效；质权人将质物返还于出质人后，以其质权对抗第三人的，人民法院不予支持。与抵押不同，质押必须以转移质物的占有为公示方式，这也是质权人能够实现债权的关键所在。

（3）质权人享有直接支配质物以实现质权的权利

《最高人民法院关于适用〈担保法〉若干问题的解释》第95条规定，债务履行期届满质权人未受清偿的，质权人可以继续留置质物，并以质物的全部行使权利。出质人清偿所担保的债权后，质权人应当返还质物。债务履行期届满，出质人请求质权人及时行使权利，而质权人怠于行使权利致使质物价格下跌的，由此造成的损失，质权人应当承担赔偿责任。在质押担保中，质物作为债务人履行债务的担保，在债务人不履行债务时，债权人可以直接支配质物以实现质权。

**2. 动产质押**

（1）动产质押的概念和担保范围

动产质押，是指债务人或者第三人将其动产移交债权人占有，将该动产作为债权的担保。债务人不履行债务时，债权人有权依法就该动产折价或者以拍卖、变卖该动产的价款优先受偿。

质押担保的范围包括主债权及利息、违约金、损害赔偿金、质物保管费用和实现质权的费用。质押合同另有约定的，按照约定。质权人有权收取质物所生的孳息。质押合同另有约定的，按照约定。前款孳息应当先充抵收取孳息的费用。

（2）质押合同

出质人和质权人应当以书面形式订立质押合同，质押合同自质物移交于质权人占有时生效。质押合同应当包括以下内容：①被担保的主债权种类、数额；②债务人履行债务的期限；③质物的名称、数量、质量、状况；④质押担保的范围；⑤质物移交的时间；⑥当事人认为需

要约定的其他事项。

质押合同不完全具备前款规定内容的,可以补正。出质人和质权人在合同中不得约定在债务履行期届满质权人未受清偿时,质物的所有权转移为质权人所有。

（3）质物的保管与处理

质权人负有妥善保管质物的义务。因保管不善致使质物灭失或者毁损的,质权人应当承担民事责任。质权人不能妥善保管质物可能致使其灭失或者毁损的,出质人可以要求质权人将质物提存,或者要求提前清偿债权而返还质物。

质物有损坏或者价值明显减少的可能,足以危害质权人权利的,质权人可以要求出质人提供相应的担保。出质人不提供的,质权人可以拍卖或者变卖质物,并与出质人协议将拍卖或者变卖所得的价款用于提前清偿所担保的债权或者向与出质人约定的第三人提存。

债务履行期届满债务人履行债务的,或者出质人提前清偿所担保的债权的,质权人应当返还质物。债务履行期届满质权人未受清偿的,可以与出质人协议以质物折价,也可以依法拍卖、变卖质物。质物折价或者拍卖、变卖后,其价款超过质权数额的部分归出质人所有,不足部分由债务人清偿。

为债务人质押担保的第三人,在质权人实现质权后,有权向债务人追偿。

质权因质物灭失而消灭。因灭失所得的赔偿金,应当作为出质财产。

质权与其担保的债权同时存在,债权消灭的,质权也消灭。

**3. 权利质押**

权利质押是指出质人以财产权利为标的设定的质权。

（1）依法可以质押的权利

根据《担保法》第 75 条的规定,下列权利可以质押:①汇票、支票、本票、债券、存款单、仓单、提单;②依法可以转让的股份、股票;③依法可以转让的商标专用权,专利权、著作权中的财产权;④依法可以质押的其他权利。

（2）权利质押担保合同的效力

以汇票、支票、本票、债券、存款单、仓单、提单出质的,应当在合同约定的期限内将权利凭证交付质权人。质押合同自权利凭证交付之日起生效。

以载明兑现或者提货日期的汇票、支票、本票、债券、存款单、仓单、提单出质的,汇票、支票、本票、债券、存款单、仓单、提单兑现或者提货日期先于债务履行期的,质权人可以在债务履行期届满前兑现或者提货,并与出质人协议将兑现的价款或者提取的货物用于提前清偿所担保的债权或者向与出质人约定的第三人提存。

以依法可以转让的股票出质的,出质人与质权人应当订立书面合同,并向证券登记机构办理出质登记。质押合同自登记之日起生效。股票出质后,不得转让,但经出质人与质权人协商同意的可以转让。出质人转让股票所得的价款应当向质权人提前清偿所担保的债权或者向与质权人约定的第三人提存。以有限责任公司的股份出质的,适用公司法股份转让的有关规定。质押合同自股份出质记载于股东名册之日起生效。

以依法可以转让的商标专用权,专利权、著作权中的财产权出质的,出质人与质权人应当订立书面合同,并向其管理部门办理出质登记。质押合同自登记之日起生效。

### 6.2.4　留置担保

**1. 留置的概念和法律特征**

留置,是指债权人按照合同约定占有债务人的动产,债务人不按照合同约定的期限履行债务的,债权人有权依照《担保法》规定留置该财产,以该财产折价或者以拍卖、变卖该财产的价款优先受偿。在留置的法律关系中,债权人称为留置权人,留置权人所享有的留置该财产并优先受偿的权利称为留置权,被留置的财产称为留置物。

留置担保的范围包括主债权及利息、违约金、损害赔偿金,留置物保管费用和实现留置权的费用。当事人可以在合同中约定不得留置的物。留置具有以下法律特征:

(1)留置权是他物权

留置权是债权人对他人所拥有的财产的权利,而不是对自己的财产的权利,当事人在自己的财产上不能设立留置权。

(2)留置权是法定的担保物权

留置权是一种法定的权利,不论债权人和债务人是否有约定,留置权是债权人依照法律的规定而直接享有的权利,可以直接支配留置物。

(3)留置权具有不可分性

《最高人民法院关于适用〈担保法〉若干问题的解释》第110条规定,留置权人在债权未受全部清偿前,留置物为不可分物的,留置权人可以就其留置物的全部行使留置权。留置权的不可分性表现在留置权所担保的,是债权的全部而不是部分。即留置权人在债权未受清偿前,可以就留置物的全部行使留置。即使留置的财产为可分物,留置物的价值应相对于债务的金额。

**2. 留置权的实现与消灭**

债权人与债务人应当在合同中约定,债权人留置财产后,债务人应当在不少于2个月的期限内履行债务。债权人与债务人在合同中未约定的,债权人留置债务人财产后,应当确定2个月以上的期限,通知债务人在该期限内履行债务。

债务人逾期仍不履行的,债权人可以与债务人协议以留置物折价,也可以依法拍卖、变卖留置物。

留置物折价或者拍卖、变卖后,其价款超过债权数额的部分归债务人所有,不足部分由债务人清偿。

留置权因下列原因消灭:①债权消灭的;②债务人另行提供担保并被债权人接受的。

### 6.2.5　定金担保

**1. 定金的概念和法律特征**

定金,是指合同当事人为了确保合同的履行,依照法律的规定或者合同的约定,由当事人一方在合同订立时或者订立后、履行前,按合同标的额的一定比例预先向对方支付一定数额的金钱。

定金具有以下法律特征:

(1)定金一般为金钱担保

定金担保,给付的一般是一定数量的金钱。其担保性一般体现在对定金罚则的规定上,即给付定金的一方不履行约定的债务的，无权要求返还定金；收受定金的一方，不履行约定的债务的，应当双倍返还定金。

（2）定金具有预先给付性

定金的预先给付性是保证、抵押、留置三种担保形式所不具备的属性。如果合同得以正常履行，定金可以作为合同价款的一部分。

（3）定金是双方当事人的担保，并对双方都有保护作用

担保物权可以由当事人之外的第三人提供担保，而定金只能由合同的一方当事人给付另一方当事人，双方都享有担保的权利，又都负有担保的义务，即给付一方不履行担保债务的，无权收回定金，收受定金一方不履行合同的，依法双倍返还定金，定金担保对双方都具有保护作用。

**2. 定金合同的成立**

定金合同应当以书面形式约定。当事人在定金合同中应当约定交付定金的期限。定金合同从实际交付定金之日起生效。

定金的数额由当事人约定，但不得超过主合同标的额的20%。

# 6.3　工程担保

## 6.3.1　工程担保的概念

工程担保是指担保人（银行、担保公司、保险公司、其他金融机构、商业团体、同业）应工程合同一方（即被担保人或称委托人）的要求向另一方（即权利人或称受益人）做出书面承诺，保证如果被担保人无法完成其与权利人签订的合同中规定应由被担保人履行的义务，则由担保人代为履约或做出其他形式的补偿。

在建设工程中，保证是最常用的一种担保方式。工程保证担保引入保证人作为第三方，对建设工程中一系列合同的履行进行监督并对违约承担责任，是一种促使参与工程建设各方守信履约的风险管理机制。业主、承包商、保证人三者之间形成保证担保关系。业主和承包商是合同的主体，在不同的担保品种下，设定一方为被保证人，另一方为权利人（受益人），在被保证人不履行合同义务给权利人造成损失的情况下，权利人可以要求保证人承担保证责任。

## 6.3.2　工程担保的起源和发展

工程担保最早起源于美国，首先出现的是以个人身份为其他人的责任、义务或债务提供的个人担保。为了解决个人担保存在的局限性，1894年，美国国会通过了"赫德法案"，要求所有的公共工程必须事先取得工程担保，并以专业担保公司取代个人信用担保。这表明，公共工程担保制度得到美国联邦政府的正式确认。1908年，美国保证业联合会成立。1909年，托尔保费制定局成立。直到1947年，托尔保费制定局一直为美国保证业联合会会员公司制定费率，后来该局并入美国保证业联合会。美国国会又于1935年通过了"米勒法案"，要求签订新建、改建、修复10万美元以上的联邦政府工程合同的同时，承包商必须提供全额的履约保证以及付款保证。同时，"米勒法案"还规定，担保公司的营业资格交由美国财政部负

责，财政部将每年公布资质合格的担保公司名单。到了1942年，美国又有许多州议会通过了"小米勒法案"，这些法案规定，凡州政府投资兴建的公共工程项目需事先取得工程担保。从此，公共工程保证担保制度开始广泛实行。

除了美国有关法律规定之外，日本《建设业法》在"合同的保证"中规定了预付款保证，德国的《建筑工程合同管理条例》第17条是关于工程担保的内容；《世界银行贷款项目招标文件范本》、国际咨询工程师联合会《施工合同条件》、英国土木工程师协会《新工程合同条件》、美国建筑师协会《建筑工程标准合同》都针对工程担保进行了具体规定。

我国工程保证担保的发展从20世纪80年代开始，中建系统的建筑工程公司在承接一些海外项目或是世界银行贷款的项目时，才真正接触和面对这一国际通用的惯例——工程保证担保。1992年，原建设部参与主办中国新闻文化促进会发起的"中国质量万里行"活动。1995年10月1日，我国制定并颁布了《担保法》。1996年国务院颁布《质量振兴纲要》，吸收了"质量万里行"的重要研究成果，改变用计划经济手段抓质量保证监督机制。1997年11月，原建设部组织中国建筑业风险管理考察团赴美国访问。考察团回国后即向原建设部党组提交了考察报告，并翻译了大量美国工程保证担保制度的有关资料，认为借鉴美国工程保证担保制度，对于推动我国质量保证监督机制的建立，具有很大意义。1998年5月，原建设部发出"关于一九九八年建设事业体制改工作要点"的文件，明确提出"逐步建立健全工程索赔制度和担保制度"；"在有条件的城市，可以选择一些有条件的建设项目，进行工程质量保证担保的试点"。2004年8月原建设部发布了《关于在房地产开发项目中推行工程建设合同担保的若干规定（试行）》（建市〔2004〕137号），为工程担保提供了法规支持。原建设部副部长黄卫在出席"2005年中国工程担保论坛"时表示，原建设部将采取措施建立和推广工程担保制度，旨在控制工程风险，保证工程质量，遏制拖欠工程款和农民工工资，减少或避免工程建设安全事故。

工程保证担保制度是一种国际惯例，是一种维护建筑市场秩序，促使建设各方守信履约，实现公开、公平、公正的风险管理机制。世界上许多国家都把工程保证担保作为工程建设管理的有效措施。

## 6.3.3　工程担保的主要类型

国际工程担保的主要类型有：

**1. 投标担保**

投标担保，是投标人在投标报价前或同时向业主提交投标保证金或投标保函等，保证一旦中标，即签约承包工程。投标担保金额一般为标价总额的1%～2%，小额合同可按3%计算，在报价最低的投标人有可能撤回投标的情况下可高达5%。投标担保一般有三种做法：

一是由银行提供投标保函，一旦投标人在投标有效期内（一般是指招标文件中规定的投标截止之日后的一定期限）撤销投标，或者中标人在规定时间内不能或拒绝提供履约担保，或者中标人拒绝在规定时间内与业主签订合同的，银行将按照担保合同的约定对业主进行赔偿。

二是在投标报价前，由担保人出具担保书，保证投标人不会中途撤销投标，并在中标后与业主签约承包工程。一旦投标人违约，担保人应支付业主一定的赔偿金。赔偿金为该标与次低标之间的报价差额，同时由次低标成为中标人。

三是投标人直接向业主交纳投标保证金。保证金可以是质押现金，也可以是支票。如果投标人违约，业主将没收投标保证金。

实行投标担保，由于投标人一旦撤回投标或中标后不与业主签约，须承担业主的经济损失，因而可促使投标人认真对待投标报价，防止轻率投标。同时，担保人为投标人提供担保前，会严格审查其承包能力、资信状况等，这就限制了不合格的承包商参加投标活动。

**2. 履约担保**

履约担保，是担保人为保障承包商履行工程合同所作的一种承诺，其有效期通常截止为承包商完成工程施工和工程缺陷修复之日起一段时间。中标人收到中标通知书后，须在规定时间内签署合同协议书，连同履约担保一并送交业主，然后再与业主正式签订承包合同。履约担保一般有三种方式：

第一种方式是由银行提供履约保函，一旦承包商不能履行合同，银行要按照合同约定对业主进行赔偿。

第二种方式是由担保人提供担保书，一旦承包商不能履行合同，担保人将承担担保责任。具体方式有三：一是向该承包商提供资金及技术援助，使其能继续履行合同；二是由担保人直接接管该工程或另觅经业主同意的其他承包商完成合同的剩余部分，业主只按原合同支付工程款；三是担保人按合同约定，对业主蒙受的损失进行补偿。

第三种方式是中标人可按照招标文件的规定，向业主交纳履约保证金（可以是质押现金，也可以是支票或银行汇票）。当承包商履约后，业主即退还保证金；若中途毁约，业主则没收保证金。

银行履约保函一般只担保合同价的 10% ~ 25%，但美国规定联邦政府工程的履约担保必须担保合同价的全部金额。由承包商提供履约保证金的做法，优点是操作简便，缺点是承包商的一笔现金被冻结，不利于资金周转。如一项 1 亿元的工程，履约保证金按 10% 计算，则承包商将有 1 000 万元的流动资金被冻结。通过履约担保，使承包商认真履行合同，保障业主的合法权益。

**3. 业主支付担保**

业主支付担保，即业主通过担保人为其提供担保，保证将按照合同约定如期向承包商支付工程款。如果业主违约，将由担保人代其向承包商履行支付责任。这实质上是业主的履约担保（因业主履约主要是支付工程款）。实行业主支付担保，可以有效地防止拖欠工程款。

**4. 付款担保**

一些国家要求承包商提供付款担保，即由担保人担保承包商将按时支付工人工资和分包商、材料设备供应商的费用。付款担保一般附于履约担保之内，也可以作专门的规定。实行付款担保，可以使业主避免不必要的法律纠纷和管理负担。因为，一旦承包商没有按时付款，债权人有权起诉，则业主的工程及其财产很可能会受到法院的扣押。

**5. 保修担保**

保修担保也称质量担保，是担保人为保障工程缺陷责任期内出现质量缺陷时，承包商应当负责维修而提供的担保。保修担保可以包含在履约担保之内，也可以单独列出，并在工程完成后替换履约担保。

实行保修担保，可以促使承包商加强全面质量管理，尽量避免质量缺陷的出现。

**6. 预付款担保**

一些工程的业主往往先支付一定数额的工程款供承包商周转使用。为了防止承包商挪作他用、携款潜逃或宣布破产，需要担保人为承包商提供同等数额的预付款担保，或提交银行保函。随着业主按照工程进度支付工程价款并逐步扣回预付款，预付款担保责任随之减少直至消失。预付款担保金额一般为工程合同价的 10% ~ 30%。

**7. 分包担保**

当工程存在总包分包关系时，总承包商要为各分包商的工作承担连带责任。总承包商为了保护自身的权益不受损害，往往要求分包商通过担保人为其提供担保，以防止分包商违约。

**8. 差额担保**

如果某项工程的中标价格低于标底 10% 以上，业主往往要求承包商通过担保人对中标价格与标底之间的差额部分提供担保，以保证按此价格承包工程不致造成质量的降低。

**9. 保留金担保**

保留金担保，即业主按月给承包商发放工程款时，要扣一定比例作为保留金，以便在工程不符合质量要求时用于返工。预扣保留金的比例及限额通常在工程合同中约定，一般从每月验工计价中扣 10%，以合同价的 5% 为累计上限。在签发工程验收证书时，咨询工程师将向承包商发还一半的保留金；在工程缺陷责任期届满后，再发还其全部余额。承包商也可以通过担保人提供保留金担保，换回在押的全部保留金。

上述各担保形式，担保人均可要求被担保人提供反担保，被担保人对担保人为其向债权人支付的任何赔偿，均承担返还义务。由于担保人的风险很大（所提供的担保金额高，而收取的担保费不足 2%），担保人为防止向债权人赔付后，不能从被担保人处获得补偿，可以要求被担保人以其自有资产、银行存款、有价证券或通过其他担保人等提交反担保，作为担保人出具担保的条件。一旦发生代为赔付的情况，担保人可以通过反担保追偿赔付。

## 6.3.4　国际工程担保的主要模式

**1. 银行保函模式**

由银行充当担保人，出具银行保函。银行保函是银行向权利人签发的信用证明。若被担保人因故违约，银行将付给权利人一定数额的赔偿金。银行保函是欧洲传统的担保模式，现已被大多数国家所采用。

银行保函根据担保责任的不同，又分为投标保函、履约保函、维修保函、预付款保函等。履约保函有两种类型：一种是无条件履约保函，亦称"见索即付"，即无论业主何时提出声明，认为承包商违约，只要其提出的索赔日期、金额在保函有效期和担保限额内，银行就要无条件地支付赔偿；另一种是有条件履约保函，即银行在支付赔偿前，业主必须提供承包商确未履行义务的证据。世界银行招标文件、FIDIC 合同文件中提供的银行履约保函格式，都是采用无条件履约保函的形式。

银行对承包商的资格审查往往限于财务状况，而其他担保人还要对承包商的技术水平和管理能力作核查。一旦证实承包商违约，开具履约担保书的担保人要确保业主能按照合同最终完成工程项目的建设，而出具履约保函的银行仅给予业主一定数额的赔偿，其善后工作要由业主承担。此外，如果采用银行保函，银行将对承包商的贷款规模加以限制。

**2. 保证保险公司或专门的担保公司担保模式**

由保证保险公司或专门的担保公司充当担保人,开具担保书。美国是这种"美式担保"的主要国家。在美国,法律规定银行不能提供担保,90%以上的工程担保由保证保险公司(保险公司有3 000多家,大多设有担保部)承担;保证保险公司和专门的担保公司都由财政部批准。专门的担保公司一般规模都不大,按资金实力实行分等级担保。

**3. 同业担保模式**

由一家具有同等或更高资信水平的承包商作为担保人,或者由母公司为其子公司提供担保。如日本的《建设业法》规定:发包人在建设工程承包合同中,如果工程价款全部或部分以预付款形式支付,可要求建设业者在预付款支付之前提供保证人担保。保证人必须具备下列条件之一:1)建设业者不履行义务时承担支付延误利息、违约金及其他经济损失的保证人;2)保证代替建设业者由自己完成该工程的其他建设业者。

**4. "信托基金"模式**

即业主将一笔信托基金交受托人保存,并签订信托合同。若业主因故不能支付工程款,则承包商可从受托人那里得到相应的损失赔偿。《新工程合同条件》规定了信托基金模式。

## 6.3.5　工程担保的保额要求

工程保证担保对保额的要求,通常分为高保额和低保额两种。

保额的高低一般和保函类型有关,低保额地区往往是无条件保函流行的地区,而高保额地区则流行有条件保函。

美国实行的是高保额,比如履约担保和付款担保都是100%,加拿大和墨西哥的担保制度与美国的相似,加拿大的履约担保达到50%,墨西哥的预付款担保也达到了20%～50%。欧洲国家则普遍采取低保额要求,法国和德国均采用5%的履约保函,英国、西班牙以及意大利等国家的投标担保和履约担保一般也不超过5%(意大利的履约担保为10%)。澳大利亚的担保市场主要以私人投资项目为主,5%～10%的无条件履约保函是主要的担保品种,不过市场正在开始接受100%的美式有条件保函。日本和韩国也正在将履约保函的保额提高至30%～40%。

───────────── 重点与难点 ─────────────

重点:

1. 担保的概念及法律特征。

2. 保证的概念和法律特征。

3. 一般保证。

4. 按份共同保证。

5. 连带共同保证。

6. 抵押的概念和法律特征。

7. 质押的概念和法律特征。

8. 留置的概念和法律特征。

9. 定金的概念和法律特征。

10. 工程担保的概念。

难点：

1. 连带责任保证。

2. 先诉抗辩权。

3. 反担保的概念与法律性质。

4. 出质人、质权人、质物。

## 思考与练习

1. 如何办理抵押登记？为什么要办理抵押登记？

2. 保证责任的免除主要有哪些原因？

3. 同一债权，既有物的担保，又有人的担保，如何适用？

4. 工程担保的主要类型有哪些？

5. 无效担保合同有哪几种情形？

6. 关于保证的期间，有约定的按照约定，保证合同没有约定保证期间的，其期间应为主合同债务履行届满之日起( )。

A. 2个月　　　　B. 4个月　　　　C. 6个月　　　　D. 1年

7. 王某与甲房地产开发公司签订一购房合同，房屋总价款为300万元，并交付定金75万元。如甲房地产开发公司不能再履行合同，则应返还王某( )万元。

A. 75　　　　B. 120　　　　C. 135　　　　D. 150

8. 定金与违约金的区别是什么？

9. 定金与预付款的区别是什么？

10. 借款合同抵押担保案例

A房地产开发公司与B公司共同出资设立了注册资本为80万元人民币的C有限责任公司。A的协议出资额为70万元，但未到位；B的出资额为10万元人民币，已经到位。C公司成立后与D银行签订了一个借款合同，借款额为50万元人民币，期限为1年，利息5万元。该借款合同由E公司作为担保人，E公司将其一处评估价为80万元的土地使用权抵押给了D银行。C公司在经营中亏损，借款到期后无力还款。

问题：

(1) D银行能否要求A公司承担还款责任，为什么？

(2) D银行能否要求B公司承担还款责任，为什么？

(3) D银行能否要求C公司承担还款责任，为什么？

(4) D银行能否要求E公司承担还款责任，为什么？

(5) 抵押物折价或者拍卖、变卖后，其价款超过债权数额的部分归谁所有，不足部分由谁清偿？

11. 上网查找一个履约担保索赔案例。

# 第 7 章
# 工程保险法律制度

## 7.1　保险概述

### 7.1.1　保险的概念和法律特征

**1. 保险的概念**

保险是指投保人根据合同约定，向保险人支付保险费，保险人对于合同约定的可能发生的事故因其发生所造成的财产损失承担赔偿保险金责任，或者当被保险人死亡、伤残、疾病或者达到合同约定的年龄、期限等条件时承担给付保险金责任的商业保险行为。

**2. 保险的法律特征**

从法律的角度来讲，保险是一种合同行为。按照合同的约定或者法律的规定，投保人向保险人缴纳保险费，以此获得损失发生时要求保险人赔偿的权利；保险人接受保险费后则承担按规定赔偿被保险人的损失或者给付保险金的责任。保险作为一种风险补偿制度，具有以下法律特征：

（1）经济性

保险是一种经济保障活动，是一个国家整个国民经济活动的一个有机组成部分。保险人和投保人之间的等价交换关系体现了保险的经济性。

（2）互助性

保险是一种经济互助行为，即通过聚集多数人的力量来分担少数人所不能承担的自然灾害或者意外事故造成的风险。

（3）补偿性

保险不可能消灭危险，但却可以在未来发生保险事故后，由保险人对事故的损失进行补偿。保险的这个特征在财产保险和人身保险中有着明显的区别，在财产保险中就是对损失按照赔偿原则进行经济补偿，而在人身保险中则是按照约定的金额进行给付。

（4）储蓄性

这主要体现在人身保险中。储蓄型保险是把保险功能和储蓄功能相结合，如目前常见的两全寿险、养老金、教育金保险，除了基本的保障功能外，还有储蓄功能，如果在保险期内不出事，在约定时间，保险公司会返还一笔钱给保险收益人。

## 7.1.2　保险的分类

随着社会的发展与进步,保险领域也在不断地扩大,市场上出现了各种各样的保险险种。要认识这些种类繁多的险种并非易事,因此,人们对保险进行了划分和归类。下面介绍几种常用的划分标准及保险种类。

**1. 按保险的性质分类**

按照保险性质的不同,保险可以分为商业保险、社会保险和政策保险。

(1)商业保险

商业保险是一种以营利为目的的保险形式,是指由投保人向保险公司支付一定的保险费,保险公司对于合同约定的可能发生的事故造成的财产损失承担赔偿责任,或当被保险人死亡、伤残、疾病,或者达到约定年龄、期限时给付保险金额的一种保险行为。商业保险是一种经营行为,保险业经营者以追求利润为目的,独立核算、自主经营、自负盈亏,并且依照平等自愿的原则,是否建立保险关系完全由投保人自主决定。它主要表现为"多投多保,少投少保"的等价交换关系。保险人所承担的风险越大,所收取的保险费也越多。

(2)社会保险

社会保险是指国家通过立法强制实行的,由劳动者、企业(雇主)或社区、以及国家三方共同筹资,建立保险基金,对劳动者因年老、工伤、疾病、生育、残废、失业、死亡等原因丧失劳动能力或暂时失去工作时,给予劳动者本人或供养直系亲属物质帮助的一种社会保障制度。它具有保障劳动者基本生活、维护社会安定和促进经济发展的作用。社会保险是国家强制实行的社会保障制度,被保险人有永久获得保障的权利。政府对保险债务负最后的责任,发生亏损由国家财政拨款弥补。

(3)政策保险

为了体现一定的国家政策,如产业政策、国际贸易政策等,国家通常会以国家财政为后盾,举办一些不以营利为目的的保险,由国家投资设立的公司经营,或由国家委托商业保险公司代办。这些保险所承保的风险一般损失程度较高,但出于种种考虑而收取较低保费,若经营者发生经营亏损,将由国家财政给予补偿。这类保险被称为"政策性保险",包括出口信用保险、农业保险、存款保险等。

**2. 按实施方式分类**

根据实施方式的不同,保险可以分为强制保险和自愿保险。

(1)强制保险

强制保险又称法定保险,是由国家颁布有关的法令、法规强制被保险人参加的保险。强制保险是无论双方当事人是否愿意,也无须投保人和保险人签订保险单的一种保险形式。国家之所以设立强制保险,一方面是为了保障社会公众的利益,另一方面是为了他人人身财产的安全。例如,我国的工伤保险就是强制保险。

(2)自愿保险

自愿保险又称任意保险,是在投保人和保险人自愿协商的基础上通过签订保险合同而实施的一种保险形式。在自愿保险的保险关系中,投保人可以自由的决定是否投保、向谁投保、中途退保以及选择保障期限、保障范围和保障程度。保险人也可以自愿决定是否承保、怎样承保以及自由地选择保险标的、设定保险条件等。

**3. 按保险的标的分类**

根据保险标的的不同，保险可以分为财产保险和人身保险。

（1）财产保险

财产保险是以被保险人的财产及相关利益为保险标的的一种保险，在保险期间保险人承担保险标的由于自然灾害和意外事故而遭受的经济损失。财产保险包括财产损失保险、责任保险、信用保险、保证保险等保险业务。

财产损失保险是指狭义的财产保险，是指以各种有形财产及其相关利益为保险标的的财产保险。

责任保险指保险人承保被保险人的民事损害赔偿责任的险种，主要有公众责任保险、第三者责任险、产品责任保险、雇主责任保险、职业责任保险等险种。

信用保险是指债权人要求保险人担保被保证人信用的保险。投保人是债权人，也是受益人。保险标的是被保证人的信用风险。信用保险只有债权人和保险人两方当事人。

保证保险则是债务人根据债权人的请求，要求保险人担保自己信用的保险。投保人是债务人，而受益人是债权人。保险标的是投保人自己的信用风险。保证保险有债务人、债权人及保险人三方当事人。

（2）人身保险

人身保险是以人的寿命和身体为保险标的的保险。在保险期间，若被保险人发生了疾病、伤残、死亡等事故或者达到了保险合同约定的年龄、期限，保险人依照合同的约定对被保险人给付保险金。人身保险包括人寿保险、健康保险、意外伤害保险等保险。

**4. 按风险转移的方式分类**

按照风险转移的方式可以把保险分为原保险、再保险、共同保险和重复保险。

（1）原保险

原保险是指投保人与保险人直接签订保险合同而建立保险关系的一种保险形式。在原保险关系中，投保人将风险转移给保险人，当保险标的遭受保险责任范围内的损失时，保险人直接对被保险人承担损失赔偿责任。

（2）再保险

再保险是指保险人将所承保的保险业务的一部分或者全部转移给其他保险人的一种保险形式，也就是保险的保险，因此，再保险也称之为"分保"。再保险适用于那些巨额资金或者巨灾风险的承保，可以为保险人分散风险。

（3）共同保险

共同保险是指多个保险人就同一标的、同一保险利益、同一风险共同缔结保险合同，且保险金额不得超过保险标的价值的一种保险形式。

共同保险与再保险的区别在于：共同保险中，投保人与各个保险人共同签订一份保险合同，风险责任的分摊是横向的；再保险中，投保人与原保险人签订一份保险合同，原保险人与再保险人签订一份保险合同，风险责任的分摊是纵向的。

（4）重复保险

重复保险是指投保人以同一标的、同一保险利益同时向两个或者两个以上的保险人签订保险合同，且保险期间相同或时间上有交叉，保险金额总和超过保险标的的价值的一种保险形式。

重复保险的投保人应当将重复保险的有关情况通知各保险人。

重复保险的各保险人赔偿保险金的总和不得超过保险价值。除合同另有约定外,各保险人按照其保险金额与保险金额总和的比例承担赔偿保险金的责任。

重复保险的投保人可以就保险金额总和超过保险价值的部分,请求各保险人按比例返还保险费。

共同保险与重复保险的区别是:在共同保险中,各保险人联合起来共同承保,投保人和保险人之间签订的是一份保险合同,其赔偿金额一般不会超过保险价值;在重复保险中,投保人与各个保险人均签订了一份保险合同,其赔偿金额一般都会超过保险价值。

## 7.2　保险合同

### 7.2.1　保险合同概述

#### 1.保险合同的概念

《保险法》第 10 条规定,保险合同是投保人与保险人约定保险权利义务关系的协议。投保人是指与保险人订立保险合同,并按照合同约定负有支付保险费义务的人。保险人是指与投保人订立保险合同,并按照合同约定承担赔偿或者给付保险金责任的保险公司。保险合同的当事人是投保人与保险人,投保人向保险人缴纳约定金额的保险费,当合同中约定的保险事故发生并造成保险标的损失时,保险人向被保险人支付赔偿金额,或者当被保险人疾病、伤残、死亡或者达到了合同约定的年龄、期限,保险人对被保险人按照合同的约定给付约定的保险金。保险合同属于民商合同中的一种,因此,保险合同不仅适用于《保险法》,也适用于《合同法》和《民法通则》。

#### 2.保险合同的法律特征

保险合同作为一种特殊的合同,除了具有一般合同共有的法律特征外,还有自身特有的特征:

(1)保险合同是射幸合同

射幸,就是偶然、不确定的意思。射幸合同是指当事人在签订合同时不能确定各自的利益或者结果的协议。在保险合同的有效期内,如果合同约定的保险事故发生并造成了标的物的损失,保险人就必须承担赔偿或者给付保险金的义务,且支付的赔偿金额可能远远超出其收到的保险费;若无损失发生,保险人只收取保险费,而不承担赔偿或者给付的义务。而被保险人则恰好相反,当保险事故发生并造成标的物损失时,他所得到的赔偿金额可能远远大于支付的保险费;若保险事故不发生,他得不到任何赔偿。这就是保险合同的射幸性。

(2)保险合同是双务合同

合同有单务合同和双务合同之分。单务合同是指一方当事人只享有权利而不尽义务,另一方当事人只负义务而不享有权利的合同,如赠与合同。双务合同是指合同当事人双方都享有权利,同时也都承担义务的合同。保险合同是典型的双务合同,投保人承担着缴纳保险费的义务,也享有着当不确定风险事故发生时的经济赔偿权利;保险人享有收取保险费的权利,同时承担着保险事故发生时给付赔偿金的义务。

(3)保险合同是有偿合同

有偿合同是指当事人双方任何一方在享受权利的同时负有以一定对等价值的给付义务的合同。保险合同双方当事人在合同中享有的权利，是基于一定的代价而得来的，所以保险合同是有偿合同。

（4）保险合同是附和性合同

合同的条款事先由当事人一方拟定，另一方只有接受或者不接受该条款的选择，不能对该条款进行修改或者变更，这类合同称为附和性合同。保险合同是附和性合同。保险合同的基本条款和费率通常都是由国家保险监管机构制定或由保险人事先拟定，投保人只能同意接受或者拒绝接受，一般没有修改合同内容的权利。即使投保人想要变更某项合同条款，也只能采纳保险人事先准备的附加条款。

（5）保险合同是最大诚信合同

任何合同的订立和履行都应该遵守诚实信用的原则。但是，由于保险信息的不对称性，保险合同对于诚信的要求远远高于其他合同。《保险法》第 5 条规定，保险活动当事人行使权利、履行义务应当遵循诚实信用原则。最大诚信原则是保险的基本原则。

**3. 保险合同的形式**

保险合同通常采用书面的形式。书面形式的保险合同主要包括投保单、保险单、暂保单、保险凭证、批单等。

（1）投保单

投保单又称要保书，是指投保人向保险人申请订立保险合同的书面要约。投保单由保险人制作，其内容格式有统一的要求，投保人只需按所列项目逐一填写即可。当保险人接受投保单并正式盖章后，保险合同即告成立。

（2）保险单

保险单也就是我们通常所说的书面保险合同，是保险合同的一种正式书面凭证。它列明了保险合同的全部内容，明确了双方当事人的权利义务关系，是保险合同中最重要的书面形式。

（3）暂保单

暂保单又称临时保单，是指保险人在签发正式保险单之前，出具给投保人的一种临时保险凭证，其法律效力和正式保险单相同。在订立保险合同时并不是必须出具暂保单，即它并不是必经的程序，暂保单一般在以下情况下使用：

1）保险代理人招揽到保险业务但未向保险人办妥保险单之前，可以先出具暂保单给投保人，以证明保险合同已经成立。

2）保险公司的分支机构在接受投保人的要约后，还未得到总公司的批准前可以先出具暂保单，证明保险合同的成立。

3）投保人和保险人在洽谈或者续订保险合同时，双方对主要条款已达成一致，但还没有完全谈妥前，可以先出具暂保单，作为保险合同成立的证明。

4）出口贸易结汇时，在正式保单或者保险凭证还未出具之前，可以先立暂保单，以证明出口货物已办理保险，作为办理结汇凭证之一。暂保单的有效期一般为 30 天。

（4）保险凭证

保险凭证又称小保单，是保险人签发给投保人的一种书面凭证，只是它的条款比较简单，但与保险单具有相同的法律效力。保险凭证中通常只记载双方当事人所约定的主要内容，一般只在货物运输保险、汽车险及第三者责任险中使用。

（5）批单

批单是合同双方当事人对保险单的某些内容进行修改和变更的一种证明文件。批单不仅可以修改原保险单上的内容，也可以修改原有批单的内容。凡以批单修改过的内容，均以批单内容为准。

（6）其他书面形式

除以上几种主要的书面形式以外，保险合同还可以采取其他的书面形式，如保险协议书、电报等。《保险法》第 13 条规定，当事人也可以约定采用其他形式载明合同内容。

## 7.2.2　保险合同的要素

同其他经济合同一样，保险合同也是由主体、客体和内容这三个不可或缺的要素组成。

**1. 保险合同的主体**

保险合同的主体包括合同的当事人、关系人和辅助人。当事人是指直接签订合同的人，如投保人、保险人；关系人是指不直接参与订立合同，但在合同规定中享有权利义务关系的人，如被保险人、受益人，但当投保人与被保险人是同一人时，被保险人也是合同的当事人；辅助人是指在合同订立和履行过程中起辅助作用的人，如保险代理人、保险经纪人、保险公估人。

（1）保险合同的当事人

1）投保人。

投保人是指与保险人订立保险合同，并按照合同约定负有支付保险费义务的人。投保人可以是自然人，也可以是法人。投保人应该具备以下三个条件：投保人应该是具有民事权利能力和民事行为能力的人；投保人须对保险标的具有保险利益；投保人应该按合同的约定支付保险费。

2）保险人。

保险人是指与投保人订立保险合同，并按照合同约定承担赔偿或者给付保险金责任的保险公司。作为保险合同的当事人，保险人应当具备以下条件：保险人必须是依法成立的保险公司，有国有独资公司和股份有限公司两种形式；保险公司须以自己的名义订立合同；当保险事故发生时，保险人须按照合同的约定承担赔偿或给付责任。

（2）保险合同的关系人

1）被保险人。

被保险人是指其财产或者人身受保险合同保障，享有保险金请求权的人。投保人可以为被保险人。当投保人为自己的利益投保时，投保人、被保险人为同一人。当投保人为他人的利益投保时，应该遵守以下的规定：被保险人应该是投保人在保险合同中指定的人；投保人要征得被保险人的同意；投保人不得为无民事行为能力的人投保以死亡为给付保险金条件的人身保险，但父母为未成年子女投保的人身保险除外，只是死亡给付保险金的总和不得超过保险监督管理部门的规定。

2）受益人。

受益人是指人身保险合同中由被保险人或者投保人指定的享有保险金请求权的人。投保人、被保险人可以为受益人。在财产保险合同中，对受益人没有专门规定，这是因为财产保险合同中的被保险人通常就是受益人。人身保险合同中的受益人应该具备以下两个条件：①受益人应由被保险人或者投保人指定，并在保险合同中明确说明。若由投保人指定受益人，须经被保险人同意方能生效。受益人可以是自然人，也可以是法人。若是指定胎儿为受益人，则必须以出生存活为必要条件。②受益人必须是享有保险金请求权的人。在人身保险合同中，若被保险人与受益人不是同一个人，保险事故发生后，如果被保险人死亡，则受益人就能从保险人处得到保险金赔偿；否则，不能得到保险金。如合同中指定的受益人为一人，则由此人行使保险金的请求权并得到全部的保险金；若受益人是数人，则保险金的请求权由这几个人共同行使，受益顺序和受益份额按照合同中约定，如果没有约定，则各受益人按照相等的份额享有受益权。

（3）保险合同的辅助人

1）保险代理人。

《保险法》第 117 条规定，保险代理人是根据保险人的委托，向投保人收取佣金，并在保险人授权的范围内代为办理保险业务的机构或者个人。根据中国保险监督管理委员会 2013 年 4 月 27 日颁布的《保险专业代理机构监管规定》第 5 条，除中国保险监督管理委员会另有规定外，保险专业代理机构应当采取下列组织形式：①有限责任公司；②股份有限公司。

2）保险经纪人。

《保险法》第 118 条规定，保险经纪人是基于投保人的利益，为投保人与保险人订立保险合同提供中介服务，并依法收取佣金的机构。依据中国保险监督管理委员会 2013 年 4 月 27 日颁布的《保险经纪机构监管规定》第 6 条规定，除中国保险监督管理委员会另有规定外，保险经纪机构应当采取下列组织形式：①有限责任公司；② 股份有限公司。

保险代理机构、保险经纪人应当具备国务院保险监督管理机构规定的条件，取得保险监督管理机构颁发的经营保险代理业务许可证、保险经纪业务许可证。

3）保险公估人。

保险公估人是指以第三者的立场，接受委托，专门从事保险标的或者保险事故评估、勘验、鉴定、估损理算等业务，并按约定收取报酬的机构。根据中国保险监督管理委员会 2013 年 9 月 29 日颁布的《保险公估机构监管规定》第 7 条，保险公估机构应当采取下列组织形式：①有限责任公司；②股份有限公司；③合伙企业。

**2. 保险合同的客体**

保险合同的客体是投保人或者被保险人对于保险标的的保险利益。保险利益是指投保人或者被保险人对保险标的具有的法律上承认的利益。保险合同的签订并不能保证保险标的不发生损失，只是在保险事故发生时，被保险人或者受益人可以得到经济补偿，所以保险合同真正保障的是被保险人对于保险标的所具有的保险利益。因此，在签订保险合同的时候，必须保证投保人对于保险标的具有保险利益，否则，保险合同无效；财产保险的被保险人在保险事故发生时，保险标的应当具有保险利益。

**3. 保险合同的内容**

《保险法》第 18 条规定，保险合同应当包括下列事项：

1）保险人的名称和住所。

2）投保人、被保险人的姓名或者名称、住所，以及人身保险的受益人的姓名或者名称、住所。

3）保险标的。

4）保险责任和责任免除。

5）保险期间和保险责任开始时间。

6）保险金额。

7）保险费以及支付办法。

8）保险金赔偿或者给付办法。

9）违约责任和争议处理。

10）订立合同的年、月、日。

投保人和保险人可以约定与保险有关的其他事项。

### 7.2.3　保险合同的订立、生效和履行

**1. 保险合同的订立**

保险合同的订立是投保人和保险人之间基于意思表示一致而产生的法律行为。保险合同的订立和一般合同一样，需要经历要约和承诺两个阶段，只是保险合同的要约内容要比一般合同更加具体，因为保险风险的不确定性和保险功能的保障性，使得保险合同的内容关系到双方当事人的经济利益。

（1）要约

要约又称"订约提议"，是一方当事人向另一方当事人提出订立合同的意思表示。保险合同的要约通常由投保人提出。投保是投保人向保险人提出保险请求的单方意思表示，属于订立保险合同的要约阶段，投保人是要约人。

（2）承诺

承诺又称"接受订约提议"，是接受要约的意思表示。做出承诺的人为承诺人。保险合同中承诺也叫做承保，通常由保险人或者其代理人做出。当投保人递交填好的投保单后，经保险人或者其代理人审查，符合要求的一般都予以承保。

**2. 保险合同的生效**

保险合同的生效是指保险合同的条款产生法律效力。一般来说，合同一经成立即产生法律效力。但保险合同的成立不一定意味着保险合同的生效。因为保险合同多为附条件合同，以缴纳保险费为合同生效的条件。另外，我国保险实务中普遍实行"零点起保"，所以保险合同往往在成立后的某一时间生效。因此，在保险合同成立后生效前发生的保险事故，保险人不承担承保责任。为了保障投保人的利益，投保人和保险人可以在保险合同中约定，保险合同一经成立就发生法律效力。

**3. 保险合同的履行**

保险合同的履行是指双方当事人必须依法按照合同完成自己义务的行为。

（1）投保人的义务

1）如实告知义务。

如实告知是指在订立合同时，投保人应当将与保险标的有关的重要事实如实地告知保险人。如果投保人没有如实告知保险人，可能发生严重后果，引起合同的纠纷。我国实行的是"询问告知"，投保人只要对保险人的询问如实告知，就履行了如实告知义务。

2）缴纳保险费的义务。

缴纳保险费是投保人的基本义务，也是保险合同生效的必要条件。保险合同成立后，投保人必须按照合同约定的时间、地点及缴纳方式缴纳保险费。如果不按期交付，保险合同可能不会生效，或者保险合同可能被解除。

3）危险增加通知义务。

《保险法》第52条规定，在合同有效期内，保险标的的危险程度显著增加的，被保险人应当按照合同约定及时通知保险人，保险人可以按照合同约定增加保险费或者解除合同。保险人解除合同的，应当将已收取的保险费，按照合同约定扣除自保险责任开始之日起至合同解除之日止应收的部分后，退还投保人。被保险人未履行前款规定的通知义务的，因保险标的的危险程度显著增加而发生的保险事故，保险人不承担赔偿保险金的责任。

4）保险事故发生后的通知义务。

《保险法》第21条规定，投保人、被保险人或者受益人知道保险事故发生后，应当及时通知保险人。故意或者因重大过失未及时通知，致使保险事故的性质、原因、损失程度等难以确定的，保险人对无法确定的部分，不承担赔偿或者给付保险金的责任，但保险人通过其他途径已经及时知道或者应当及时知道保险事故发生的除外。

5）避免损失扩大义务。

《保险法》第57条规定，保险事故发生时，被保险人应当尽力采取必要的措施，防止或者减少损失。保险事故发生后，被保险人为防止或者减少保险标的的损失所支付的必要的、合理的费用，由保险人承担；保险人所承担的费用数额在保险标的损失赔偿金额以外另行计算，最高不超过保险金额的数额。

6）协助义务。

《保险法》第22条规定，保险事故发生后，按照保险合同请求保险人赔偿或者给付保险金时，投保人、被保险人或者受益人应当向保险人提供其所能提供的与确认保险事故的性质、原因、损失程度等有关的证明和资料。保险人按照合同的约定，认为有关的证明和资料不完整的，应当及时一次性通知投保人、被保险人或者受益人补充提供。

（2）保险人的义务

1）条款说明义务。

《保险法》第17条规定，订立保险合同，采用保险人提供的格式条款的，保险人向投保人提供的投保单应当附格式条款，保险人应当向投保人说明合同的内容。对保险合同中免除保险人责任的条款，保险人在订立合同时应当在投保单、保险单或者其他保险凭证上作出足以引起投保人注意的提示，并对该条款的内容以书面或者口头形式向投保人作出明确说明；未作提示或者明确说明的，该条款不产生效力。

2）及时签发保险单证的义务。

保险合同成立后，保险人应当及时向投保人签发保险单或者其他保险凭证。保险单或者其他保险凭证应当载明当事人双方约定的合同内容。及时签发保险单证是保险人的法定义务。

3）承担保险责任的义务。

保险合同生效后，如果保险事故发生，保险人就必须按照合同的约定承担保险责任，履行保险金赔偿或者给付保险金的义务。这是保险人最重要的义务。但是，投保人故意造成被保险人死亡、伤残或者疾病的，保险人不承担给付保险金的责任。投保人已交足2年以上保险费的，保险人应当按照合同约定向其他权利人退还保险单的现金价值；受益人故意造成被保险人死亡、伤残、疾病的，或者故意杀害被保险人未遂的，该受益人丧失受益权。

### 7.2.4　保险合同的变更、解除和终止

**1. 保险合同的变更**

保险合同的变更是指在保险合同成立后，合同双方当事人在合同规定的义务没有履行或者没有完全履行前依法对合同的内容进行的修改或者补充。投保人和保险人可以协商变更合同内容。保险合同变更的，应当由保险人在保险单或者其他保险凭证上批注或者附贴批单，或者由投保人和保险人订立变更的书面协议。保险合同的变更主要包括主体的变更、客体的变更和内容的变更。

（1）主体的变更

保险合同主体的变更主要指保险合同的当事人和关系人的变更，即投保人、保险人、被保险人与受益人的变更。

一般而言，保险合同中的保险人是不会变更的，除非保险公司破产、解散、合并和分立。

当投保人死亡或者因为某些客观因素不能继续缴纳保险费而由其他人代缴时，投保人就发生了变更。

财产保险和个人人身保险的被保险人通常情况下确定之后就不能再变更了，但团体人身意外伤害保险除外，若投保单位发生人员变动，被保险人就可能发生变更。

投保人或者被保险人可以变更受益人，并且需要书面通知保险人。投保人变更受益人需要经过被保险人的同意，但是被保险人变更受益人不需要经过投保人的同意。保险人收到变更受益人的书面通知后，应当在保险单上批注。

（2）客体的变更

保险合同客体的变更主要是因为保险标的的价值发生了变化，从而引起了保险利益的变化。保险合同的变更通常是由投保人或者被保险人提出，保险人同意并加批注后开始生效。保险人往往根据变更后的保险合同的客体调整保险费率。

（3）内容的变更

保险合同内容的变更是指在保险合同主体不变的情况下，改变合同中约定的事项，如保险标的的数量的增减，保险金额、保险价值、保险费率的增减等。保险合同内容的变更须经保险人增加批注或者附贴批单后才能生效。

**2. 保险合同的解除**

保险合同的解除是指在合同成立以后，当事人依据法律的规定或者合同的约定提前终止合同的一种行为。保险合同解除的形式有两种，即法定解除和协议解除。

（1）法定解除

法定解除是指当法律规定的原因出现时，保险合同的一方当事人依法行使解除权，这是法律赋予当事人的一种单方解除权。《保险法》第 15 条规定，除本法另有规定或者保险合同另有约定外，保险合同成立后，投保人可以解除合同，保险人不得解除合同。也就是说，原则上，保险合同成立后投保人可以随意解除合同，但法律或者合同另外规定的除外，如货物运输保险合同和运输工具航程保险合同，保险责任开始后，合同不得解除；或者保险合同中有约定，对投保人的解除权作出限制的，投保人不得随意解除合同。

一般情况下，保险人不得解除合同，但法律另有规定或者合同另有约定的除外。保险人有权解除合同的情况如下：①投保人故意或者因重大过失未履行如实告知义务，足以影响保险人决定是否同意承保或者提高保险费率的，保险人有权解除合同。上述合同解除权，自保险人知道有解除事由之日起，超过30日不行使而消灭。自合同成立之日起超过2年的，或保险人在合同订立时已经知道投保人未如实告知的情况的，保险人不得解除合同；发生保险事故的，保险人应当承担赔偿或者给付保险金的责任。②投保人故意不履行如实告知义务的，保险人对于合同解除前发生的保险事故，不承担赔偿或者给付保险金的责任，并不退还保险费。③投保人因重大过失未履行如实告知义务，对保险事故的发生有严重影响的，保险人对于合同解除前发生的保险事故，不承担赔偿或者给付保险金的责任，但应当退还保险费。

合同约定分期支付保险费，投保人支付首期保险费后，除合同另有约定外，投保人自保险人催告之日起超过30日未支付当期保险费，或者超过约定的期限60日未支付当期保险费的，合同效力中止，或者由保险人按照合同约定的条件减少保险金额。被保险人在上述期限内发生保险事故的，保险人应当按照合同约定给付保险金，但可以扣减欠交的保险费。合同效力依照上述规定中止的，经保险人与投保人协商并达成协议，在投保人补交保险费后，合同效力恢复。但是，自合同效力中止之日起满2年双方未达成协议的，保险人有权解除合同。保险人依照此规定解除合同的，应当按照合同约定退还保险单的现金价值。

（2）协议解除

协议解除又称约定解除，是指合同当事人经过协商后同意解除保险合同的一种行为。保险合同的协议解除应采取书面形式。特别应该注意的是，协议解除不得损害国家和社会的公共利益。在货物运输保险合同和运输工具航程保险合同中，保险责任开始后，当事人也不能协议解除合同。

### 3. 保险合同的终止

保险合同的终止是指由于法定或约定的事由出现，保险合同当事人的权利义务关系消灭，保险合同的法律效力失效的事实。保险合同终止的原因主要有以下几种：

（1）自然终止

自然终止是保险合同因规定的有效期限届满而终止。这是保险合同终止最普遍、最基本的原因。

（2）履约终止

在合同的有限期限内，发生保险事故，保险人按照合同的规定履行了赔偿或者给付保险金的义务后，保险合同即因履约而终止。如人身保险中，被保险人死亡，保险人给付全部保险金额后保险合同即告终止。

（3）解除终止

解除终止是指在保险合同成立后，由于某些法定或者约定的事由，合同的当事人行使解除权，保险合同即告终止。解除终止是保险合同终止比较常见的一个原因。

（4）保险标的全部灭失而终止

在财产保险合同中，如果由于保险事故以外的原因造成了保险标的的灭失，那么投保人也就不再具有保险利益，保险合同因为客体的灭失而终止。

（5）合同自始无效

投保人或者被保险人以欺诈、故意捏造或者隐瞒重要事实等手段与保险人订立保险合同或者保险人以欺骗、胁迫的手段与投保人签订合同，一经发现，合同自签订开始就视为无效。

# 7.3　工程保险

## 7.3.1　工程保险概述

### 1. 工程保险的概念

工程保险是指通过工程参与各方购买相应的保险，将风险因素转移给保险公司，以求在意外事件发生时，其蒙受的损失得到保险公司的经济补偿的一种保险制度。工程保险是以各种工程项目为承保标的的一种财产保险，现在已经发展成为一个比较完善独立的保险领域。

### 2. 工程保险的起源和发展

工程保险最早起源于英国的锅炉爆炸保险，其历史可以追溯到1856年，当时英国有许多旨在防止锅炉爆炸事件发生的工程师团体，但尚不签发保单。1866年，美国的工程师效仿英国在哈特福德市成立了哈特福德蒸汽锅炉检查和保险公司，收取费用，为被保险人提供定期勘察服务，并在锅炉及机器损失发生后给予经济补偿。20世纪前期，工程保险开始迅速发展起来。1929年伦敦出现了第一份建筑工程一切险的保单。1934年，德国设计了一种专门用于工程保险的保单，并慢慢流通开来。第二次世界大战后，欧洲各国百废待兴，纷纷开始战后重建工作，工程保险得到大规模发展。随着建筑市场的发展，欧洲市场上出现了一种非传统的工程保险——工程意外保险。1945年，英国土木建筑者联盟、工程技术协会及土木建筑者协会共同研究制定了承包合同标准化条款，并引进了承包人投保工程险的义务。1950年，国际土木工程师和承包建筑工程师组织制定了标准的土木建筑工程合同条款，规定要求承包人办理保险，对建筑、安装工程各关系方的权利和义务作出了明确规定，从而为建筑、安装工程保险成为世界性的财产保险险种奠定了基础。

我国的工程保险开始于20世纪80年代，首先承保的是涉外业务，随后国内的建筑安装工程保险逐步发展起来。而今，又出现了机器损害保险、航天工程保险、海洋石油开发保险等。总的来说，我国的工程保险有着广阔的市场前景。

### 3. 工程保险的特点

工程保险是适用于工程建设领域的一种保险制度，具有以下特点：

(1)工程保险的承保风险具有特殊性

工程保险承保风险的特殊性主要表现在：工程保险一般采用一切险的方式进行承保，工程保险既承保被保险人财产损失的风险，同时还承保被保险人的责任风险，风险责任广泛而集中。

(2)工程保险的保障具有综合性

工程保险针对承保风险的特殊性提供的保障具有综合性，工程保险的主责任范围，一般由物质损失部分和第三者责任部分构成。同时，工程保险还可以针对工程项目风险的具体情况提供运输过程中，工地外储存过程中，保证期过程中等各类风险的专门保障。

(3)工程保险的被保险人具有广泛性

普通财产保险的被保险人的情况较为单一，但是，由于工程建设过程的复杂性，可能涉及的当事人和关系方较多，包括：业主、主承包商、分包商、设备供应商、设计商、技术顾问、工程监理等，他们均可能对工程项目拥有保险利益，成为被保险人。

（4）工程保险的保险期限具有不确定性

普通财产保险的保险期限是相对固定的，通常是1年。而工程保险的保险期限一般是根据工期确定的，往往是几年，甚至十几年。与普通财产保险不同的是，工程保险保险期限的起止点也不是确定的具体日期，而是根据保险单的规定和工程的具体情况确定的。为此，工程保险采用的是工期费率，而不是年度费率。

（5）工程保险的保险金额具有变动性

工程保险与普通财产保险不同的另一个特点是：财产保险的保险金额在保险期限内是相对固定不变的，但是，工程保险的保险金额，在保险期限内是随着工程建设的进度不断增长的。所以，在保险期限内的任何一个时点，保险金额是不同的。

**4. 工程保险的类型**

目前，在保险领域内通常把工程保险分为建筑工程保险、安装工程保险、科技工程保险和机器损坏保险。

建筑工程保险即建筑工程一切险，承保的是各类建筑工程，即适用于各种民用、工业用和公共事业用的建筑工程，如房屋、道路、桥梁、港口、机场、水坝、道路、娱乐场所、管道以及各种市政工程项目等，均可以投保建筑工程保险。

安装工程保险即安装工程一切险，是指以各种大型机器、设备的安装工程项目为保险标的的工程保险，保险人承保安装期间因自然灾害或意外事故造成的物质损失及有关法律赔偿责任。

科技工程保险主要分为海洋石油开发保险、航天工程保险、核能工程保险和其他科技工程保险等四大类。

机器损坏险专门承保各种工厂、矿山安装完毕并已转入运行、且在国家规定使用期限内的机器设备。机器损坏险属于企业财产保险的附加险种，被保险人投保财产综合险或者财产一切险，可附加投保机器损坏险，实践中，保险公司通常只对诸如电力、矿山、船舶行业或者有重大价值的机器或者一般单位的如锅炉、电梯等特种安全设备接受投保机器损坏险。

**5. 工程担保与工程保险的比较**

工程担保与工程保险都是工程项目风险管理的重要途径，它们之间既有很多相似之处，又有很大的差别。

（1）两者的共同点

1）出发点相同。

工程担保和工程保险的出发点都是为了规避工程建设过程中出现的风险，都是工程风险转移的重要手段，都是为了在工程风险事件发生后对损失作出赔偿。

2）目的相同。

工程担保和工程保险的目的都是为了保障债权人在合同中权利的实现。

3）时效相同。

工程担保和工程保险都是一旦签发了保单也就作出了保证的承诺，属于发出生效性质。

（2）两者的区别

1）风险性质不同。

工程担保的风险主要来自于人（祸）、政治、经济因素导致的风险；工程保险的风险主要来自于天灾、自然风险、物理风险等。

2）收益方不同。

工程担保的受益人一般是债权人，申请人自己并不受益；工程保险的受益人可以是申请人自身即投保人。

3）投保条件不同。

工程担保对投保人的要求比较高，除了考察项目自身的情况外，还要重点审查申请人的情况，如申请人的信用记录、管理水平、财务状况，等等，只有符合要求者才提供担保；工程保险则要求很低，只需要考虑项目本身风险的大小，再决定是否承保并根据风险的大小来确定保险费率。

4）风险预期不同。

工程担保对风险没有预期，工程担保主要针对的是不可保风险，担保人是对被担保人进行充分"调查"后做出担保决定，一旦做出担保则违约事件不大可能发生；而工程保险是对风险有预期的，主要针对的是可保风险，在工程建设过程中主要表现为意外损失风险和职业责任风险。

## 7.3.2　建筑工程保险

### 1.适用范围

我国的建筑工程保险适用于各类民用、工业用和公共事业用的建筑工程，如房屋、道路、水库、桥梁、码头、娱乐场、管道以及各种市政工程项目的建筑。这些工程在建筑过程中的各种意外风险，均可通过投保建筑工程保险而得到保险保障。凡在建筑期承担风险或具有利益关系的各方均可以成为被保险人。因此，在一张保单上可以有多个被保险人。建筑工程保险的被保险人大致包括以下几方：①工程所有人，即建筑工程的最后所有者；②工程承包人，即负责承建该项工程的施工单位，可分为总承包人和分承包人；③技术顾问，即由所有人聘请的建筑师、设计师、工程师和其他专业顾问；④其他关系方，如贷款银行或其他债权人等。正因为存在多个被保险人，为了避免互相追究责任，往往都会附加共保交叉责任条款。如果被保险人之间发生相互责任事故，均由保险人赔偿，无须进行追偿。

### 2.保险责任

建筑工程保险的保险责任主要可以分为自然灾害、意外事故、人为风险、第三者责任部分的保险责任。

（1）自然灾害

建筑工程保险所承保的自然事件包括地震、海啸、雷电、飓风、台风、龙卷风、风暴、暴雨、洪水、水灾、冻灾、冰雹、地陷下沉、山崩、雪崩、火山爆发及其他人力不可抗拒的破坏力强大的自然现象。

（2）意外事故

建筑工程保险所承保的意外事故是指不可预料的以及被保险人无法控制并造成物质损失或人身伤亡的突发性事件，包括火灾、爆炸、飞机坠毁或物体坠落等。

（3）人为风险

建筑工程保险承保的人为风险有盗窃、工人或技术人员缺乏经验、疏忽、过失、恶意行为。

（4）第三者责任部分的保险责任

第三者责任部分的保险责任是指在保险期间因建筑工地发生意外事故造成工地及邻近地区第三者人身伤亡和财产损失，依法应由被保险人承担的赔偿责任，以及事先经保险人书面同意的被保险人因此而支付的诉讼费用和其他费用。

通常情况下，保险人对每一份保险项目的赔偿责任均不能超过保险单明细列表中对应列明的分项保险金额及保险单特别条款或批单中规定的其他适用的赔偿金额。在任何情况下，保险人在保险单项下承担的物质损失的最高赔偿责任不会超过保险单明细表中列明的总保险金额。

**3.除外责任**

保险人对下列各项原因造成的损失不负赔偿责任：

1）设计错误引起的损失和费用。

2）自然磨损、内在或潜在的缺陷、物质本身的变化、自燃、自热、氧化、锈蚀、渗漏、鼠咬、虫蛀、大气（气候或气温）变化、正常水位变化或其他渐变原因造成的保险财产自身的损失和费用。

3）因原材料缺陷或工艺不善引起的保险财产本身的损失以及为换置、修理或矫正这些缺点错误所支付的费用。

4）非外力引起的机械或电气装置的本身损失，或施工用机具、设备、机械装置失灵造成的本身损失。

5）维修保养或正常检修的费用。

6）档案、文件、账簿、票据、现金、各种有价证券、图表资料及包装物料的损失。

7）盘点时发现的短缺。

8）领有公共运输行驶执照的，或已由其他保险予以保障的车辆、船舶和飞机的损失。

9）除非另有约定，在被保险工程开始以前已经存在或形成的位于工地范围内或其周围的属于被保险人的财产损失。

10）除非另有约定，在本保险单保险期限终止以前，保险财产中已由工程所有人签发完验收证书或验收合格或实际占有或使用或接受的部分。

**4.保险期限**

建筑工程保险的保险期限是从开工到完工的整个过程。保险责任的开始时间：自被保险工程在工地动工或用于被保险工程的材料、设备运抵工地之时起始，两者以先发生者为准。保险责任的终止时间：保单规定的终止日期，建筑工程完成移交给所有人时，所有人开始使用时，三者以先发生者为准。

**5.保险金额**

建筑工程保险的保险金额按不同的承保项目分项确定。建筑工程的保险金额应不低于被保险工程完工时的总价值，包括设计费、材料设备费、建造费、安装费、运杂费、税款及其他费用。通常情况下，投保人在投保时先估计保险金额，再根据实际的变化进行调整。

## 7.3.3　安装工程保险

### 1.适用范围

安装工程保险主要适用于安装各种工厂用的机器、设备、起重机、钢结构、吊车以及包含机械工程因素的各种建造工程。

**2. 保险责任和除外责任**

安装工程保险的保险责任和除外责任与建筑工程保险基本一致，当然也有差异，这里只比较它们的不同之处。

在建筑工程保险中，由设计错误引起的损失和费用指的是设计错误引起的一切损失，包括本身的损失和其他财产的损失；在安装工程保险中指的是因设计错误引起的被保险财产本身的损失以及为换置、修理或者矫正这些缺点错误所支付的费用。

安装工程保险物质损失部分的保险责任除与建筑工程保险的部分相同外，还包括由于超负荷、超电压、碰线、电弧、漏电、短路、大气放电及其他电气原因造成电气设备或电气用具本身的损失。

**3. 保险期限**

安装工程保险自投保工程的动工日或第一批被保险项目被卸到施工地点时开始，两者以先发生的为准。保险责任的终止日可以是安装完毕通过验收之日或保险单上所列明的终止日，同样以先发生的为准。

**4. 保险金额**

安装工程保险的保险金额的确定方法与建筑工程保险一样。其中，安装工程保险的保险金额应不低于被保险工程安装完成时的总价值，包括材料设备费用、安装费、建造费、运保费、关税及其他费用；施工用机器、装置和机械设备的保险金额应不低于重置同型号、同负载的新机器、装置和机械设备所需的费用。

---

**重点与难点**

---

重点：

1. 保险的概念和法律特征。
2. 原保险、再保险、共同保险和重复保险。
3. 保险合同的概念和法律特征。
4. 投保人的义务。
5. 保险人的义务。
6. 工程保险的概念。
7. 工程保险的特点。
8. 建筑工程保险。
9. 安装工程保险。
10. 责任保险。

难点：

1. 工程担保与工程保险的共同点和不同点。
2. 信用保险与保证保险的共同点和不同点。
3. 建筑工程保险的保险责任和除外责任。
4. 安装工程保险的保险责任和除外责任。

## 思考与练习

1. 保险合同主要有哪几种形式?

2. 保险合同的主体与保险合同的当事人是什么关系?

3. 什么是"零点起保"?

4. 保险合同终止的原因有哪些?

5. 如何确定建筑工程保险的保险责任开始时间?

6. 保险金额与保险价值之间是什么关系?

7. 建筑工程保险的保险责任有哪些?

8. 建筑工程保险的除外责任有哪些?

9. 职业责任保险应由谁投保?

10. 上网查找一个建筑工程保险索赔案例

11. 上网查找一个安装工程保险索赔案例

12. 上网查找一个职业责任保险索赔案例

13. 某单位与保险公司的纠纷案例

2008 年 10 月 10 日,某单位与某保险公司签订了《建筑工程险及第三者责任险》,保险项目为建筑工程(包括永久和临时工程及材料),投保金额为 3.07 亿元。保险期限自 2008 年 10 月 10 日 0 时起至 2011 年 4 月 22 日 24 时止。双方在保险合同中将各种自然灾害引起的物质损失绝对免赔额分别作了限定,并特别约定:物质损失部分每次事故赔偿限额人民币 300 万元。2008 年 10 月 15 日施工单位一次性缴纳了保险费 130 余万元。

2009 年 7 月 29 日,该地区遭遇特大暴雨,山洪暴发,致使施工区域内山体塌方,施工便道被冲毁,大量桩基被埋,抗滑桩垮塌,部分施工材料被冲走,工地受损严重。该单位经估算,预计损失金额为 256 万余元。保险公司接到报案后,聘请了某保险公估公司对事故现场进行了实地勘察,先后出具了两次损失统计表,其定损金额均与该单位实际受损情况存在很大差异。该单位提出异议,对受损金额不予认可,故全权委托某保险经纪公司为其保险顾问。

问题:

(1) 什么是保险公估人?

(2) 保险理赔的一般程序是什么?

(3) 投保人能否进行不足额投保? 不足额投保的后果是什么?

(4) 什么是免赔额? 为什么工程保险合同中一般都会规定免赔额?

# 第 8 章

# 工程合同争议解决制度

## 8.1　概述

### 8.1.1　工程合同争议的概念

工程合同争议,是指工程合同的当事人对合同的生效、履行、变更、终止、违约责任的承担等问题所产生的争议。现代建设项目投资大、风险高、参与方多,所涉及的工程合同种类多,因此,不可避免地会出现合同争议。

### 8.1.2　工程合同争议产生的原因

工程合同的订立或履行过程中,合同当事人双方形成争议的原因错综复杂,但绝大多数争议是合同当事人主观原因造成的。主要有以下几点原因。

**1. 工程合同主体的资格不符合规定**

依据《合同法》的规定,合同的当事人可以是自然人、法人或者其他组织,订立合同的当事人应当具有相应的民事权利能力和民事行为能力,这就是订立合同的主体所必须具备的基本资格。《建筑法》还要求施工单位、勘察设计单位等除具备企业法人条件外,还必须取得相应的资质等级,才可以在其资质等级许可的范围内从事建设活动。但是,当前一些施工单位,超越资质等级或无资质等级承包工程,造成合同主体资格不合法,导致合同争议的发生。

**2. 工程合同的形式选择不恰当**

《合同法》第10条规定,当事人订立合同,有书面形式、口头形式和其他形式。法律、行政法规规定采用书面形式的,应当采用书面形式。当事人约定采用书面形式的,应当采用书面形式。《合同法》第11条规定,书面形式是指合同书、信件和数据电文(包括电报、电传、传真、电子数据交换和电子邮件)等可以有形地表现所载内容的形式。

口头合同虽简便易行成本低廉,但是当发生争议时具有口说无凭、举证困难等缺点。相比较而言,书面合同虽然缔约成本高、程序复杂、便捷性差,但也有很明显的优点,如举证方便、有凭有据、不易发生争议等。因此,对于正式的合同而言,通常情况下书面合同更适合。《合同法》第270条规定,建设工程合同应当采用书面形式。

建设工程施工合同根据计价方式分为:固定价格合同、可调价格合同和成本加酬金价格合同,都是书面合同。在订立建设工程施工合同时,要根据工程大小、工期长短、造价高低以及其他因素,选择不同的合同形式。合同形式选择不当,将会导致合同争议的产生。

### 3. 工程合同的条款不全，约定不明确

在合同履行过程中，由于合同条款不全，约定不明确，引起纠纷是相当普遍的现象，也是造成合同纠纷最常见、最大量、最主要的原因。当前，一些缺乏合同意识和不会用法律保护自己权益的发包人或承包人，在谈判或签订合同时，认为合同条款太多、烦琐，造成合同缺款少项；一些合同虽然条款比较齐全，但内容只作原则约定，不具体、不明确，导致合同履行过程中争议产生。

### 4. 当事人草率签订工程合同

工程合同一经签订，其当事人之间就产生了权利和义务关系。这种关系是法律关系，其权利和义务均受法律约束。但是一些合同当事人，法制观念淡薄，签订合同不认真，履行合同不严肃，导致合同争议不断发生。

### 5. 工程合同中缺乏对违约责任的具体规定

《合同法》中对于合同的违约责任作出了明确规定，因此，当事人在订立合同时应该尽可能详细而全面地对合同履行过程中可能出现的违约情形，违约责任的承担作出具体规定。有些工程合同在签订时，只强调合同的违约条件及违约责任，但对于违约责任的承担方式、违约程度并没有作出具体约定，很容易导致双方在工程合同履行过程中发生争议。

### 6. 对工程变更、工程索赔不能达成一致

对于大型工程项目，工程变更、工程索赔几乎难以避免。如果合同中缺乏有效的工程变更、工程索赔机制，或者双方对工程变更、工程索赔不能达成一致，又不愿意接受工程师的决定，则很容易产生争议。

## 8.1.3 工程合同争议的主要类型

### 1. 质量争议

在建设工程合同中进入工地的建筑材料不符合质量标准要求，偷工减料，对于施工过程中的质量如果不严格把关，双方当事人之间很容易出现质量争议。

### 2. 工期延误争议

一项工程的工期延误争议主要表现在对造成工期延误原因的确认上。造成工期延误的原因往往是多方面的，可能是承包商的原因，也可能是业主的原因，因此要区分清各方的责任比较困难，容易产生争议。

### 3. 已完工程量争议

工程量的确认应以工程师的确认为依据，只有经过工程师确认的工程量才能进行工程款的结算，否则，即使施工单位完成了相应的工程量，也由于属于单方面变更合同内容而不能得到相应的工程款。但在实际的施工中可能由于设计变更、现场地质、地形条件的变化等原因引起工程量的增减，而工程师又未进行确认，引起争议。

### 4. 工程付款争议

质量、工期、工程量等方面的争议都会直接地造成工程付款的争议，如施工过程中业主支付的预付款、进度款、竣工结算款等，在支付证书的确认上，在对账单的审核签字时，特别容易发生争议。

### 5. 合同条款争议

所拟订的合同条款措辞不够严谨，导致某些条款出现多种解释或者某些条款措辞只作了

不够具体的原则性规定；或者对某些条款缺乏限定等情况，均容易引起争议。

**6. 对于不可抗力或者不可预见事件的争议**

合同中一般都没有、也不可能逐一地详细列举所有的这两类事件的界限，在履行合同过程中一旦出现这两类事件，双方容易产生争议。

**7. 关于终止合同的争议**

由终止合同造成的争议最多，因为无论任何一方终止合同都会给对方造成严重损害。但是，终止合同可能是在某种特殊条件下，合同双方为避免更大损失而采取的必要补救办法。

## 8.2　工程合同争议的解决方式

《合同法》第 128 条规定，当事人可以通过和解或者调解解决合同争议。当事人不愿和解、调解或者和解、调解不成的，可以根据仲裁协议向仲裁机构申请仲裁。涉外合同的当事人可以根据仲裁协议向中国仲裁机构或者其他仲裁机构申请仲裁。当事人没有订立仲裁协议或者仲裁协议无效的，可以向人民法院起诉。当事人应当履行发生法律效力的判决、仲裁裁决、调解书；拒不履行的，对方可以请求人民法院执行。因此，一旦工程合同发生争议，双方当事人可以通过和解、调解、仲裁、诉讼等方式解决。

### 8.2.1　和解

和解，即双方"私了"，也叫做协商，是指工程合同在发生合同争议后，在没有第三者介入情况下，双方当事人在自愿、互相谅解基础上，通过友好协商达成和解协议，使工程合同争议及时得到妥善解决的一种方式。

和解具有以下特征：

1）简单易行，所用时间短，双方都不需额外花费，气氛平和，能达到双赢的结果。

2）和解没有第三方介入，双方当事人在自愿、友好、互谅基础上进行，有利于维持双方合作关系和合同履行。

3）和解协议没有强制执行力，依靠当事人自觉履行。

在工程合同实践中，通过和解解决争议，可以节省时间，节省仲裁或者诉讼费用，有利于日后继续交往和合作，是当事人解决合同争议成本效益最优的首选方式。特别是当双方当事人都互有诚意，在合同争议发生后都愿意首先采用和解方式解决争议，互相谅解，友好协商，使争议尽快得到解决。

### 8.2.2　调解

**1. 调解的概念和特征**

调解是指工程合同当事人在合同发生争议后，第三者依据一定的道德和法律规范，通过摆事实、讲道理，促使双方互相作出适当让步，平息争议，自愿达成协议，以求解决建设工程争议的一种方式。调解是由当事人以外的调解组织或者个人主持，在查明事实和分清是非基础上，通过说服引导，促进当事人互谅互让，友好解决争议。

调解具有以下特征：

1）灵活性较大，程序简单，节约时间和费用，双方关系比较友好，气氛平和，不伤害感情。

2）有第三者介入作为调解人，调解人的身份没有限制，但以双方都信任者为佳。

3）有利于消除合同当事人对立情绪，维护双方长期合作关系。

**2. 调解的种类**

调解在第三者主持下进行，这里的"第三者"即调解人。根据调解人的不同，调解可以分为法院调解、仲裁机构调解、行政调解和人民调解等。

（1）法院调解

法院调解，指在人民法院审判人员主持下，对双方当事人就争议的实体权利、义务自愿协商，达成协议，解决合同争议的活动。《民事诉讼法》第 85 条规定，人民法院审理民事案件，根据当事人自愿原则，在事实清楚基础上，分清是非，进行调解。该法第 9 条规定，人民法院审理民事案件，应当根据自愿和合法原则进行调解；调解不成的，应当及时判决。在审判人员主持下，双方当事人自愿、协商达成调解协议，协议内容符合法律规定的，应予批准。调解达成协议，人民法院应当制作调解书。调解书应当写明诉讼请求、案件的事实和调解结果，由审判人员、书记员署名，加盖人民法院印章，送达双方当事人签收后，即具有法律效力。

（2）仲裁机构调解

仲裁调解是指在仲裁庭主持下，仲裁当事人在自愿协商、互谅互让基础上达成协议，从而解决争议的一种制度。我国《仲裁法》第 51 条规定：仲裁庭在作出裁决前，可以先行调解。当事人自愿调解的，仲裁庭应当调解。调解不成的，应当及时作出裁决。调解达成协议的，仲裁庭应当制作调解书或者根据协议的结果制作裁决书。调解书与裁决书具有同等法律效力。该法第 52 条规定调解书应当写明仲裁请求和当事人协议的结果。调解书由仲裁员签名，加盖仲裁委员会印章，送达双方当事人。调解书经双方当事人签收后，即发生法律效力。

（3）行政调解

行政调解是国家行政机关处理平等主体之间民事争议的一种方法。国家行政机关根据法律、行政法规的相关规定，对属于本机关职权管辖范围内的平等主体之间的民事争议，通过耐心的说服教育，使争议双方当事人互相谅解，在平等协商基础上达成一致协议，合理地、彻底地解决争议矛盾。行政调解是指在国家行政机关主持下，以当事人双方自愿为基础，由行政机关主持，以国家法律、法规及政策为依据，以自愿为原则，通过对争议双方的说服与劝导，促使双方当事人互让互谅、平等协商、达成协议，以解决有关争议而达成和解协议的活动。

（4）人民调解

人民调解，是指人民调解委员会通过说服、疏导等方法，促使当事人在平等协商基础上自愿达成调解协议，解决民间争议的活动。经人民调解委员会调解达成调解协议的，可以制作调解协议书。当事人认为无须制作调解协议书的，可以采取口头协议方式，人民调解员应当记录协议内容。口头调解协议自各方当事人达成协议之日起生效。调解协议书可以载明下列事项：①当事人的基本情况；②纠纷的主要事实、争议事项以及各方当事人的责任；③当事人达成调解协议的内容，履行的方式、期限。调解协议书自各方当事人签名、盖章或者按指印，人民调解员签名并加盖人民调解委员会印章之日起生效。调解协议书由当事人各执 1 份，人民调解委员会留存 1 份。经人民调解委员会调解达成的调解协议，具有法律约束力，当事人应当按照约定履行。《人民调解法》第 32 条规定，经人民调解委员会调解达成调解协议后，当事人之间就调解协议的履行或者调解协议的内容发生争议的，一方当事人可以向人民法院提起诉讼。第 33 条规定，经人民调解委员会调解达成调解协议后，双方当事人认为有必要的，可以自调解协议生效之日起 30 日内共同向人民法院申请司法确认，人民法院应当及时对调解协议进行审查，依法确认调解协议的效力。人民法院依法确认调解协议有效，一方当事人拒绝履行或者未全部履行的，对方当事人可以向人民法院申请强制执行。人民法院依法确认调解协议无效的，当事人可以通过人民调解方式变更原调解协议或者达成新的调解协议，也可以向人民法院提起诉讼。

法院调解属于诉讼内调解，仲裁调解、行政调解和人民调解委员会的调解，属于诉讼外的调解。行政机关、仲裁委员会和人民调解委员会，不能行使国家审判权。所以，它们的调解效力与法院调解效力也不尽相同。仲裁调解协议生效后，义务人不履行义务，权利人可以申请人民法院强制执行。行政调解协议，一般也能申请人民法院强制执行，法律另有规定的除外。人民调解委员会的调解，其协议不具有强制执行的效力。而人民法院制作的生效调解书，与法院的判决书具有同等法律效力，具有给付性内容的判决，一方当事人不履行义务，对方当事人可以申请法院强制执行。

## 8.2.3 仲裁

### 1. 仲裁的概念和特征

仲裁是指工程合同发生争议后双方当事人在争议发生前或争议发生后达成协议，自愿将他们之间的争议提交给仲裁机构进行裁决，当事人双方有义务执行仲裁裁决的一种解决争议的方法。仲裁是解决民事经济纠纷的重要方式之一。

根据《仲裁法》有关规定，对于合同争议的解决，实行"或审或裁制"，即当发生争议时，当事人只能在"仲裁"或者"诉讼"中选择一种方式来解决合同争议。并且仲裁实行一裁终局制度，裁决作出后当事人就同一争议再申请仲裁，或向人民法院起诉，则不再受理。

仲裁具有以下特征：

（1）自愿性

当事人的自愿性是仲裁最突出的特点。仲裁以双方当事人的自愿为前提，即当事人之间的纠纷是否提交仲裁，交与谁仲裁，仲裁庭如何组成，由谁组成，以及仲裁的审理方式、开庭形式等都是在当事人自愿基础上，由双方当事人协商确定。因此，仲裁是最能充分体现当事人意思自治原则的争议解决方式。

（2）专业性

由于工程承包合同或贸易合同争议与一般的民事诉讼不同，它涉及许多工程技术、国际贸易等方面的专门知识，由具备工程技术、国际贸易等方面专门知识的人员解决更可取。采用仲裁方式时，由于当事人可以从贸易界、科技界选择专家或知名人士充当仲裁员、组成仲裁庭，使仲裁庭比法庭能够更准确地判定问题，更迅速地解决争议。

（3）简便性

一般来说，仲裁比司法诉讼手续简便，费用较低，很多情况下当事人甚至无须亲自出庭参加仲裁，而是由仲裁员到现场听证、调查、取证。

（4）保密性

仲裁以不公开审理为原则。有关的仲裁法律和仲裁规则也同时规定了仲裁员及仲裁秘书人员的保密义务。因此当事人的商业秘密和贸易活动不会因仲裁活动而泄露。仲裁表现出极强的保密性。

（5）独立性

仲裁机构独立于行政机构，仲裁机构之间也无隶属关系。在仲裁过程中，仲裁庭独立进行仲裁，不受任何机关、社会团体和个人的干涉，亦不受仲裁机构的干涉，显示出最大的独立性。

（6）终结性

仲裁与友好协商、调解不同，仲裁的裁决是终结的，是不允许再向任何机构（包括向法院）提出变更裁决要求（包括上诉）的，而法院的判决是允许上诉的，因而有利于迅速解决争端。败诉方如果不能自动执行裁决，则胜诉方可向法院提出申请，法院确认仲裁裁决有效，可以同意强制执行请求，因而使败诉方不能无视裁决，逃避责任。

**2. 仲裁程序**

（1）仲裁的申请

工程合同的当事人申请仲裁应当符合下列条件：

1）有仲裁协议。仲裁协议包括合同中订立的仲裁条款和以其他书面方式在纠纷发生前或者纠纷发生后达成的请求仲裁的协议。当事人申请仲裁，应当向仲裁委员会递交仲裁协议、仲裁申请书及副本。

2）有具体的仲裁请求和事实、理由。

3）属于仲裁委员会的受理范围。

根据《仲裁法》有关规定，仲裁申请书应该包括以下事项：

1）当事人的姓名、性别、年龄、职业、工作单位和住所，法人或者其他组织的名称、住所和法定代表人或者主要负责人的姓名、职务。

2）仲裁请求和所根据的事实、理由。

3）证据和证据来源、证人姓名和住所。

当事人、法定代理人可以委托律师和其他代理人进行仲裁活动。委托律师和其他代理人进行仲裁活动的，应当向仲裁委员会提交授权委托书。

（2）仲裁的受理

仲裁委员会收到仲裁申请书之日起5日内，认为符合受理条件的，应当受理，并通知当事人；认为不符合受理条件的，应当书面通知当事人不予受理，并说明理由。仲裁委员会受理仲裁申请后，应当在仲裁规则规定的期限内将仲裁规则和仲裁员名册送达申请人，并将仲裁申请书副本和仲裁规则、仲裁员名册送达被申请人。被申请人收到仲裁申请书副本后，应当在仲裁规则规定的期限内向仲裁委员会提交答辩书。仲裁委员会收到答辩书后，应当在仲裁规则规定的期限内将答辩书副本送达申请人。被申请人未提交答辩书的，不影响仲裁程序的进行。

申请人可以放弃或者变更仲裁请求。被申请人可以承认或者反驳仲裁请求，有权提出反请求。

一方当事人因另一方当事人的行为或者其他原因，可能使裁决不能执行或者难以执行的，可以申请财产保全。当事人申请财产保全的，仲裁委员会应当将当事人的申请依照民事诉讼法的有关规定提交人民法院。申请有错误的，申请人应当赔偿被申请人因财产保全所遭受的损失。

（3）开庭和裁决

仲裁应当开庭进行。当事人协议不开庭的，仲裁庭可以根据仲裁申请书、答辩书以及其他材料作出裁决。仲裁不公开进行。当事人协议公开的，可以公开进行，但涉及国家秘密的除外。

当事人申请仲裁后，可以自行和解。达成和解协议的，可以请求仲裁庭根据和解协议作出裁决书，也可以撤回仲裁申请。当事人达成和解协议，撤回仲裁申请后反悔的，可以根据仲裁协议申请仲裁。

仲裁庭在作出裁决前，可以先行调解。当事人自愿调解的，仲裁庭应当调解。调解不成的，应当及时作出裁决。调解达成协议的，仲裁庭应当制作调解书或者根据协议的结果制作裁决书。调解书与裁决书具有同等法律效力。调解书经双方当事人签收后，即发生法律效力。

在调解书签收前当事人反悔的，仲裁庭应当及时作出裁决。裁决应当按照多数仲裁员的意见作出，少数仲裁员的不同意见可以记入笔录。仲裁庭不能形成多数意见时，裁决应当按照首席仲裁员的意见作出。裁决书应当写明仲裁请求、争议事实、裁决理由、裁决结果、仲裁费用的负担和裁决日期。当事人协议不愿写明争议事实和裁决理由的，可以不写。裁决书由仲裁员签名，加盖仲裁委员会印章。对裁决持不同意见的仲裁员，可以签名，也可以不签名。裁决书自作出之日起发生法律效力。

（4）执行

工程合同的当事人应当履行裁决。一方当事人不履行的，另一方当事人可以依照民事诉讼法的有关规定向人民法院申请执行。受申请的人民法院应当执行。一方当事人申请执行裁决，另一方当事人申请撤销裁决的，人民法院应当裁定中止执行。人民法院裁定撤销裁决的，应当裁定终结执行。撤销裁决的申请被裁定驳回的，人民法院应当裁定恢复执行。

**3. 申请撤销裁决**

工程合同当事人提出证据证明裁决有下列情形之一的，可以向仲裁委员会所在地的中级人民法院申请撤销裁决：

1）没有仲裁协议的。

2）裁决的事项不属于仲裁协议的范围或者仲裁委员会无权仲裁的。

3）仲裁庭的组成或者仲裁的程序违反法定程序的。

4）裁决所根据的证据是伪造的。

5）对方当事人隐瞒了足以影响公正裁决的证据的。

6）仲裁员在仲裁该案时有索贿受贿，徇私舞弊，枉法裁决行为的。

人民法院经组成合议庭审查核实裁决有前款规定情形之一的，应当裁定撤销。人民法院认定该裁决违背社会公共利益的，应当裁定撤销。

当事人申请撤销裁决的，应当自收到裁决书之日起 6 个月内提出。人民法院应当在受理撤销裁决申请之日起 2 个月内作出撤销裁决或者驳回申请的裁定。人民法院受理撤销裁决的申请后，认为可以由仲裁庭重新仲裁的，通知仲裁庭在一定期限内重新仲裁，并裁定中止撤销程序。仲裁庭拒绝重新仲裁的，人民法院应当裁定恢复撤销程序。

## 8.2.4　诉讼

### 1. 诉讼的概念和特征

诉讼是指工程建设当事人依法请求人民法院行使审判权，审理双方之间发生的争议，作出由国家强制力保证实现其合法权益、解决争议的审判活动。诉讼参与人包括原告、被告、第三人、证人、鉴定人、勘验人等。民事诉讼具有以下特征：

（1）民事诉讼的公权性

与调解、仲裁这些诉讼外的解决民事争议的方式相比，民事诉讼具有公权性：民事诉讼是以司法方式解决平等主体之间的争议，是由法院代表国家行使审判权解决民事争议。它既不同于群众自治组织性质的人民调解委员会以调解方式解决争议，也不同于由民间性质的仲裁委员会以仲裁方式解决争议。

（2）民事诉讼的强制性

强制性是公权力的重要属性。民事诉讼的强制性既表现在案件的受理上，又反映在裁判的执行上。调解、仲裁均建立在当事人自愿基础上，只要有一方不愿意选择上述方式解决争议，调解、仲裁就无从进行，民事诉讼则不同，只要原告起诉符合民事诉讼法规定的条件，无论被告是否愿意，诉讼均会发生。

（3）民事诉讼的程序性

民事诉讼是依照法定程序进行的诉讼活动，无论是法院还是当事人和其他诉讼参与人，都需要按照民事诉讼法设定的程序实施诉讼行为，违反诉讼程序常常会引起一定的法律后果。

（4）民事诉讼的主体具有多元性

民事诉讼的主体不仅包括人民法院，还包括当事人、证人、诉讼代理人、翻译人员、鉴定人员等。在整个诉讼过程中，人民法院起着主导的作用。

（5）民事诉讼实行两审终审制度

两审终审制，就是一起案件经过两级法院审判终结审判的制度。对于第二审人民法院作出的终审判决、裁定，当事人等不得再提出上诉，人民检察院不得按照上诉审程序抗诉。

（6）民事诉讼审判的公开性

公开性是指人民法院在审理民事案件时，除法律规定的特定情形外，审判过程及结果都应该向社会和公众公开。

### 2. 民事诉讼的管辖

民事诉讼的管辖，是指各级法院之间和同级法院之间受理第一审民事案件的分工和权限。它是在法院内部具体确定特定的民事案件由哪个法院行使民事审判权的一项制度。我国设有最高人民法院、高级人民法院、中级人民法院和基层人民法院。

（1）级别管辖

级别管辖是根据案件性质、情节严重性、影响范围等确定人民法院受理第一审案件的权限范围。根据《民事诉讼法》的有关规定：

1）最高人民法院管辖在全国有重大影响的案件和认为应当由本院审理的案件。

2）高级人民法院管辖在本辖区有重大影响的第一审民事案件。

3）中级人民法院管辖下列第一审民事案件：第一，重大涉外案件；第二，在本辖区有重大影响的案件；第三，最高人民法院确定由中级人民法院管辖的案件。

4）基层人民法院管辖第一审民事案件，但本法另有规定的除外。

（2）地域管辖

地域管辖是同级人民法院对于第一审民事案件审判管辖的权限和分工。地域管辖可以分为一般地域管辖、特殊地域管辖、专属管辖、移送管辖和指定管辖。

1）一般地域管辖。

对公民提起的民事诉讼，由被告住所地人民法院管辖；被告住所地与经常居住地不一致的，由经常居住地人民法院管辖。对法人或者其他组织提起的民事诉讼，由被告住所地人民法院管辖。同一诉讼的几个被告住所地、经常居住地在两个以上人民法院辖区的，各该人民法院都有管辖权。这就是所谓的"原告就被告"原则，即民事案件一般由被告所在地管辖，称之为一般地域管辖。

2）特殊地域管辖。

有些民事案件比较特殊，因此《民事诉讼法》中对这些案件规定了特别的管辖，以便于人民法院审理。根据该法规定，因保险合同纠纷提起的诉讼，由被告住所地或者保险标的物所在地人民法院管辖。因票据纠纷提起的诉讼，由票据支付地或者被告住所地人民法院管辖。因铁路、公路、水上、航空运输和联合运输合同纠纷提起的诉讼，由运输始发地、目的地或者被告住所地人民法院管辖。因侵权行为提起的诉讼，由侵权行为地或者被告住所地人民法院管辖。因铁路、公路、水上和航空事故请求损害赔偿提起的诉讼，由事故发生地或者车辆、船舶最先到达地、航空器最先降落地或者被告住所地人民法院管辖。因船舶碰撞或者其他海事损害事故请求损害赔偿提起的诉讼，由碰撞发生地、碰撞船舶最先到达地、加害船舶被扣留地或者被告住所地人民法院管辖。因海难救助费用提起的诉讼，由救助地或者被救助船舶最先到达地人民法院管辖。因共同海损提起的诉讼，由船舶最先到达地、共同海损理算地或者航程终止地的人民法院管辖。

3）专属管辖。

下列案件，由下面规定的人民法院专属管辖：

第一，因不动产纠纷提起的诉讼，由不动产所在地人民法院管辖。

第二，因港口作业中发生纠纷提起的诉讼，由港口所在地人民法院管辖。

第三，因继承遗产纠纷提起的诉讼，由被继承人死亡时住所地或者主要遗产所在地人民法院管辖。

4）移送管辖和指定管辖。

人民法院发现受理的案件不属于本院管辖的，应当移送有管辖权的人民法院，受移送的人民法院应当受理。受移送的人民法院认为受移送的案件依照规定不属于本院管辖的，应当报请上级人民法院指定管辖，不得再自行移送。有管辖权的人民法院由于特殊原因，不能行使管辖权的，由上级人民法院指定管辖。人民法院受理案件后，当事人对管辖权有异议的，应当在提交答辩状期间提出。人民法院对当事人提出的异议，应当审查。异议成立的，裁定将案件移送有管辖权的人民法院；异议不成立的，裁定驳回。上级人民法院有权审理下级人民法院管辖的第一审民事案件，也可以把本院管辖的第一审民事案件交下级人民法院审理。下级人民法院对它所管辖的第一审民事案件，认为需要由上级人民法院审理的，可以报请上级人民法院审理。

**3. 民事诉讼的程序**

（1）第一审程序

1）起诉和受理。

起诉必须符合下列条件：

第一，原告是与本案有直接利害关系的公民、法人和其他组织；

第二，有明确的被告；

第三，有具体的诉讼请求和事实、理由；

第四，属于人民法院受理民事诉讼的范围和受诉人民法院管辖。

起诉应当向人民法院递交起诉状，并按照被告人数提出副本。

人民法院收到起诉状或者口头起诉，经审查，认为符合起诉条件的，应当在 7 日内立案，并通知当事人；认为不符合起诉条件的，应当在 7 日内裁定不予受理；原告对裁定不服的，可以提起上诉。

2）审理前准备。

人民法院应当在立案之日起 5 日内将起诉状副本发送被告，被告在收到之日起 15 日内提出答辩状。被告提出答辩状的，人民法院应当在收到之日起 5 日内将答辩状副本发送原告。被告不提出答辩状的，不影响人民法院审理。人民法院对决定受理的案件，应当在受理案件通知书和应诉通知书中向当事人告知有关的诉讼权利义务，或者口头告知。

3）开庭审理。

人民法院审理民事案件，除涉及国家秘密、个人隐私或者法律另有规定的以外，应当公开进行。涉及商业秘密的案件，当事人申请不公开审理的，可以不公开审理。人民法院审理民事案件，应当在开庭 3 日前通知当事人和其他诉讼参与人。公开审理的，应当公告当事人姓名、案由和开庭的时间、地点。开庭审理前，书记员应当查明当事人和其他诉讼参与人是否到庭，宣布法庭纪律。开庭审理时，由审判长核对当事人，宣布案由，宣布审判人员、书记员名单，告知当事人有关的诉讼权利义务，询问当事人是否提出回避申请。

4）作出判决。

人民法院对公开审理或者不公开审理的案件，一律公开宣告判决。当庭宣判的，应当在 10 日内发送判决书；定期宣判的，宣判后立即发给判决书。宣告判决时，必须告知当事人上诉权利、上诉期限和上诉的法院。

（2）第二审程序

当事人不服地方人民法院第一审判决的，有权在判决书送达之日起 15 日内向上一级人民法院提起上诉。当事人不服地方人民法院第一审裁定的，有权在裁定书送达之日起 10 日内向上一级人民法院提起上诉。上诉应当递交上诉状。

第二审人民法院应当对上诉请求的有关事实和适用法律进行审查。对上诉案件，应当组成合议庭，开庭审理。经过阅卷和调查，询问当事人，在事实核对清楚后，合议庭认为不需要开庭审理的，也可以径行判决、裁定。第二审人民法院审理上诉案件，可以在本院进行，也可以到案件发生地或者原审人民法院所在地进行。经过审理后，对下列情形分别处理：

1）原判决认定事实清楚，适用法律正确的，判决驳回上诉，维持原判决；

2）原判决适用法律错误的，依法改判；

3)原判决认定事实错误,或者原判决认定事实不清,证据不足,裁定撤销原判决,发回原审人民法院重审,或者查清事实后改判;

4)原判决违反法定程序,可能影响案件正确判决的,裁定撤销原判决,发回原审人民法院重审。

第二审人民法院的判决、裁定,是终审的判决、裁定。人民法院审理对判决的上诉案件,应当在第二审立案之日起 3 个月内审结。有特殊情况需要延长的,由本院院长批准。人民法院审理对裁定的上诉案件,应当在第二审立案之日起 30 日内作出终审裁定。

(3)审判监督程序

1)法院的审判监督。

各级人民法院院长对本院已经发生法律效力的判决、裁定、调解书,发现确有错误,认为需要再审的,应当提交审判委员会讨论决定。

最高人民法院对地方各级人民法院已经发生法律效力的判决、裁定、调解书,上级人民法院对下级人民法院已经发生法律效力的判决、裁定、调解书,发现确有错误的,有权提审或者指令下级人民法院再审。

人民法院按照审判监督程序再审的案件,发生法律效力的判决、裁定是由第一审法院作出的,按照第一审程序审理,所作的判决、裁定,当事人可以上诉;发生法律效力的判决、裁定是由第二审法院作出的,按照第二审程序审理,所作的判决、裁定,是发生法律效力的判决、裁定;上级人民法院按照审判监督程序提审的,按照第二审程序审理,所作的判决、裁定是发生法律效力的判决、裁定。

2)当事人的审判监督。

当事人对已经发生法律效力的判决、裁定,认为有错误的,可以向上一级人民法院申请再审;当事人一方人数众多或者当事人双方为公民的案件,也可以向原审人民法院申请再审。当事人申请再审的,不停止判决、裁定的执行。

当事人的申请符合下列情形之一的,人民法院应当再审:有新的证据,足以推翻原判决、裁定的;原判决、裁定认定的基本事实缺乏证据证明的;原判决、裁定认定事实的主要证据是伪造的;原判决、裁定认定事实的主要证据未经质证的;对审理案件需要的主要证据,当事人因客观原因不能自行收集,书面申请人民法院调查收集,人民法院未调查收集的;原判决、裁定适用法律确有错误的;审判组织的组成不合法或者依法应当回避的审判人员没有回避的;无诉讼行为能力人未经法定代理人代为诉讼或者应当参加诉讼的当事人,因不能归责于本人或者其诉讼代理人的事由,未参加诉讼的;违反法律规定,剥夺当事人辩论权利的;未经传票传唤,缺席判决的;原判决、裁定遗漏或者超出诉讼请求的;据以作出原判决、裁定的法律文书被撤销或者变更的;审判人员审理该案件时有贪污受贿,徇私舞弊,枉法裁判行为的。

当事人对已经发生法律效力的调解书,提出证据证明调解违反自愿原则或者调解协议的内容违反法律的,可以申请再审。经人民法院审查属实的,应当再审。

当事人申请再审的,应当提交再审申请书等材料。人民法院应当自收到再审申请书之日起 5 日内将再审申请书副本发送对方当事人。对方当事人应当自收到再审申请书副本之日起 15 日内提交书面意见;不提交书面意见的,不影响人民法院审查。人民法院可以要求申请人和对方当事人补充有关材料,询问有关事项。

人民法院应当自收到再审申请书之日起3个月内审查，符合民事诉讼法规定的再审条件的，裁定再审；不符合民事诉讼法规定的再审条件的，裁定驳回申请。有特殊情况需要延长的，由本院院长批准。

因当事人申请裁定再审的案件由中级人民法院以上的人民法院审理，但当事人依照民事诉讼法的规定选择向基层人民法院申请再审的除外。最高人民法院、高级人民法院裁定再审的案件，由本院再审或者交其他人民法院再审，也可以交原审人民法院再审。

当事人申请再审，应当在判决、裁定发生法律效力后规定的时限内提出（一般是6个月）。

按照审判监督程序决定再审的案件，裁定中止原判决、裁定、调解书的执行，但追索赡养费、扶养费、抚育费、抚恤金、医疗费用、劳动报酬等案件，可以不中止执行。

人民法院审理再审案件，应当另行组成合议庭。

3）检察院的审判监督。

最高人民检察院对各级人民法院已经发生法律效力的判决、裁定，上级人民检察院对下级人民法院已经发生法律效力的判决、裁定，发现符合再审条件的，或者发现调解书损害国家利益、社会公共利益的，应当提出抗诉。

地方各级人民检察院对同级人民法院已经发生法律效力的判决、裁定，发现符合再审条件的，或者发现调解书损害国家利益、社会公共利益的，可以向同级人民法院提出检察建议，并报上级人民检察院备案；也可以提请上级人民检察院向同级人民法院提出抗诉。

各级人民检察院对审判监督程序以外的其他审判程序中审判人员的违法行为，有权向同级人民法院提出检察建议。

有下列情形之一的，当事人可以向人民检察院申请检察建议或者抗诉：人民法院驳回再审申请的；人民法院逾期未对再审申请作出裁定的；再审判决、裁定有明显错误的。

人民检察院对当事人的申请应当在3个月内进行审查，作出提出或者不予提出检察建议或者抗诉的决定。当事人不得再次向人民检察院申请检察建议或者抗诉。

人民检察院因履行法律监督职责提出检察建议或者抗诉的需要，可以向当事人或者案外人调查核实有关情况。

人民检察院提出抗诉的案件，接受抗诉的人民法院应当自收到抗诉书之日起30日内作出再审的裁定。

人民检察院决定对人民法院的判决、裁定、调解书提出抗诉的，应当制作抗诉书。

人民检察院提出抗诉的案件，人民法院再审时，应当通知人民检察院派员出席法庭。

## 重点与难点

重点：

1. 工程合同争议的概念。

2. 工程合同争议的主要类型。

3. 调解的种类。

4. 仲裁的概念和特征。

5. 仲裁协议书。

6.诉讼的概念和特征。

7.级别管辖。

8.地域管辖。

难点：

1.仲裁程序。

2.民事诉讼。

3.审判监督程序。

4.调解和仲裁的法律效力。

5.专属管辖。

6.移送管辖和指定管辖。

━━━━━━━━ 思考与练习 ━━━━━━━━

1.有效仲裁的条件是什么？

2.与诉讼相比，仲裁有何优势？

3.如何确定仲裁的适用法律？

4.民事诉讼当事人不服二审判决，应该怎么办？

5. FIDIC 施工合同条款 99 版中的纠纷解决机制是什么？

6.什么情况下，工程合同当事人可以向仲裁委员会所在地中级人民法院申请撤销裁决？

7.两审终审制有例外吗？

8.某施工企业与发包方对某高速公路施工项目的争议案例

某施工企业承接某高速公路施工项目。该合同的争议解决条款部分，按照 2007 年 11 月 1 日国家发改委、建设部、信息产业部等 9 部门联合颁布的《标准施工招标文件》中“通用合同条款”的规定，约定了争议评审机制。在合同签订后，双方就争议评审组的组成及工作签署了协议，确定评审组的建议对双方不具有约束力。双方在合同中约定了仲裁条款。在施工过程中，评审组就施工企业提出的争议事宜做出了评审意见，发包方对评审意见不予认可，予以拒绝。

问题：

(1)发包方可以拒绝执行评审组的意见吗？

(2)若发包方不接受评审组的意见，施工企业还有其他的救济途径吗？

(3)按照 2007 年 11 月 1 日国家发改委、建设部、信息产业部等 9 部门联合颁布的《标准施工招标文件》中“通用合同条款”的争议解决条款部分约定的争议评审机制，评审组的意见怎样才能产生效力？

# 第 9 章
# 建设工程合同纠纷典型案例

## 9.1 建设工程勘察合同纠纷案例

### 9.1.1 裁判摘要

建设工程勘察单位应遵守相关法律、法规规定，依照工程勘察规范、《建设工程勘察合同》进行勘察，对勘察成果质量负责，并承担因勘察质量问题给委托方造成的经济损失。

### 9.1.2 案件由来

原告：寻乌县市场开发建设有限公司

被告：地矿赣州地质工程勘察院

寻乌县市场开发建设有限公司诉被告地矿赣州地质工程勘察院建设工程勘察合同纠纷一案，原告诉称，原告于 2005 年初在寻乌县城城北开发区投资开发"寻乌农资、建材、摩托车批发市场"，实施建设工程项目前，于 2005 年 5 月 24 日与被告签订《建设工程勘察合同》，合同约定：原告将"寻乌农资、建材、摩托车批发市场"的土地地质工程勘察项目发包给被告，并支付勘察费 3.6 万元给被告，被告应于 2005 年 6 月 17 日按照现行国标 GB - 50021 的技术标准提交勘察成果资料给原告，合同还约定了各自的义务和违约责任等。后原告将被告勘察的地质承载力数值交付浙江省天正设计工程有限公司进行建设工程设计，在建设工程基础开挖后浇注基础前，请寻乌县建设局建筑材料检测站对地基承载力进行轻便触探检测，该检测站经检测于 2005 年 8 月 22 日出具《地基承载力试验报告单》，检测结果为各触探检测点承载力标准值均不符合设计要求。2005 年 8 月 24 日，工程监理单位发出《工程暂停指令》，工程停工。同日，原告书面函告被告重新对地质进行勘探，并要求在 1 周内重新出具正确的地勘报告。被告接函后未到现场看过，表示在约定时间内无力重新出具地勘报告。无奈，原告为减少损失而另行与宁都县建筑勘察设计院勘探队达成勘察协议，委托其进行重新勘测。由于被告提交的勘测数值错误，造成原告重复支付宁都勘测院勘测费 5 万元，重复设计费 5 万元，停工窝工损失 6.652 0 万元及投资利息损失 1.577 84 万元。原告多次与被告联系协商处理原告遭到的损失问题，但均受到被告拒绝。

### 9.1.3 起诉与答辩

为此，依照原告与被告订立的合同第 5 条第 2 款第(2)项及《合同法》第 280 条之规定向法院提起诉讼,请求法院判决被告赔偿原告经济损失计人民币 18.229 84 万元,并由被告承担本案诉讼费用。

被告辩称,在接到原告要求在 1 周内重新出具正确的地勘报告的函件后,即指派高级工程技术人员赶赴现场,并分别于 8 月 28 日、8 月 30 日前完成了对承载力存在差异的 3 号楼和 8 号楼所在地的重新勘察、勘验工作,并向原告提交了《地基验槽报告》及相应附图 3 份,补充完善了勘察报告,并将完善的上述 2 份报告即刻传真给了设计单位浙江杭州天正建筑设计院。此后,原告再也没有要求我院做任何地勘工作,也没有就勘察事宜提出问题,而非原告所称"未去现场也未出具地勘报告",更谈不上我院"表示无力重新出具地勘报告"。原告称由于勘测提交的数值错误,造成原告各项损失 18.229 84 万元没有道理,更与事实不符。被告通过重新勘察、勘验,向原告提交了合格的勘验报告。被告完成的勘察工程内容工作对象规模是整个市场 13 栋房屋的地质情况,勘察工作内容包括场地岩土工程条件及其分析评价及地基基础方案与基础施工建设等大量内容,而不仅仅是承载力这一单向指标数值,出现问题的也仅仅是 13 栋房屋中的两栋(即 3 号、8 号)房屋的地基承载力误差(但此后已纠正),不能据此推翻整个的地质工程勘察成果报告,不可能造成原告如此巨大的损失。被告如约履行了合同约定的义务,如期向原告提交了《岩土工程勘察报告》,在原告提出 3 号楼、8 号楼地基承载力数据结果和实际有误的情况下,我院即刻重新进行了勘察、勘验工作,并就此问题提交了新的地勘报告,纠正了误差。被告的行为没有任何过错,符合法律及合同的规定。原告诉请被告向其赔偿损失与事实不符,于法无据,请求法院依法驳回。

### 9.1.4　法院调查

经审理查明:2005 年 5 月 24 日,原、被告订立《建设工程勘察合同》,合同主要内容为:被告承担原告的寻乌农资、建材、摩托车批发市场地质工程勘察任务,于同年 5 月 27 日开工,同年 6 月 17 日提交勘察成果资料,勘察费用为 3.6 万元,由原告于合同生效后 1 天内,支付 50%,在被告提交勘察成果资料后 1 天内付清全部费用。合同同时约定,可分两期出报告:30 亩第一期,20 亩有房屋拆迁的可根据拆迁情况出第二期。同年 6 月 6 日,原告与浙江省天正设计工程有限公司就寻乌县农资、建材、摩托车批发市场新建工程订立建设工程设计合同。同年 6 月 17 日,被告向原告提交《寻乌县农资建材摩托车批发市场岩土工程勘察报告》,在该报告《岩土层主要物理力学性质指标统计表》中载明寻乌县农资建材摩托车批发市场黏土及粉质黏土推荐承载力特征值为 160 kPa,卵质圆砾层推荐承载力特征值为 260 kPa。在该报告地基基础方案中,被告建议:1. 采用浅基础方案(如独立基础),作 3 ~ 6 层建筑的基础方案,以第⑤层卵质圆砾作基础持力层。2. ……。3. 也可考虑以第③层黏土、粉质黏土作 3 层建筑的基础持力层,但在出现淤泥质地段(比较剖面图和视开挖情况),应采取加大基础的底面积或换填土的措施,以满足地基承载力的要求。原告按合同如数向被告支付了勘察费用。原告要求浙江省天正设计工程有限公司根据该勘察报告,以黏土层作基础持力层作出基础设计。同年 8 月 5 日,浙江省天正设计工程有限公司按原告要求提交了寻乌县农资建材摩托车批发市场基础平面布置图及基础详图。同月 22 日,寻乌县建筑工程质量检测站对寻乌县农资建材摩托车批发市场已开挖的黏土层地基基槽进行承载力试验并出具了试验报告单,该试验报告单载明:寻乌县建材市场 3 号楼设计荷载 160 kPa,黏性土承载力标准值 <105 kPa,结论为:检测各点的承载力标准值不符合设计要求。同月 24 日,赣州昌顺工程

建设监理有限公司寻乌分公司以该地基地耐力不能满足设计要求，需进行基础变更为由向原告发出要求当日下午2时暂停施工的指令。同日，原告将该情况致函被告，并要求被告重新勘探，在1周内重新出具正确的地勘报告。同月27日、30日，被告对原告批发市场3号楼、8号楼地基地槽进行勘验，出具验槽报告。验槽报告部分结论内容为：7号楼、8号楼、9号楼地基原有一些钻孔因场地原因不到位不能施工，控制程度达不到设计施工要求，应当进行加密完善勘察，建议采用勘察报告第1条基础方案，采用筏板基础或人工换土方案，局部采用人工挖孔桩（淤泥质土厚度大处），3号楼、8号楼地基大多数地段基坑底为黏土，黏土层推荐承载力特征值＝120 kPa，3号楼A轴西段另作处理，采用钢筋混凝土条基，超挖局部地段采用换土。同月28日，原告又与宁都县建筑勘察设计院勘探队就寻乌县农资建材、摩托车综合市场项目订立《建设工程勘察合同》，双方议定勘察费5万元。3号楼、8号楼地勘报告在同月31日提交，地勘总报告在同年9月5日前提交。双方如约履行了该合同义务。该院《寻乌县农资建材摩托车批发市场岩土工程勘察报告》中载明：粉质黏土、黏土层推荐承载力特征值＝120 kPa，圆砾层推荐承载力特征值＝260 kPa。同年9月1日原告致函浙江省天正设计工程有限公司根据新地勘报告数据对原设计图纸予以调整或修改。9月3日赣州昌顺工程建设监理有限公司寻乌分公司向原告发出复工指令。同月7日浙江省天正设计工程有限公司应原告要求，根据原告提供的宁都县建筑勘察设计院勘探队地质报告以圆砾层作基础持力层作出基础修改图。同月19日、21日赣州市第一建筑工程公司寻乌县综合市场7号～13号楼工程项目部、江西鑫业建筑工程有限公司寻乌县农资建材摩托车综合市场项目部分别向原告要求补偿因地质未满足设计要求而造成误工费损失3.657 5万元和2.994 5万元，并随后得到原告足额补偿。同年12月9日，原告支付给宁都县建筑勘察设计院勘探队5万元勘探费。同月13日，浙江省天正设计工程有限公司致函原告要求因地质报告结果与实际检测不符，而根据宁都县建筑勘探队地勘报告全面修改基础施工图请求基础修改费5万元。2006年9月4日，原告支付浙江省天正设计工程有限公司增加设计费2万元。2006年4月17日，原告委托江西寻信律师事务所致函被告要求30日内协商解决因被告提供的勘测承载力标准值与寻乌县建筑工程质量检测站出具的地基承载力试验报告单数值不符而造成的损失问题，但无结果，因而成讼。

以上事实，有原告提交的原、被告签订的《建设工程勘察合同》及被告收取原告钻探费发票、被告向原告出具的《寻乌县农资建材摩托车批发市场岩土工程勘察报告》、《寻乌县建筑工程质量检测站地基承载力试验报告单》、赣州昌顺工程建设监理有限公司寻乌分公司出具给原告的工程暂停指令及工程复工指令，原告要求被告在1周内重新出具正确的地勘报告函、原告与宁都县建筑勘察设计院勘探队订立的《建设工程勘察合同》，宁都县建筑勘察设计院收取原告勘探费发票、原告与浙江省天正设计工程有限公司订立的《建设工程设计合同》，原告要求浙江省天正设计工程有限公司根据新地勘报告数据对原设计图纸予以调整或修改的函件，浙江省天正设计工程有限公司要求原告追加基础修改费5万元的函件及收取原告增加设计费收据发票，江西鑫业建筑有限公司、赣州市第一建筑工程公司要求原告补偿误工损失的申请书及误工费收款收据，原告律师函及原告委托代理人对寻乌县建筑工程质量检测站负责人的调查笔录，设计图纸，宁都县建筑勘察设计院勘探队出具的《岩土工程勘察报告》，被告提交的《建设工程勘察合同》，原告出具给被告要求被告在1周内重新作出正确的地勘报告的函件，《地基验槽报告》，《寻乌县农资建材摩托车批发市场岩土工程勘察报告》等复印件，双方当事人陈述等证据证实,足以认定。

### 9.1.5　法院判决

法院认为,被告勘察质量不符合要求,致使原告工程停工,工程设计单位重新修改设计图纸,给原告造成损失,应承担民事责任,赔偿由此造成的原告损失;因被告在原告指定的期限内已作出新的勘探报告,故原告要求被告承担自己另行委托勘探队进行重新勘探而产生的勘探费用的请求不予支持;因设计单位要求原告增加设计费 5 万元而实际收取 2 万元,故被告应对新增加的 2 万元设计费承担赔偿责任;被告辩称仅有 3 号楼、8 号楼地基勘探数值有误,不应承担整个工程停工造成的损失,因该工程停工是被告勘验质量不符合要求致监理公司责令停工,而非原告过错,故被告应对该工程停工而致原告损失承担民事责任;原告提交账目表不能证明其利息损失,要求被告承担利息损失证据不足,不予采纳;原告称被告表示在约定时间无力重新出具地勘报告未提供证据证实,不予采信。综上,依照《合同法》第 107 条、第 111 条、第 112 条、第 280 条之规定,判决如下:

1)被告地矿赣州地质工程勘察院于本判决生效后 10 日内赔偿原告寻乌市场开发建设有限公司设计费 2 万元、误工费 6.652 万元,合计人民币 8.652 万元。

2)驳回原告寻乌市场开发建设有限公司的其他诉讼请求。

3)如果未按本判决指定的期间履行给付金钱义务,应当依照《民事诉讼法》第 232 条之规定,加倍支付迟延履行期间的债务利息。

4)案件受理费 5 160 元,其他诉讼费 2 580 元,计人民币 7 740 元,由原告承担 4 067 元,被告承担 3 673 元。

如不服本判决,可在判决书送达之日起 15 日内,向本院递交上诉状,并按对方当事人的人数提交副本,上诉于江西省赣州市中级人民法院。

## 9.2　建设工程设计合同纠纷案例

### 9.2.1　裁判摘要

建设工程设计单位应遵守相关法律、法规规定,依照工程设计规范、《建设工程设计合同》进行科学设计,对设计文件质量负责。设计的质量不符合要求,设计人应当继续完善设计,减收或者免收设计费并赔偿因设计质量问题给委托方造成的经济损失。

### 9.2.2　案件由来

一审原告:河南正粮实业有限责任公司(以下简称正粮公司)。

一审被告:泰安市金厦建筑设计有限公司(以下简称金厦公司)、泰安燕东商贸有限公司(以下简称燕东公司)、王海燕。

上诉人:金厦公司、燕东公司、王海燕。

被上诉人:正粮公司。

上诉人金厦公司、燕东公司与被上诉人正粮公司和王海燕为建设工程设计合同纠纷一案,唐河县人民法院受理后,上诉人燕东公司在答辩期间向唐河县人民法院提出管辖权异议申请，认为此案应依法移送有管辖权的肥城市人民法院或泰安市泰山区人民法院管辖。经审查，唐河县人民法院作出了(2009)唐民初字第222号民事裁定，驳回被告燕东公司对本案管辖权提出的异议。燕东公司对该裁定不服，上诉至本院，经本院审理，作出(2009)南管民终字第58号民事裁定，"驳回上诉，维持原裁定"。唐河县人民法院依法组成合议庭，公开开庭进行了审理，并于2009年9月5日作出(2009)唐民初字第222号民事判决，上诉人金厦公司、燕东公司不服原审判决，于2010年2月4日向本院提起上诉。法院受理后依法组成合议庭，公开开庭对本案进行了审理，上诉人金厦公司的委托代理人宋远，上诉人燕东公司、原审被告王海燕的委托代理人郑力、被上诉人正粮公司的委托代理人付卫东、孙玉宛到庭参加了诉讼。现本案已审理终结。

### 9.2.3　原审法院调查

原审法院查明：2008年原告欲在唐河县工业园区建一大型储粮仓库，经人介绍与被告王海燕相识，被告王海燕自称具有乙级设计资质，能进行各种库房的设计。2008年11月2日原告与被告王海燕双方就库房的设计进行了协商，被告燕东公司并代表金厦公司与原告签订了"民用建设工程设计合同"1份，其主要内容为："工程名称为河南正粮新村粮库有限公司粮仓，工程地点为河南省唐河县，发包人为河南正粮实业有限责任公司，设计人为泰安市金厦建筑设计有限公司、泰安燕东商贸有限公司，签订日期为2008年11月2日。"该合同5页8条，在合同的尾部原告单位及法定代表人和被告燕东公司及法定代表人均在该合同上签名盖章。2008年11月14日被告把设计图纸交付给原告。2008年11月20日原告即按该设计图纸开始施工，当时双方约定设计费为8万元，原告于2008年12月10日支付给被告燕东公司设计费4万元，当日被告燕东公司给原告出具收据一份，主要内容为："入账日期2008年12月10日，交款单位为河南正粮新村粮库有限公司，收款方式为现金，人民币大写肆万元整，收款事由为代收设计费。"上面加盖有燕东公司财务专用章，落款签名为王海燕。2009年3月11日原告给被告金厦公司支付设计费2万元，被告金厦公司给原告出具发票一张，主要内容为："山东省泰安市金厦建筑设计有限公司，开票日期为2009年3月11日，付款单位为河南正粮新村粮库有限公司。经营项目为设计费，金额为2万元。"上面加盖有金厦公司财务专用章。

2009年3月20日工程竣工交付后，原告刚投入使用在未达到设计容量时即出现墙体外拱，致使该库房部分报废，部分需整体加固，同时被告王海燕向原告追要尚欠的2万元设计费，并提供了自己的银行卡号和手机号。为此原告于2009年3月20日诉至本院，请求保护其合法权益。

诉讼中，原告向法院提出财产保全申请，要求冻结三被告的银行存款100万元或查封等价值的财产，并提供了担保。经本院审查，依法对被告燕东公司在中国农业银行肥城市支行的存款19 486.41元予以冻结，对被告王海燕在中国农业银行肥城市支行新城办事处的存款14 907.90元予以冻结，对被告金厦公司在中国农业银行泰安市分行岱宗支行的存款10 290.7元予以冻结。

2009年3月30日，原告对该库房墙体外拱、裂纹等原因及加固所需的费用等申请进行鉴定，经本院司法技术室依法委托南阳市房屋安全管理办公室进行鉴定，并制作了2009SF－06号鉴定书一份，其主要结论为："综合上述情况分析及验算结果，河南正粮实业有限公司在唐河县工业区建造的粮仓，出现的墙体、砼构件变形开裂，是泰安市金厦建筑设计有限公司的设计出现重大失误造成。根据南阳市建筑设计院提出的加固方案，经计算所需的加固费用为 138.85 万元。"

另查明，被告金厦公司的企业法人营业执照（副本）登记名称为泰安市金厦建筑设计有限公司，住所为白衣堂街东首，法定代表人为冀焕平，注册资本为 30 万元，实收资本 30 万元，公司类型为有限责任公司，经营范围为建筑工程设计、建筑设计技术咨询，成立日期为 2001 年 8 月 15 日，年检日期为 2007 年 3 月 20 日。上面加盖有泰安市工商行政管理局的印章。工程设计证书为："单位名称为泰安市金厦建筑设计有限公司，主行业为化工工程，跨行业为建筑工程，证书等级为丙级，发证机关为山东省建设委员会（上面并加盖有本单位的印章），编号为 151329N3，日期为 1998 年 7 月 20 日。"被告燕东公司的企业法人营业执照（副本）登记名称为泰安燕东商贸有限公司，住所为肥城龙山路西首明桂花园 3 号沿街楼，法定代表人为王海燕，注册资本 50 万元，实收资本 50 万元，公司类型为有限责任公司，经营范围为五金交电、建材、日用百货、润滑油、橡胶制品等，成立日期为 2003 年 9 月 25 日，营业期限 2003 年 9 月 25 日至 2013 年 9 月 24 日。两被告在给原告提供设计图纸过程中系合作关系，由被告燕东公司代表金厦公司与原告签订民用建设工程设计合同，但该图纸由被告金厦公司具体设计。

该库房出现险情后，原告为了避免损失进一步扩大，即对该库房进行了加固，该库房的加固经河南科兴建筑有限公司进行核算，加固施工的实际花费为：粮库加固变更等工程为 2 955 245.13 元，加固、粘钢锯缝 132 398.22 元，粮库挡墙 98 974.07 元，共计为 3 186 618.42 元。原告要求让三被告赔偿总损失 318 万余元中的 300 万元，但原告提交的证据显示其支出费用为 235 万元。

### 9.2.4　原审法院判决

原审法院认为，被告燕东公司与原告签订民用建设工程设计合同，因被告燕东公司在原告签订合同时未如实告知其没有设计资质和被告金厦公司所设计的图纸存在重大失误，致使原告在依照两被告提供的设计图纸施工后，使该库房在试运营阶段即成为危房，为此给原告造成的损失被告方应当予以赔偿。经司法鉴定该库房加固所需费用为 138.85 万元，原告认为因该库房在发生险情后，为了及时补救减少损失，在工程加固中已支出各项费用为 318 万余元，原告要求被告方共同赔偿因设计错误而给原告造成的经济损失 318 万余元中的 300 万元，但原告提交的证据显示，其实际支出费用为 235 万元，故原告损失费用应认定为 235 万元，所以被告应赔偿上述损失并返还已支付的设计费 6 万元，本院予以支持。

被告金厦公司辩称，自己向原告提交的设计成果的时间为 2009 年 3 月 11 日，原告并非依据自己设计的图纸进行施工，自己完成的设计成果完全符合国家技术规范，不存在质量问题等；被告燕东公司辩称，燕东公司与金厦公司是委托代理关系，如果图纸设计有问题，应由金厦公司承担赔偿责任，原告不是按这个图纸施工的，如果出现损失由原告自负。而南房安鉴字(2009)SF-05 号鉴定书确认：河南正粮实业有限公司在唐河县工业区建造的粮仓出现的墙体、砼构件变形开裂，是泰安金厦公司的设计出现重大失误所造成，故上述两被告辩称的理由不能成立。被告王海燕辩称，自己是燕东公司的法定代表人，其代表公司进行的各项民事行为，应由燕东公司承担责任，2008 年 11 月 2 日双方签订设计合同是燕东公司替金厦公司代签的，王海燕个人与设计合同没有关联。粮仓图纸系金厦公司设计，并非王海燕设计等。因王海燕只是公司法定代表人，对公司行为不应直接承担责任，故王海燕所称理由成立；但王海燕收到原告设计4万元无法律及事实上依据，应予返还。因三被告没有提供与其主张相关的证据，且一、二被告辩称的理由也与司法鉴定结论不一致，因此其辩称的理由与事实不符。故本院不予认定。

本案经调解无效。故判决：

1）被告金厦公司、燕东公司共同赔偿原告的经济损失235万元。

2）被告金厦公司返还给原告设计费2万元，被告燕东公司和被告王海燕共同返还原告设计费4万元。

上述判决第1、2项均限三被告在本判决生效后15日内向原告履行完毕。案件受理费31 280元，保全费5 000元，鉴定费32 000元，合计68 280元，原告承担6 500元，被告金厦公司承担30 890元，被告燕东公司承担30 890元。

## 9.2.5　上诉

两上诉人金厦公司、燕东公司上诉称：

1）原审判决认定事实错误：①一审法院查明"2008年11月14日被告把设计图纸交付给被上诉人正粮公司"错误。②被上诉人正粮公司所使用的图纸并非是金厦公司设计的。③一审法院错误的采信《南阳市房屋安全鉴定书》及其他证据导致错误下判。鉴定单位没有资格，没有相关鉴定人的相关证明。被上诉人没有出示支持其诉讼请求的证据。即使赔偿按照合同约定也只赔实际损失的20%，且燕东公司只是代理人的身份，不应承担责任。④一审法院错误认定被上诉人的损失，错误的判决由上诉人承担。应当由被上诉人自行承担。鉴定所需加固费为138.85万元，而原审认定235万元没有依据。

2）一审法院审理程序严重违法。包括司法鉴定程序和合议庭组成均违法。

3）被上诉人要求上诉人返还设计费，而原审法院却让上诉人燕东公司和王海燕共同返还其中的4万元，违反不告不理的原则。

综上，二审法院应驳回被上诉人正粮公司的诉讼请求。

被上诉人正粮公司辩称：

1）正粮公司所使用的图纸是上诉人提供的（原件带到法庭）。

2）鉴定程序合法。一审时法院通知上诉人到庭选定鉴定机构，上诉人拒不到庭。法院指定合法，且该鉴定机构是南阳市唯一一家，且在中级法院认可的鉴定机构名册内。

3）合同中燕东公司也签名盖章，承担责任正确。

4）一审程序合法，判决结果正确。

请求二审驳回上诉，维持原审判决。

## 9.2.6　二审法院调查

根据两上诉人的请求和理由及被上诉人的答辩情况，并争得诉辩双方认可，合议庭归纳本案争议焦点如下：

1）该纠纷工程所使用的图纸是否是上诉人金厦公司设计提供的？

2）争议工程图纸是否在原建设部规定的使用前审查的范围内？

3）燕东公司是否是适格的当事人，是否应当承担责任？

4）原审鉴定程序是否合法，鉴定机构是否具有资质？

5）原审判决各项赔偿费用是否适当？

法院查明的事实与原审查明的事实一致。

法院认为，两上诉人与被上诉人签订的《民用建设工程设计合同》是在双方平等自愿的基础上签订的，在合同设计人一栏中，设计人为金厦公司，燕东公司，落款处也加盖了燕东公司的印章及法人代表王海燕的签名，原审判决认定燕东公司应作为共同被告且承担责任并无不当。上诉人金厦公司上诉称，正粮公司所使用图纸并非他们设计，二审中正粮公司将图纸原件向法庭提交，并经双方质证该图纸上公章是上诉人金厦公司的公章。上诉人称"2008 年 12 月 4 日已将原方形公章上交，2009 年 1 月上诉人才使用圆形印章，所以交付图纸时间是 2009 年 3 月，被上诉人称 2008 年 11 月 14 日交付图纸是不可能的"。被上诉人辩称："交付图纸时确实未加盖公章，公章是在 2009 年施工完后我们又到山东和王海燕一起到金厦公司加盖的"，上诉人据此辩称这份图纸是草图，电子版是最终方案，正规图纸每页都应加盖公章。经质证，该图纸每页均有金厦公司的公章，同时本院认为被上诉人与上诉人签订设计合同，并支付了设计费用，被上诉人不用该图纸另行使用他人设计图纸有悖常理，同时对被上诉人提出的先使用图纸后加盖公章的辩解，上诉人金厦公司并未提出抗辩的理由，故被上诉人正粮公司所使用的图纸本院认定是金厦公司设计。

关于该图纸使用前是否必须经县级以上人民政府审核备案的问题，原建设部令第 134 号第 3 条规定："本办法所称施工图纸审查，是指建设主管部门认定的施工图审查机构按照有关法律、法规，对施工图涉及公共利益，公众安全和工程建设强制性标准的内容进行审查。施工图纸未经审查的，不得使用。"正粮集团所建民用粮仓不属于涉及公共利益、公众安全及工程建设强制性标准的内容，故不应受该令的约束。

关于鉴定机构选定程序，从卷宗材料显示 2009 年 4 月 3 日、12 日两次通知燕东公司法定代表人王海燕，2009 年 4 月 3 日通知金厦公司，到唐河县人民法院选定鉴定机构，并告知如不按时到，视为放弃该项权利，以后不能对鉴定的结果提出异议。故两上诉人未按一审法院指定的时间到庭协商鉴定机构的选定，法院指定鉴定机构，程序上并无不当。且南阳市房屋安全鉴定中心，是本院司法技术处备案的鉴定机构之一，鉴定机构人员均有相应的资质，故对该机构作出的鉴定结论，本院应予采信，两上诉人提出重新鉴定的申请，本院不予支持。

关于原审法院判决赔偿数额问题，本院认为，原审法院既然委托了南阳市房屋安全鉴定中心对该房屋的设计是否存在问题进行了鉴定，也采信了该中心的鉴定结论，那么加固工程所需费用，也应按鉴定书确认的 138.85 万元作为依据，一审法院以被上诉人实际支出 235 万元判决，超出了鉴定书认定的数额。对于超出的 96.15 万元是否是必须加固的费用，被上诉人正粮公司没有充分的证据予以证实，原审支持不当，本院应予以纠正。两上诉人该上诉理由成立，本院予以支持。

关于计设费用，从卷宗材料显示，上诉人燕东公司、原审被告王海燕于 2008 年 12 月 10 日共同收取正粮公司设计费 4 万元，金厦公司于 2009 年 3 月 11 日收取正粮公司设计费 2 万元，上述款项均有收据、发票，并加盖有单位财务专用章及王海燕的签名，充分证明被上诉人正粮公司已向原审三被告支付 6 万元的设计费用。因上诉人设计图纸不合格，根据《合同法》第 280 条的规定："勘察、设计的质量不符合要求，设计人应当继续完善勘察、设计，减收或者免收勘察、设计费并赔偿损失。"本案而言，工程已竣工，且出现重大设计质量问题，继续完善设计已无可能，故原审三被告应在各自收取的设计费数额内承担返还责任。

原审被告王海燕，因二审中未在法定时间内依法交纳上诉费用，故本院对此不以上诉处理，上诉状中涉及王海燕的上诉理由，本院不予审理，亦不再予以评述。

### 9.2.7 二审法院判决

综上所述，本院认为，原审判决事实清楚，适用法律正确，但在赔偿数额认定上不当。依照《合同法》第280条、《民法通则》第111条、第112条第1款、《民事诉讼法》第153条第1款第(3)项之规定，判决如下：

1）撤销唐河县人民法院(2009)唐民一初字第222号民事判决。

2）上诉人金厦公司、燕东公司在本判决生效后15日内共同赔偿被上诉人正粮公司经济损失138.85万元。

3）上诉人金厦公司在本判决生效后15日内返还给被上诉人正粮公司设计费2万元。

4）上诉人燕东公司和原审被告王海燕在本判决生效后15日内共同返还被上诉人正粮公司设计费4万元，如果未按本判决指定的期间履行给付金钱义务，应当依照《民事诉讼法》第232条之规定，加倍支付迟延履行期间的债务利息。

5）一审案件受理费68280元，二审案件受理费26080元，合计94360元，被上诉人正粮公司负担34360元，金厦公司负担30000元，燕东公司负担30000元。

本判决为终审判决。

## 9.3 建设工程施工合同纠纷案例1

### 9.3.1 裁判摘要

鉴定机构分别按照定额价和市场价作出鉴定结论的，在确定工程价款时，一般应以市场价确定工程价款。这是因为，以定额为基础确定工程造价大多未能反映企业的施工、技术和管理水平，定额标准往往跟不上市场价格的变化，而建设行政主管部门发布的市场价格信息，更贴近市场价格，更接近建设工程的实际造价成本，且符合《合同法》的有关规定，对双方当事人更公平。

### 9.3.2 案件由来

申请再审人(一审被告、二审被上诉人、原被申诉人)：济南永君物资有限责任公司。

被申请人(一审原告、二审上诉人、原申诉人)：齐河环盾钢结构有限公司。

申请再审人济南永君物资有限责任公司(以下简称永君公司)与被申请人齐河环盾钢结构有限公司(以下简称环盾公司)建设工程施工合同纠纷一案，不服山东省高级人民法院(2008)鲁民提字第304号民事判决，向最高人民法院申请再审。最高人民法院于2010年12月22日作出(2010)民再申字第109号民事裁定，提审本案。法院依法组成合议庭，于2011年6月21日开庭审理了本案。永君公司的法定代表人杨文平及其委托代理人于毅、陈学锋，环盾公司的委托代理人陈杰、李乔到庭参加诉讼。本案现已审理终结。

### 9.3.3　一审情况

2006 年 4 月 22 日，环盾公司起诉至山东省济南市历城区人民法院称，2003 年 11 月 1 日，环盾公司承揽了永君公司的 30 万吨棒线材轧钢厂厂房与翼缘板轧制厂厂房项目，按合同约定，两项工程共计 1 588 万元。该工程已经交付永君公司使用近两年，永君公司尚欠环盾公司工程款 455 万余元拒绝支付，请求法院判令永君公司立即支付工程款。永君公司辩称，环盾公司主体不合格，请求驳回环盾公司的起诉。

山东省济南市历城区人民法院一审查明：

**1. 关于钢结构厂房工程的实际施工主体问题**

环盾公司提供的两份建设工程施工合同均是制式合同。两份合同记载的发包人均是永君公司，承包人均是第九冶金建设公司第五分公司。其中一份合同约定：工程名称是翼缘板轧制厂，厂房建筑面积 11 639 $m^2$，工程内容是按投标工程报价的各项目内容及施工图纸规定项目施工，承包范围是图纸设计内容（除水电安装、地面以外图纸所设计的所有内容），工程质量标准为合格，争取优良，合同价款是 452 万元，合同订立时间是 2003 年 11 月 1 日，项目经理是刘文栋。另一份合同约定：工程名称是 30 万吨棒线材轧钢厂，厂房建筑面积 18 601 $m^2$，工程内容是按投标工程报价的各项目内容及施工图纸规定项目施工，承包范围是图纸设计内容（除水电安装、地面以外图纸所设计的所有内容），工程质量标准为合格，争取优良，合同价款 1 186 万元，合同订立时间是 2003 年 11 月 1 日，项目经理是刘文栋。两份合同在甲方（发包方）一栏加盖公章的均是永君公司，签名的委托代理人均是刘泽洪；在乙方（承包方）一栏加盖公章的名称均是第九冶金建筑公司第五分公司合同专用章，签名的委托代理人均是石忠义；电话 0534 - 5676388，传真 0534 - 5676999。环盾公司为证明自己是两栋厂房的实际施工人，除提供其持有的上述两份施工合同外，还提供了中国网通齐河分公司书证，证明上述施工合同乙方（承包方）一栏记载的电话 0534 - 5676388、0534 - 5676999 均是环盾公司办公电话。环盾公司提供山东省齐河经济开发区管理委员会书证，证明争议工程的合同和技术资料中出现的石忠义在环盾公司任经理，王振楼与李宗义是公司的技术员。环盾公司提供工程图纸会审和设计交底记录、地基与基础工程质量评定表、地基隐蔽工程验收记录、纤探结论等工程技术资料中施工单位加盖的公章均是第九冶金建筑公司第五分公司公章，签名是环盾公司法定代表人刘文栋。环盾公司提供提货单，证明永君公司抵顶工程款的钢材运送到环盾公司。环盾公司提供三份施工合同、环盾公司财务记账凭证、外联单位的收款收据、发票等证据来证明支付给工程外联单位的各种款项均是环盾公司支付。永君公司对环盾公司提供的上述证据的真实性没有异议，但认为环盾公司提供的证据不能证明环盾公司是工程的实际施工人。

为查明争议工程合同主体和实际施工主体情况，山东省济南市历城区人民法院调取了（2005）历城民商初字第 739 号民事卷宗和（2006）历城民商初字第 1113 号民事卷宗中的有关（2005）历城民商初字第 739 号民卷宗的卷宗材料有：①环盾公司法定代表人刘文栋以第九冶金建筑公司第五分公司项目经理名义作为该案委托代理人参加诉讼的授权委托书，委托书加盖第九冶金建筑公司第五分公司公章，落款时间是 2005 年 6 月 12 日。②环盾公司法定代表人刘文栋与永君公司工作人员刘泽洪签订一份证明，证明称永君公司发包给第九冶金建筑公司第五分公司承建的 30 万吨棒线材轧钢厂、加热炉厂房及翼缘板轧钢工程的施工地点已由济南市工业北路 68 号改为董家镇机场路谢家屯村西。③环盾公司法定代表人刘文栋以第九冶金建筑公司第五分公司名义与案外人山东英格利实业有限公司签订的用于"济南永君钢铁公司轧钢厂房"工程预拌混凝土供需合同。(2006)历城民商初字第 1113 号民事卷宗的卷宗材料有:①中国第九冶金建设公司第五工程公司出具的书证,证明石忠义、刘文栋不是该公司人员,该公司从未在山东济南从事施工和承接工程。②法院工作人员在工商注册登记机关未查到有第九冶金建筑公司第五分公司工商注册登记记录的情况说明。③环盾公司工作人员徐显富以第九冶金建筑公司第五分公司名义与案外人刘延平签订的铝合金安装及制作工程承包合同,以及徐显富为刘延平出具的刘延平在永君翼板厂安装铝合金窗完成的工程量的书面证明。审理中双方当事人对上述证据均无异议。

根据(2006)历城民商初字第 1113 号民事卷宗中调查材料及中国第九冶金建设公司第五工程分公司出具的书证表明,第九冶金建筑公司第五分公司公章是虚假的,中国第九冶金建设公司第五工程分公司并未承揽双方争议的钢结构厂房工程。环盾公司提供的证据表明,环盾公司持有双方争议工程的施工合同、施工技术资料,收取了永君公司供应的工程用钢材及永君公司支付的工程价款。结合环盾公司提供的外联采购合同和调取的另外两宗卷宗中环盾公司法定代表人和工作人员以第九冶金建筑公司第五分公司名义,为争议的钢结构工程建设签订采购混凝土和外包铝合金门窗加工合同等的证据,能够认定环盾公司是双方争议的钢结构厂房工程的实际施工人。

**2. 关于钢结构工程的竣工验收及工程造价问题**

(1)工程竣工验收情况

环盾公司提供"工程竣工质量验收报告",报告载明的工程类别为钢结构,工程地点在谢家屯,工程名称是永君钢铁轧钢车间,工程性质是工业用,包工总价是 1 588 万元,发包单位是永君公司,工程量及简要内容是柱基开挖、浇筑混凝土、钢结构厂房的制作、安装(含行车梁的制作安装),发包、监理、承包和设计单位验收意见是验收达到合格标准、开工日期是 2003 年 11 月 2 日,验收日期是 2004 年 5 月 28 日。永君公司在报告发包方一栏加盖公章,陕西省冶金设计研究院在设计单位一栏加盖公章,承包单位一栏加盖的公章名称是第九冶金建筑公司第五分公司,报告书监理单位一栏加盖公章。环盾公司还提供了钢结构安装单位工程观感质量表、各分项工程质量验收记录、分部工程质量评定表均记载质量合格,济南市历城区建设工程监理服务中心业务一科在上述材料上加盖了公章。环盾公司提供工程竣工验收用表,竣工验收情况结论是基础施工、钢构件制作、焊接、钢构件安装等符合要求合格,永君公司、济南市历城区建设工程监理服务中心业务一科在总表上加盖公章,施工单位一栏加盖的公章是第九冶金建筑公司第五分公司,签名的是环盾公司法定代表人刘文栋。永君公司对环盾公司提供的上述证据有异议,认为验收报告不真实,出具报告的时间是 2004 年 5 月 23 日,但报告书中验收日期是 2004 年 5 月 28 日,所以报告书是在未验收的情况下形成的;报告书没有监理部门签章,不能证明工程已经验收;验收总表记载竣工日期是 2004 年 5 月 20 日,与验收报告记载的日期矛盾,所以,环盾公司不能证明工程已竣工验收合格。环盾公司提供的"工程竣工质量验收报告"虽然没有监理单位加盖公章,但环盾公司提供了钢结构安装单位工程观感质量表、各分项工程质量验收记录、分部工程质量评定表均记载质量合格,济南市历城区建设工程监理服务中心业务一科加盖公章;环盾公司还提供了工程竣工验收总表,竣工验收情况结论是基础施工、钢构件制作、焊接、钢构件安装等符合要求合格,永君公司、济南市历城区建设工程监理服务中心业务一科加盖公章。该工程永君公司也已接收并投入使用，结合环盾公司提供的竣工验收明细材料应认定，环盾公司实际施工的双方争议的钢结构厂房工程已经竣工验收，质量合格。

　　（2）工程造价问题

　　环盾公司主张工程造价应按其提供的两份施工合同约定的造价合计 1 588 万元结算。针对环盾公司提供的两份施工合同，审理中永君公司也提供一份施工合同。该合同约定：发包人为济南永君钢铁有限公司，承包人为第九冶金建设公司第五分公司，工程名称是轧钢厂房，厂房建筑面积 28 254 m²，工程内容按投标工程报价的各项目内容及施工图纸规定项目施工，承包范围是图纸设计内容（除水电安装、地面以外图纸所设计的所有内容），工程质量标准为合格，争取优良，合同价款是 988 万元，合同订立时间是 2003 年 11 月 1 日，项目经理是刘文栋。合同在甲方（发包方）一栏加盖公章的是永君公司，签名的委托代理人是刘泽洪，在乙方（承包方）一栏加盖公章的名称是第九冶金建筑公司第五分公司合同专用章，签名的委托代理人是石忠义。因双方当事人提供的合同价款相互矛盾，但合同记载的签订时间却是同一日期，相同的委托代理人签订，承包方公章是虚假的，所以无法按合同确定工程价款。山东省济南市历城区人民法院一审审理中委托山东省实信工程造价咨询有限公司（以下简称实信造价公司）对环盾公司承建的钢结构厂房的造价进行鉴定。实信造价公司出具的济南永君轧钢车间《造价鉴定报告书》认定，济南永君轧钢车间工程造价无异议部分是 15 772 204.01 元；其中直接工程费和措施费合计 12 097 423.01 元；有异议部分是 39 922.82 元。该报告书第 5 项有关情况说明称，钢结构工程有两种结算方式：一种为市场价；另一种为定额价。按照钢结构工程造价鉴定的惯例，应以市场价进行鉴定。根据一审法院要求，实信造价公司出具《造价鉴定补充说明》，该说明以永君公司提供的总价款为 988 万元的合同约定的单价 337.73 元/m² 和施工图纸及施工记录记载的建筑面积 29 240 m² 为依据，得出工程总造价市场价值为 9 875 225.20 元。环盾公司对此认定提出异议，认为进行鉴定就是因为双方提供的合同约定的价款相互矛盾，鉴定部门仍依永君公司提供的合同得出市场价显然不妥。实信造价公司又出具《造价鉴定补充说明（1）》，该说明称收到的三份合同相互矛盾，均不采纳。结合当时市场情况和双方提供的其他证据，认为综合单价应采用鲁正基审字（2004）第 0180 号造价咨询报告的综合单价，建筑面积采用施工图纸，比较符合市场情况，即工程造价（市场价）为：388.35 元/m²（综合单价），建筑面积为 29 240 m²，总造价为 9 875 225.20 元。因该说明中总造价数字计算有误，实信造价公司出具《造价鉴定补充说明（2）》称：本公司于 2007 年 8 月 10 日出具的《造价鉴定补充说明（1）》认定工程综合单价为 388.35 元/m²，工程总面积为 29 240 m²，工程总造价为 1 1 35 5 354 元，因笔误，《造价鉴定补充说明（1）》将总造价误算为 9 875 225.20 元，应更正为 11 355 354 元。上述《造价鉴定补充说明（1）》和《造价鉴定补充说明（2）》中依据的鲁正基审字（2004）第 0180 号造价咨询报告，是山东鲍德永君翼板有限公司委托山东正诺工程造价咨询有限公司所作的《关于山东鲍德永君翼板有限公司钢结构厂房工程结算的审核报告》，山东鲍德永君翼板有限公司委托审核的是订立时间为 2003 年 11 月 1 日合同价款为 452 万元的翼缘板轧制厂工程合同。报告审核结果为：原送审结算值为 452 万元，经审核核定的工程结算值为 452 万元，净核减值为 0。工程造价审核说明称合同价款 452 万元为中标价。该工程造价鉴定结果认定表中建设单位加盖公章的是山东鲍德永君翼板有限公司，施工单位加盖的公章是第九冶金建筑公司第五分公司，经办人签名是徐显富（环盾公司的工作人员)。

(3)工程款的支付情况

环盾公司确认收到永君公司支付工程款 11 952 835.52 元,其中永君公司为工程提供钢材抵工程款 5 877 835.52 元,永君公司直接支付工程款 605 万元,环盾公司工作人员王振楼在施工中为工程施工向永君公司借款 25 000 元,审理中环盾公司认可是永君公司支付的工程款。

**3. 环盾公司的施工资质和向公安机关报案情况**

环盾公司提供的资质证书载明,环盾公司注册资金 327 万元;主项资质等级是钢结构工程 3 级,承包范围是可承担单项合同额不超过企业注册资金 5 倍且跨度 24 m 及以下、总重量 600 t 及以下、单体建筑面积 6 000 $m^2$ 及以下的钢结构工程。环盾公司提交齐河县公安局证明,证明内容为:2005 年 12 月环盾公司报案称,2003 年 11 月张育鑫、薛兴堂等人冒充中国第九冶金建设公司工作人员,提供了中国第九冶金建设公司的相关资质材料及中国第九冶金建设公司第五分公司的印鉴及其他材料,以该公司的名义承包了永君公司的钢结构工程,并由环盾公司实际施工。在施工过程中,张育鑫、薛兴堂等人从环盾公司骗走 20 余万元。2005 年 10 月经环盾公司到中国第九冶金建设公司落实,发现并无中国第九冶金建筑公司第五分公司,中国第九冶金建设公司也无张育鑫、薛兴堂等工作人员。于是向公安机关报案,要求追究张育鑫、薛兴堂等人的诈骗责任。该局接到报案后,由于环盾公司当时无法提供张育鑫、薛兴堂等人的确切身份、住址等情况,就告知环盾公司暂时不予立案,待公司将张育鑫、薛兴堂等人的身份、住址情况搞清楚后再决定是否立案。永君公司对环盾公司提供的该证明真实性无异议,但认为该书证只能证明环盾公司于 2005 年 10 月曾报过案,工程于 2004 年就结束了,该证明不能证明环盾公司受到过诈骗。一审法院认为永君公司异议成立,齐河县公安局的证明只能证明环盾公司曾报过案,仅依此书证不能证明环盾公司曾受过诈骗。

**4. 一审判决**

山东省济南市历城区人民法院一审认为,环盾公司和永君公司提供的三份施工合同中,工程承包方加盖的公章均是虚假的,环盾公司诉称是被张育鑫、薛兴堂等人诈骗,并曾经报警,但环盾公司提供的公安机关的证明表明环盾公司不能说清张育鑫、薛兴堂等人的确切身份、住址等情况,所以,环盾公司该主张的证据不充分,不能证明存在环盾公司被他人诈骗的事实。环盾公司和永君公司提供的合同、施工技术资料、财务往来凭证上的经办人均是环盾公司工作人员,这一方面能证明环盾公司是双方争议工程的实际施工人,同时也证明环盾公司在与永君公司业务往来中一直在使用中国第九冶金建筑公司第五分公司虚假公章。而且环盾公司为工程施工购买混凝土,外联委托加工铝合金门窗不是以自己公司名义签订合同,而是使用这枚虚假公章,充分说明环盾公司在此钢结构工程合同签订和履行过程中使用虚假公章,存在欺诈行为。环盾公司冒用虚假资质,使用虚假公章与永君公司签订的三份钢结构工程施工合同均是无效合同。但由于环盾公司按质量要求完成了钢结构厂房工程,工程质量验收合格,永君公司也已经接收厂房并已投入使用,所以,环盾公司可以实际施工人的身份主张工程款。本案争议的最大焦点是工程造价如何计算,工程款按什么标准结算。按照最高人民法院的有关司法解释规定,冒用资质签订的建设施工合同无效,但实际施工人完成工程,工程竣工验收合格,可以按双方合同约定结算工程款。但本案双方当事人针对同一工程提供的三份合同,约定的工程价款差额巨大,但合同记载的签订时间却是同一日期,由相同的委托代理人签订的,依据合同不能确认合同当事人对合同价款约定的真实意思表示。所以,法院委托鉴定机构鉴定该工程总造价,鉴定机构出具的报告称,钢结构工程有两种结算方式:一种为市场价;另一种为定额价,按照钢结构工程造价鉴定的惯例,应以市场价进行鉴定。鉴定机构根据法院委托按定额价和市场价结算方式分别出具了鉴定结论。一审法院审查后认为,鉴定机构按市场价结算方式出具的鉴定结论主要是以山东鲍德永君翼板有限公司委托山东正诺工程造价咨询有限公司所作的鲁正基审字(2004)第0180号《关于山东鲍德永君翼板有限公司钢结构厂房工程结算的审核报告》为鉴定依据。第一,该报告委托主体不是合同双方当事人;第二,鲁正基审字(2004)第0180号《关于山东鲍德永君翼板有限公司钢结构厂房工程结算的审核报告》报告结论是,"原送审结算值为452万元,经审核核定的工程结算值为452万元",表明该报告是对452万元的施工合同约定结算值的认定,前面已经论述452万元的施工合同是无效合同,不能确认合同内容是工程发包方和实际施工人的真实意思表示;第三,鉴定机构按市场价结算方式出具的鉴定结论缺乏较充分的工程同期材料、人工、机械等工程造价主要构成要素的市场价格资料作依据。所以一审法院对鉴定机构以市场价出具的鉴定结论不予采信。钢结构工程与传统建筑工程相比属于较新型建设工程,工程定额与传统建筑工程定额相比不够完备,但本案中鉴定机构按定额价结算方式出具的鉴定结论与市场价结算方式出具的结论相比,事实和法律上的依据都较充分,所以一审法院采信鉴定机构按定额价结算方式出具的鉴定结论。鉴定机构依据定额结算方式计算的工程造价是基于2003年山东省建设委员会颁布的《山东省建筑工程消耗量定额》,该定额是按工程类别确定取费标准。双方争议的工程属一类工程,环盾公司不具有承揽此类工程的施工资质,在合同签订和履行过程中环盾公司有欺诈行为,一审法院认为永君公司应按鉴定机构依据定额结算方式计算的工程总造价无异议部分中直接费总额给付环盾公司工程款。环盾公司与永君公司签订的三份钢结构工程施工合同无效,主要是环盾公司冒用资质承揽工程,使用虚假公章签订合同的行为造成。三份合同约定的工程价款差额巨大,但记载的却是同一签订时间,由永君公司同一个委托代理人签订,均加盖永君公司公章,永君公司在合同签订过程中也有过错,永君公司的过错行为也是造成无法依合同约定确认工程价款的原因之一,所以,鉴定费用应由环盾公司与永君公司按各自的过错分担。山东省济南市历城区人民法院于2007年11月9日作出(2006)历城民商初字第825号民事判决:

1)永君公司给付环盾公司工程款144 586.48元,永君公司于本判决生效之日起10日内付清;

2)驳回环盾公司其他诉讼请求。案件受理费32 770元,由环盾公司负担28 370元,永君公司负担4 400元;财产保全费23 520元,由环盾公司负担;鉴定费13万元,由环盾公司负担9万元,永君公司负担4万元。

## 9.3.4  二审情况

### 1. 上诉理由

环盾公司不服一审判决,向山东省济南市中级人民法院提起上诉称:

(1)一审判决依据的是错误的鉴定报告

一审时对环盾公司提出的鉴定异议并未质证,违反了证据须经当事人进行质证才能采信的原则,该鉴定报告漏项及错算多达十几项,没有真实地反映该工程造价。环盾公司针对鉴定报告以上存在的诸多问题提出异议后，鉴定人员虽然进行了答复，但鉴定人答复显然不当，环盾公司针对其答复提出异议后，一审法院并未就此进一步质证，没有保障环盾公司充分的行使诉权。

(2) 一审法院仅判令永君公司支付工程直接费违背了等价有偿的原则

虽然环盾公司在签订合同时应永君公司的要求而犯了错误，但环盾公司按合同要求，保质保量地按期履行了合同义务，该工程已经质监机构和永君公司验收合格并交付使用三年多。在履行该合同时，环盾公司同样付出了施工企业应当付出的一切，环盾公司也会发生企业管理费、规费、税金及其他项目费用，而这些也是承建该项目成本的一部分，虽然环盾公司承建该项目超越了资质，但对发生的成本应计算在内，超越资质承包与无资质承包显然是本质不同的，一审法院判决将这些费用排除在外，是对直接费概念的曲解。

(3) 一审法院做出"在合同签订和履行过程中环盾公司有欺诈行为"的认定错误

1) 环盾公司使用第九冶金建筑公司第五分公司的名义与永君公司签订合同，是应永君公司要求。永君公司签订合同时的代理人刘洪泽(永君公司工作人员，已去世)在与环盾公司洽谈该业务时，要求环盾公司以一级资质的企业名义签订合同，这样便于永君公司将该建好后的工程与"济钢"合资。为了满足永君公司的要求，环盾公司通过莱钢永峰轧钢厂介绍，认识了第九冶金建筑公司第五分公司的张育鑫，经协商张育鑫同意环盾公司挂靠该单位，并以该单位的名义承揽工程，由其出具第九冶金建筑公司第五分公司的全套手续，与永君公司签订合同，并收取环盾公司的管理费。在整个合同履行期间包括外协合同的签订，后来的应诉，张育鑫始终控制公章，所有文件和合同都由其加盖，环盾公司则向其交纳管理费。直至本案起诉前的 2005 年 10 月份，经与中国第九冶金建设公司接触，环盾公司才知道所谓的第九冶金建筑公司第五分公司并不存在，于是就在齐河县公安局报了案。因此，环盾公司并未有欺诈的故意。同时需要说明，从工程开始永君公司就知道工程是环盾公司承建，永君公司提供的主要材料都是由永君公司直接送到环盾公司院内，一审法院认定环盾公司在签订履行合同中存在欺诈行为无事实依据。

2) 在合同履行期间环盾公司没有任何欺诈行为。诚然，在合同签订时环盾公司因受了张育鑫等人的蒙骗而使用了不存在的分公司名义签订合同，但环盾公司积极地履行了合同义务，按期完成了工程并经质监机构验收合格，而且在结算上没有弄虚作假，不存在欺诈，一审法院在未查明事实的情况下认定环盾公司在合同签订和履行过程中有欺诈行为，没有事实依据。

(4) 一审法院在审理期间，违法解除对永君公司存款的冻结保全措施，损害了环盾公司的合法权益

**2. 上诉请求**

环盾公司请求山东省济南市中级人民法院：撤销一审判决、依法改判或发回重审；本案一、二审诉讼费、保全费、鉴定费用全部由永君公司承担。

2008 年 2 月 2 日，环盾公司又提交补充上诉状称，一审法院仅支持工程造价鉴定无异议部分中的直接费用无事实和法津依据。尽管环盾公司不具有承揽涉案工程的施工资质，但是争议的工程确实属于一类工程，而且该工程已经竣工验收合格，并投入使用三年之久，根据最高人民法院《关于审理建设工程施工合同纠纷案件适用法律问题的解释》第 2 条的规定，建设工程施工合同无效，但建设工程经竣工验收合格，承包人请求参照合同约定支付工程价款

的，应予支持。工程价款包括直接费、间接费、税金及利润。而直接费和间接费是工程造价里面的成本，由于间接费是施工企业为工程所支出的实际费用，并不能因为合同无效而由施工人承担本应由发包人承担的成本。如果折价补偿应当包括施工人为建设工程所支出的所有实际费用，其价位就是建设工程的整体价位，也即建设工程的完整造价。如果合同无效后承包人只能主张合同约定的价款中的直接费和间接费，则承包人融入建筑工程产品当中的利润及税金就被发包人获得。发包人依据无效合同取得了承包人应当得到的利润，这与无效合同的处理原则不符合，违背了等价有偿原则。因此，一审法院扣减环盾公司应得的间接费、税金和利润无法律依据。

**3. 被上诉人答辩**

永君公司答辩称，其亦不同意一审判决。环盾公司主体不合格，应当认定真实的合同价款是 988 万元，并依此作为判决的依据。对环盾公司提交的补充上诉状，主张已过上诉期，不予认可，请求二审法院不予采纳。

**4. 二审法院判决**

山东省济南市中级人民法院二审查明，一审判决认定的事实属实，予以确认。另查明，本案一审期间，鉴定人员根据永君公司的申请，出庭接受双方当事人的质询，同时就环盾公司对鉴定报告的异议进行了回复。二审中，环盾公司提出鉴定申请，并提供鉴定材料。永君公司对鉴定材料质证后认为，一审法院审理过程中，依据当事人的申请，要求鉴定人员出庭接受询问，两位鉴定工程师出庭接受了当事人的询问，对鉴定过程中的问题作了解答，鉴定过程中不存在漏项的情况。因此，环盾公司认为原鉴定结论有漏项根本不存在。

济南市中级人民法院二审认为，一审法院已经对涉案工程委托了有资质的鉴定机构进行了鉴定，并对环盾公司提出的相关问题进行了回复，对环盾公司提出的漏项部分已经答复，一审法院委托的鉴定机构出具的鉴定报告合法有效，环盾公司申请重新鉴定不予支持。环盾公司 2008 年 1 月 2 日提交的补充上诉状，因已过上诉期，永君公司不予认可，故不予审理。环盾公司使用虚假"第九冶金建筑公司第五分公司"的名义与永君公司签订建设工程施工合同，第九冶金建筑公司第五分公司公章系环盾公司冒用，环盾公司不具有承包涉案建筑工程的资质，违背了法律的强制性规定，故环盾公司与永君公司签订的三份建设工程施工合同均无效。根据最高人民法院《关于审理建设工程施工合同纠纷案件适用法律问题的解释》第 2 条的规定，建设工程施工合同无效，但建设工程竣工验收合格，承包人请求参照合同约定支付工程价款的，应予支持。但因本案中，涉案工程有三份价款不一致的建设工程施工合同，不能确定双方当事人对涉案工程价款的约定，故一审法院依据鉴定报告确定双方之间的工程款，并无不当。环盾公司称，鉴定报告未进一步质证，鉴定报告有漏项及错算的主张。但是，一审审理过程中，鉴定报告已送达双方当事人签收，鉴定人员已经出庭接受了双方当事人的询问，环盾公司对鉴定报告的异议，鉴定机构已做了答复，故环盾公司关于鉴定报告未进一步质证的主张，不予支持。关于鉴定报告中是否漏算车间钢屋架梁制作和安装、漏算车间采光带、漏算运输费、漏算钢制动梁、漏算面漆、漏算车间墙角泛水包角、背檐口包角、窗口包角、门口包角，漏算 3 mm 的天沟钢构件及拉丝、隔撑及定额套用是否有误，实信造价公司就此问题已做说明，鉴定报告已对吊车梁、屋面采光带等做了计算，故环盾公司该主张，不予支持。关于环盾公司称一审法院判令永君公司向环盾公司支付工程直接费对环盾公司不公的主张，由于环盾公司冒用虚假公司的名义与永君公司签订建设施工合同，致使双方之间的建设施工合同无效，一审法院判令永君公司向环盾公司支付工程直接费用并无不当。关于环盾公司称一审法院违法解除对永君公司存款冻结的主张，在一审法院采取财产保全措施后，永君公司对冻结的存款已经提供了相应的担保，一审法院解除对永君公司存款的冻结并无不当。综上，环盾公司的上诉请求和理由，证据不足，不予支持。一审判决认定事实清楚，应予维持。依照《民事诉讼法》第95条、第152条、第153条第1款第(1)项、第158条之规定，山东省济南市中级人民法院于2008年4月11日作出(2008)济民五终字第44号民事判决：驳回上诉，维持原判。二审案件受理费32 770元，由环盾公司负担。

### 9.3.5 申诉与抗诉

环盾公司不服，向检察机关提出申诉。山东省人民检察院抗诉认为，二审判决以环盾公司没有承揽该类工程的施工资质，在合同签订和履行过程中其有欺诈行为为由，仅认定了实信造价公司《建筑工程结算书》中无异议部分的直接费用12 097 423.01元，而对施工过程中产生的间接费、税金、利润等部分均未予以认定，系适用法律错误。首先，二审判决因双方当事人提交的三份合同系当事人冒用"第九冶金建筑公司第五分公司"的名义签订的，且环盾公司系超越资质承揽业务，故认定合同无效，符合相关法律规定。最高人民法院《关于审理建设工程施工合同纠纷案件适用法律问题的解释》第2条规定："建设工程施工合同无效，但建设工程经竣工验收合格，承包人请求参照合同约定支付工程价款的，应予支持。"所以，环盾公司请求永君公司按照原合同的约定支付工程价款，并无不当。既然涉案的三份合同均无效，则工程价款的数额应当以实际发生的价款为准。2004年5月，涉案工程经双方当事人共同验收结算，工程达到合格标准，该工程的《工程竣工质量验收报告》中载明工程造价为1 588万元。本案一审期间，经法院委托，实信造价公司于2007年1月19日对该工程作出《建筑工程结算书》，认定涉案工程造价无异议部分为15 772 204.01元，本案一、二审判决均对此予以确认。该认定的造价数额与双方当事人之间结算数额基本一致，进一步证明涉案工程实际造价应当是1 588万元左右。其次，建设工程施工合同履行的过程，就是将劳动和建筑材料物化在建筑产品中的过程。合同被确认无效后，已经履行的内容不能适用返还的方式使合同恢复到签约前的状态，而只能按照折价补偿的方式处理。而所谓的"价"，从工程施工管理的角度来讲，应当包括直接费、间接费、税金及利润等各种实际发生的价款，而非仅仅指原材料费、人工费等直接费。最高人民法院《关于审理建设工程施工合同纠纷案件适用法律问题的解释》第2条实际上是对在因为无资质而导致合同无效的情况下所实际发生的合格建筑工程予以有条件的认可，从而对现实生活中普遍存在的此类现象予以合理规范与控制，对由此所产生的社会关系予以合理的解决与疏导。二审判决认定了上述事实，但却以环盾公司没有承揽该类工程的施工资质，在合同签订和履行过程中其有欺诈行为为由，仅认定了实信造价公司《建筑工程结算书》中无异议部分的直接费用12 097 423.01元，而对施工过程中产生的各种间接费、税金、利润等部分均未予以认定，明显与最高人民法院《关于审理建设工程施工合同纠纷案件适用法律问题的解释》第2条的本意不符。而且直接费和间接费均属于工程造价里面的成本，是施工企业为工程所支出的实际费用，折价补偿理当包括施工人为建设工程所支出的所有实际费用。再次，就建设工程而言，其价值就是建设工程的整体价值，也即建设工程的完整造价。如果合同无效后承包人只能主张合同约定价款中的直接费和间接费，则承包人融入建筑工程产品当中的利润及税金就将被发包人获得。发包人依据无效合同取得了利润,这也与无效合同的处理原则不符,对施工方不公平,违背了等价有偿的原则。原审判决以环盾公司没有承揽该类工程的施工资质,在合同签订和履行过程中其有欺诈行为为由,仅认定了实信造价公司《建筑工程结算书》中无异议部分的直接费用 12 097 423.01 元,而对施工过程中产生的间接费、税金、利润等部分均未予以认定,系适用法律确有错误。

## 9.3.6　原再审

原再审过程中,环盾公司称:

1)《工程竣工验收总表》和《工程竣工质量验收报告》记载的预算造价和包工总价均为 1 588 万元,且签署在涉案工程竣工后,可以作为永君公司向环盾公司进行工程结算的依据。

经法院委托,实信造价公司于 2007 年 1 月 19 日作出《建筑工程结算书》,认定涉案工程造价无异议部分为 15 772 204.01 元,本案一、二审判决均对此予以确认。该认定的造价数额与双方当事人之间结算数额基本一致,证明涉案工程实际造价是 1 588 万元左右。

2)一审法院采用的工程造价鉴定报告存在漏项、定额套用错误,导致对工程造价的认定错误,二审未予纠正。

3)二审判决以环盾公司没有承揽该类工程的施工资质,在合同签订和履行过程中有欺诈行为为由,仅认定了实信造价公司鉴定报告中无异议部分的直接费用 12 097 423.01 元,而对施工过程中产生的间接费、税金、利润等部分均未予以认定,系适用法律错误。

永君公司辩称,原审判决正确,应予维持。

山东省高级人民法院再审查明的事实与原一、二审认定的事实一致。

山东省高级人民法院再审认为,环盾公司冒用第九冶金建筑公司第五分公司的名义,使用虚假公章与永君公司签订的三份建设工程施工合同均无效。因环盾公司按工程质量要求施工完成了工程,经验收工程质量合格,永君公司已经接收了工程并已投入使用,环盾公司以实际施工人的身份主张工程款,予以支持。因本案双方当事人分别举证的三份合同约定的工程价款不同,双方均各自认为自己所举证的合同真实,因双方对三份合同本身及合同的工程价款存在分歧,法院无法予以参照。根据一审法院委托实信造价公司所作的《造价鉴定报告书》,经质证后,原一、二审法院判决均予以采信,《造价鉴定报告书》中济南永君轧钢车间工程造价无异议部分是 15 772 204.01 元,有异议部分是 39 922.82 元。建设工程价值就是整体价值,也即建设工程的完整造价。合同无效后,如施工方只能主张建设工程造价中的直接费,则施工方融入建筑工程当中的间接费、利润及税金就被发包方获得,这与无效合同的处理原则不符,对施工方不公平,违背了等价有偿的原则。原审判决以环盾公司没有承揽涉案工程的施工资质,在合同签订和履行过程中有欺诈行为为由,仅支持了环盾公司无异议部分的直接费用 12 097 423.01 元,而对间接费、税金、利润等均未予以支持不当。检察机关关于本案应当保护环盾公司整体工程造价(包括直接费、间接费、利润及税金)的抗诉意见成立,予以支持。原一、二审判决适用法律不当,应予纠正。经山东省高级人民法院审判委员会研究决定,依照《民事诉讼法》第 153 条第 1 款第(2)项,第 186 条第 1 款之规定,判决:

1)撤销山东省济南市中级人民法院(2008)济民五终字第 44 号民事判决与山东省济南市历城区人民法院(2006)历城民商初字第 825 号民事判决。

2)永君公司于本判决生效 10 日内偿付给环盾公司工程款 3 819 368.49 元(鉴定的工程造价 15 772 204.01 元 - 已支付的 1 1 952 835.52 元)。一审案件受理费 32 770 元,由环盾公司负担 16 385 元，永君公司负担 16 385 元；财产保全费 23 520 元，由环盾公司负担；鉴定费 13 万元，由环盾公司负担 9 万元，永君公司负担 4 万元。二审案件受理费 32 770 元，由环盾公司负担 16 385 元，永君公司负担 16 385 元。

### 9.3.7　再审

永君公司不服该判决，向最高人民法院申请再审，称：

1）环盾公司并非是施工人，从涉案项目的投标到合同的签订、履行，始终都是石忠义、刘文栋冒用中国第九冶金建筑公司第五分公司资质，使用虚假公章，属于严重欺诈行为，这是造成工程施工合同无效的根本原因。在山东省高级人民法院再审期间，永君公司曾申请对三份合同是否是同一天签订申请鉴定，但山东省高级人民法院未予采纳，属于程序不当。

2）988 万元是涉案工程的真实价款，应参照该 988 万元的施工合同进行工程结算。山东省高级人民法院采纳定额价结算方式的鉴定报告，存在误算、多算的问题，对工程造价类别划分界定错误，将二类工程按照一类工程计取费率。即使本案采用司法审价也只能采用市场价结算方式的鉴定结论。

3）涉案工程并没有经过竣工验收，山东省高级人民法院依据被申请人伪造的证据认定涉案工程经验收工程质量合格，显然属于事实认定错误。

4）退一步讲，本案即使采用定额结算方式的鉴定结论，应仅支持直接费，而对于间接费、利润和税金则不应支持。

5）原一、二审和原再审法院采纳的定额价鉴定报告本身就存在严重的硬伤。综上，请求撤销山东省高级人民法院（2008）鲁民提字第 304 号民事判决，驳回环盾公司的诉讼请求。

环盾公司辩称，原再审判决认定事实清楚，适用法律正确，应予维持。

最高人民法院再审查明的事实与原审判决认定的事实一致。

最高人民法院再审认为，本案争议的焦点问题是：①环盾公司是否是涉案工程的实际施工人；②涉案工程施工合同的效力认定；③涉案工程价款的确定依据。

**1. 关于环盾公司是否是涉案工程的实际施工人的问题**

最高人民法院认为，首先，虽然从本案建设工程施工合同的形式看，承包人为第九冶金建设公司第五分公司，与环盾公司并无直接的法律关系，从本案建设工程施工合同的内容看，也没有约定与环盾公司有关的权利义务内容，但是，环盾公司提供了中国网通齐河分公司书证，证明上述施工合同乙方（承包方）一栏记载的电话 0534 – 5676388、0534 – 5676999 均是环盾公司办公电话。其次，环盾公司提供的提货单证明永君公司抵顶工程款的钢材均运送到环盾公司；环盾公司的财务记账凭证、外联单位的收款收据、发票等证据能够证明支付给涉案工程外联单位的各种款项由环盾公司支付；环盾公司法定代表人刘文栋还以第九冶金建筑公月第五分公司名义与案外人山东英格利实业有限公司签订的用于"济南永君钢铁公司轧钢厂房"工程预拌混凝土供需合同。再次，环盾公司法定代表人刘文栋与永君公司工作人员刘泽洪签订的一份证明，证明称永君公司发包给第九冶金建筑公司第五分公司承建的 30 万吨棒线材轧钢厂、加热炉厂房及翼缘板轧钢工程的施工地点已由济南市工业北路 68 号改为董家镇机场路谢家屯村西。最后，环盾公司持有双方争议工程的施工合同、施工技术资料，收取了永君公司供应的工程用钢材及永君公司支付的工程价款。因此，原一、二审认定环盾公司是涉案工程的实际施工人并无不当。永君公司提出的主张环盾公司不是实际施工人的申请再审理由不成立，最高人民法院不予支持。

**2. 关于涉案工程施工合同的效力问题**

最高人民法院认为，根据原一、二审查明的事实和证据，能够证明承包人第九冶金建筑公司第五分公司系环盾公司工作人员假冒中国第九冶金建设公司第五工程公司的企业名称和施工资质承包涉案工程，环盾公司的行为构成欺诈，且违反了《建筑法》以及相关行政法规关于建筑施工企业应当取得相应等级资质证书后，在其资质等级许可的范围内从事建筑活动的强制性规定。依照《合同法》第 52 条第(5)项、最高人民法院《关于审理建设工程施工合同纠纷案件适用法律问题的解释》第 1 条之规定，应当认定环盾公司假冒中国第九冶金建设公司第五工程公司的企业名称和施工资质与永君公司签订的建设工程施工合同无效。永君公司提出的建设工程施工合同无效的主张正确，最高人民法院予以支持。

**3. 关于涉案工程价款的确定依据问题**

最高人民法院认为：

第一，本案应当通过鉴定方式确定工程价款。尽管当事人签订的三份建设工程施工合同无效，但在工程已竣工并交付使用的情况下，根据无效合同的处理原则和建筑施工行为的特殊性，对于环盾公司实际支出的施工费用应当采取折价补偿的方式予以处理。本案所涉建设工程已经竣工验收且质量合格，在工程款的确定问题上，按照最高人民法院《关于审理建设工程施工合同纠纷案件适用法律问题的解释》第 2 条的规定，可以参照合同约定支付工程款；但是由于本案双方当事人提供了由相同的委托代理人签订的、签署时间均为同一天、工程价款各不相同的三份合同，在三份合同价款分配没有规律且无法辨别真伪的情况下，不能确认当事人对合同价款约定的真实意思表示。因此，该三份合同均不能作为工程价款结算的依据。一审法院为解决双方当事人的讼争，通过委托鉴定的方式，依据鉴定机构出具的鉴定结论对双方当事人争议的工程价款作出司法认定，并无不当。

第二，本案不应以定额价作为工程价款结算依据。一审法院委托实信造价公司进行鉴定时，先后要求实信造价公司通过定额价和市场价两种方式鉴定。2007 年 1 月 19 日，实信造价公司出具的鲁实信基鉴字〔2006〕第 006 号鉴定报告载明，采用定额价结算方式认定无异议部分工程造价为 15 772 204.01 元，其中直接工程费和措施费合计 12 097 423.01 元，有异议部分工程造价为 39 922. 82 元。一、二审判决以直接工程费和措施费合计 12 097 423.01 元作为确定工程造价的依据，山东省高级法院再审判决则以无异议部分 15 772 204.01 元作为工程造价。首先，建设工程定额标准是各地建设主管部门根据本地建筑市场建筑成本的平均值确定的，是完成一定计量单位产品的人工、材料、机械和资金消费的规定额度，是政府指导价范畴，属于任意性规范而非强制性规范。在当事人之间没有作出以定额价作为工程价款的约定时，一般不宜以定额价确定工程价款。其次，以定额为基础确定工程造价没有考虑企业的技术专长、劳动生产率水平、材料采购渠道和管理能力，这种计价模式不能反映企业的施工、技术和管理水平。本案中，环盾公司假冒中国第九冶金建设公司第五工程公司的企业名称和施工资质承包涉案工程，如果采用定额取价，亦不符合公平原则。再次，定额标准往往跟不上市场价格的变化，而建设行政主管部门发布的市场价格信息，更贴近市场价格，更接近建筑工程的实际造价成本。此外，本案所涉钢结构工程与传统建筑工程相比属于较新型建设工程，工程定额与传统建筑工程定额相比还不够完备，按照钢结构工程造价鉴定的惯例，以市场价鉴定的结论更接近造价成本，更有利于保护当事人的利益。最后，根据《合同法》第62条第(2)项规定,当事人就合同价款或者报酬约定不明确,依照《合同法》第61条的规定仍不能确定的,按照订立合同时履行地的市场价格履行;依法应当执行政府定价或者政府指导价的,按照规定履行。本案所涉工程不属于政府定价,因此,以市场价作为合同履行的依据不仅更符合法律规定,而且对双方当事人更公平。

第三,以市场价进行鉴定的结论应当作为定案依据。实信造价公司根据一审法院的委托又以市场价进行了鉴定,并于2007年9月26日出具的造价鉴定补充说明(2)指出,涉案工程综合单价每平方米388.35元,工程总造价11 355 354元。一审法院认为,实信造价公司按市场价结算方式出具的鉴定结论主要是以山东鲍德永君翼板有限公司委托山东正诺工程造价咨询有限公司所作的鲁正基审字(2004)第0180号《关于山东鲍德永君翼板有限公司钢结构厂房工程结算的审核报告》为鉴定依据,而该报告委托主体不是合同双方当事人,该报告所涉452万元的施工合同是无效合同,且该鉴定结论缺乏较充分的工程同期材料、人工、机械等工程造价主要构成要素的市场价格资料作依据。但是,实信造价公司于2007年8月10日出具的《造价鉴定补充说明(1)》已经明确载明,鲁正基审字(2004)第0180号造价咨询报告中的综合单价388.35元,比较符合当时的市场情况。对于这一鉴定结论,双方当事人均未提供充分证据予以反驳。《关于山东鲍德永君翼板有限公司钢结构厂房工程结算的审核报告》委托主体是否为本案合同双方当事人,以及该报告所涉452万元施工合同是否有效,均不影响对综合单价每平方米388.35元的认定。一、二审和原再审判决对以市场价出具的鉴定结论不予采信的做法不当,应予纠正。本案所涉工程总面积为29 240 m²,故工程总造价按市场价应为11 355 354元。鉴于永君公司已经支付工程款11 952 835.52元,永君公司在一审判决后没有上诉;二审维持一审判决后,永君公司亦没有提出申请再审,因此,本案工程总造价可按一审确定的12 097 423.01元,作为永君公司应当支付的工程款项。

综上所述,永君公司申请再审的理由成立,原再审判决认定事实不当,应予以纠正。依照《民事诉讼法》第153条第1款第(2)项、第(3)项,第186条第1款之规定,判决如下:

1)撤销山东省高级人民法院(2008)鲁民提字第304号民事判决。

2)维持济南市中级人民法院(2008)济民五终字第44号民事判决和济南市历城区人民法院(2006)历城民商初字第825号民事判决。

一审案件受理费32 770元,由环盾公司负担28 370元,永君公司负担4 400元;财产保全费23 520元,由环盾公司负担;鉴定费13万元,由环盾公司负担9万元,永君公司负担4万元。二审案件受理费32 770元,由环盾公司负担。

本判决为终审判决。

# 9.4 建设工程施工合同纠纷案例2

## 9.4.1 裁判摘要

鉴于建设工程的特殊性,虽然合同无效,但施工人的劳动和建筑材料已经物化在建筑工程中,依据最高人民法院《关于审理建设工程施工合同纠纷案件适用法律的解释》第2条的规定,建设工程合同无效,但建设工程经竣工验收合格,承包人请求参照有效合同处理的,应当参照合同约定来计算涉案工程价款,承包人不应获得比合同有效时更多的利益。

## 9.4.2　案件由来

申请再审人(一审原告、反诉被告、二审上诉人)：莫志华。

被申请人(一审被告、反诉原告、二审被上诉人)：东莞市长富广场房地产开发有限公司。

原审原告：深圳市东深工程有限公司，住所地广东省深圳市罗湖区水库南东深供水工程管理局办公楼一楼。

法定代表人：林进宇，该公司董事长。

委托代理人：王征，该公司员工。

委托代理人：周娜，该公司员工。

申请再审人莫志华因与被申请人东莞市长富广场房地产开发有限公司(以下简称长富广场公司)、原审原告深圳市东深工程有限公司(以下简称东深公司)建设工程合同纠纷一案，不服广东省高级人民法院(2008)粤高法民一终字第71号民事判决，向最高人民法院申请再审。最高人民法院于2010年12月2日作出(2010)民申字第1418号民事裁定，提审本案。法院依法组成合议庭，公开审理了本案。莫志华及其委托代理人朱海波、韦宁，长富广场公司的委托代理人何筝君，东深公司的委托代理人王征、周娜到庭参加诉讼。本案现已审理终结。

## 9.4.3　一审情况

**1. 原告诉讼理由及诉讼请求**

莫志华一审诉称，2003年初，莫志华为承建东莞市长富商贸广场工程项目与长富广场公司进行了多次洽谈，在莫志华支付长富广场公司50万元投标保证金(后转为履约保证金)后，长富广场公司同意莫志华承建该项目，但是同时还提出莫志华必须以具有二级建筑资质的公司名义投标、签订合同和报建。2003年4月30日，莫志华与深圳市东深工程有限公司(以下简称东深公司)签订了《长富商贸广场工程合作协议》，确立了双方在东莞市长富商贸广场工程项目上的挂靠承包关系。同年5月11日，莫志华以东深公司的名义与长富广场公司签订《长富广场工程初步协议》，约定由莫志华承建的工程分为三部分：第一部分为设计面积为80 523 m²的商住楼及地下室部分工程；第二部分为步行街街景及设施；第三部分为电力安装工程，莫志华在同等条件下具有优先承包权。莫志华与长富广场公司又分别于同年的5月19日和5月21日签订《东莞市建设工程施工合同》及《大朗长富商贸广场工程施工合同》，然而上述施工合同的工程造价以初步设计图纸粗略估算而来，是不真实的。长富广场公司与莫志华约定先行施工，工程造价则按照经会审后的设计施工图纸按实结算。在交付了270万元的履约保证金后，莫志华从2003年6月23日进场施工至2003年年底，共计投入了550万元的现金以及价值约300万元的设备材料，期间长富广场公司却没有支付任何的工程进度款。从2003年下半年开始，建材价格不断大幅度涨价，工程造价成本大幅度提高。尽管莫志华多次与长富广场公司就造价调整进行协商，但双方均未达成协议。在这种情况下，莫志华仍积极采取措施，保证正常施工。截至2005年3月31日，莫志华完成了3层1栋、4层1栋、6层1栋、12层2栋、16层2栋共70 522 m²建筑面积的全部土建工程，12 800 m²的地下室工程以及其他约定和增加、变动的工程，仅余下12层2栋和16层2栋裙楼以下小部分室内和外墙工程因长富广场公司停止支付工程款而未完成。莫志华实际已完成了相当于 76 291 753.51 元的工程量，然而长富广场公司仅支付了 57 860 815.68 元的工程款，仍欠莫志华工程款 18 430 937.83 元。在双方合作过程中，长富广场公司没有将步行街街景及设施工程发包给莫志华，又剥夺了莫志华对该项目第三部分的电力安装工程的优先承包权；未按照约定追加工程投资款，反而要求莫志华承担建筑材料大幅涨价所造成的后果；长富广场公司没有及时确定有关工程修改方案，导致工程工期严重延误，增加了莫志华的成本；在工程尚未交付和进行任何验收的情况下，强行将部分建筑交付使用，严重违法并影响了工程工期。综上所述，莫志华请求一审法院判令：①长富广场公司向莫志华支付工程款 18 430 937.83 元及该款从起诉之日到付清之日期间的利息（利率按人民银行规定同期同类贷款利率）；②长富广场公司向莫志华退还履约保证金 270 万元及自该保证金交付日至返还日利息（利率按人民银行规定同期同类贷款利率）计至 2005 年 3 月 31 日，为 278 302.5 元，③长富广场公司承担本案诉讼费及鉴定费。

东深公司一审诉称，2003 年 4 月，莫志华与东深公司签订《长富商贸广场工程合作协议》。2003 年 5 月，莫志华以东深公司的名义与长富广场公司签订《长富广场工程初步协议》。现莫志华以挂靠承包建筑工程违反国家相关法律为由，向法院起诉要求解除与长富广场公司的合同，并要求长富广场公司支付工程款和退还履约保证金及相关利息。为了保护自身的合法利益，东深公司特向法院起诉，请求一审法院依法判令：①长富广场公司向东深公司支付工程款 18 430 937.83 元及该款从起诉之日到付清之日期间的利息（利率按人民银行规定同期同类贷款利率），并将上述款项付至东深公司的账户；②长富广场公司向东深公司退还履约保证金 270 万元及该保证金自交付之日至返还日的利息（利率按人民银行规定同期同类贷款利率）计至 2005 年 3 月 31 日，为 278 302.5 元，并将上述款项付至东深公司的账户；③长富广场公司承担本案全部诉讼费。

### 2. 被告反诉

长富广场公司于一审反诉并答辩称，其与东深公司最后约定工程总造价约为 5 480 万元，合同工期由 2003 年 6 月 1 日至 2004 年 7 月 31 日，共计 420 天。其严格按照约定履行了付款义务，已经实际支付工程款 57 166 406.48 元，但是东深公司无理停工，提前退出项目工程的施工，没有最后完成工程任务，东深公司的违约行为已经给长富广场公司造成了巨额经济损失。长富广场公司认为莫志华可能与东深公司串通，编造合同文件，以达到废除长富广场公司与东深公司签订的合约、规避法律责任和逃避合同责任的目的。故请求一审法院判令东深公司、莫志华：1）返还工程款 4 871 657.84 元；2）赔偿长富广场公司其他经济损失 2 918 177.97 元，其中包括：①垫付工程款的利息 236 177.97 元，从 2004 年 8 月 1 日计至 2005 年 6 月 1 日（以后顺延计算）；②工程逾期交付违约金 1 818 000 元（按照每天 6 000 元计算，从 2004 年 8 月 1 日至 2005 年 6 月 1 日）；③被查封价值 1 500 万元房产经济损失 864 000 元（自 2005 年 8 月 23 日被查封时起至被解封日止，损失比照银行同期贷款暂计至 2006 年 8 月 23 日）；3）承担本案的诉讼费用。

莫志华、东深公司均未对长富广场公司的反诉提出答辩。

### 3. 法院调查及判决

广东省东莞市中级人民法院一审查明：2003 年 4 月 30 日，莫志华与东深公司订立《长富商贸广场工程合作协议书》，协议由莫志华以东深公司的名义与建设单位签订大朗商贸广场工程施工合同，东深公司的权利义务由莫志华实际享有和承担，莫志华向东深公司缴纳工程造价的 1.5% 的费用作为东深公司工程管理费。2003 年 5 月 13 日，东深公司与长富广场公司订立《长富广场工程初步协议》。2003 年 5 月 19 日，东深公司与长富广场公司签订《东莞市建设工程施工合同》。2003 年 5 月 21 日，东深公司与长富广场公司订立《大朗长富商贸广场工程施工合同》，工程范围为：东莞市大朗长富商贸广场的土建工程（不包括二次装修工程，但包含内墙身、天花找平层压光、天花线管预留到位）、给排水工程、防雷工程（包括基本防雷设施及阳台护栏、金属部件、铝窗的防雷施工）、地下室装修工程、公共楼梯装修工程等。建筑总面积为 80 523 m²，工程总量按双方及设计单位、监理单位综合会审后确定的施工图纸为准，按施工图纸施工。东深公司的施工除包括该工程施工所需的所有必要工作、管理、开支外，还包括为工程施工而必须配套的临时设施、环保设施临时工程及政府对承包人的收费等。合同确定工程造价为 5 480 万元，现行定额仅作为造价计算的参考，除合同规定可以调整的情况外，任何市场价格行情的变化都不能成为调价的理由。工程土建部分及安装部分，根据广东省建筑工程预算定额广东省《2001 预算定额》，安装部分按照广东省《2002 预算定额》进行编制，并参照东莞市 2002 年第六期东莞工程造价管理信息及东莞市现行材料价格，土建工程按照三类工程标准计费，其余工程按照相关规定计费。工程造价除合同另有约定外均下浮 16.5% 计算。所有预算外的其他费用如：设备、人员进退场费、防护网费、卫生费、取土资源费、弃土费、相邻承包人之间的施工干扰等，已由承包人在议标报价时一起综合考虑于造价下浮率中，结算时不得计算，文明施工费已在合同价预算中。工程造价计算规定：如合同文件与定额站公布的解释有冲突，以合同文件为准。预算包干费的内容：施工雨水的排除、因地形影响造成的场内料具二次运输、完工清场后的垃圾外运、施工材料堆放场地的整理、水电安装后的补洞工料费、工程成品保护费、施工中临时停水停电、基础的塌方、日间照明增加费（不包括地下室和特殊工程）、场地硬化、施工现场临时道路。合同约定，如果东深公司将工程转包给其他单位和个人，长富广场公司一经发现，立即解除合同，并没收履约保证金，并且由东深公司承担长富广场公司因此产生的所有损失。合同确定工程的工期为 420 天，东深公司不按照合同的规定开工或不按照批准的施工方案和施工计划施工，造成施工进度严重滞后，长富广场公司和监理工程师书面通知勒令其改正，而 14 天内仍未采取改正措施，长富广场公司有权解除合同并没收履约保证金或重新调整合同施工范围，并且由东深公司承担长富广场公司因此产生的所有损失。由于东深公司的责任造成工期拖延时，每拖延一天，给予 6 000 元的处罚。东深公司在附件一中声明：如果履行合同中出现有关国家政策、法规、定额、价格、行业标准的编号涉及调整工程价款，除合同规定允许调整的情况外，自愿维持合同的规定不变，自愿放弃因上述的变化而追加费用的权利。对于双方签订的《东莞市建设工程施工合同》，双方确定只是给东深公司作办理报建等手续使用，一切合同条款的履行均以《大朗长富广场工程施工合同》为准。上述协议签订后，莫志华于 2003 年 6 月 23 日开始施工，长富广场公司中途设计变更及增加了部分工程。在工程施工过程中，由于材料涨价等原因，莫志华、东深公司与长富广场公司多次协商未果，在东莞市建设局的协调下，东深公司承诺退场。由于对已完成工程的造价产生争议，莫志华、东深公司遂提起诉讼。涉案工程在诉讼前没有进行造价结算，莫志华在诉讼过程中提出了对工程造价进行鉴定的申请。在诉讼中，莫志华确认长富广场公司已支付工程款 57 860 815.68 元。

一审法院另查明，莫志华以清远市清新建筑安装工程公司东莞分公司的名义于 2003 年

4 月30 日通过中国建设银行汇款 50 万元给东莞市长和物业投资有限公司，进账单载明票据的种类为工程投标保证金。莫志华于 2003 年 5 月 23 日以东莞市金信联实业投资有限公司的名义通过广东发展银行东莞分行汇款 220 万元给长富广场公司。莫志华于 2003 年 6 月 27 日以清远市清新建筑安装工程公司东莞联络处的名义通过广东发展银行东莞分行汇款 30 万元给长富广场公司，进账单载明票据种类为预交报建费。

一审法院根据长富广场公司的申请向东莞市建设局调取了如下证据：建筑企业项目经理暂代证、单项工程备案确认书、外籍企业单项工程备案表、外籍企业进莞承接工程项目备案登记表、向东莞市大朗镇人民政府城建规划办公室调取的涉案工程备案的图纸一套。对一审法院向东莞市建设局调取的证据，莫志华、东深公司均不予确认。对一审法院向东莞市大朗镇人民政府城建规划办公室调取的图纸，各方当事人均予确认。

由于各方当事人在一审诉讼中对工程款的数额未能达成一致意见，莫志华申请一审法院委托有资质的结算部门对其所做的工程价款进行结算。一审法院根据当事人的申请委托了东莞市华城工程造价咨询有限公司对莫志华所做的工程进行结算。东莞市华城工程造价咨询有限公司根据法院的要求出具了两份工程造价鉴定书，一份是按当事人在合同中约定的计价办法、包干价及调幅比例进行结算：工程含税总造价为 52 989 157.84 元（包括增加、减少及未完成工程）。另一份是按实际完成的工程量及建筑工程类别，参照定额及材差（未考虑合同中下浮 16.5% 的约定）结算：含税总造价为 69 066 293.11 元，其中利润为 1 518 306.67 元，税金为 2 228 340.07 元。

工程造价鉴定书作出后，一审法院开庭质证，对于鉴定机构确定的工程量，各方当事人均无异议。各方的异议主要有：莫志华对按合同结算的工程造价鉴定书不予质证。对按实结算的工程造价鉴定书的意见为：对于工程造价鉴定确定的建筑面积及工程量没有异议。对于长富广场公司指定的原材料，应按当时的成本价（采购成本＋运输成本），对于没有指定的原材料价格，应当统一按市场价或东莞市建设局公布的信息价计算。其中：①长富广场公司指定企石沙场的河沙，应按当时市场价每立方米 56.67 元计价；长富广场公司指定樟木头铁路石场及大岭山铁路石场的碎石，应按当时的市场价每立方米 71.67 元计价；以上两项合计少计价款为 1 220 933.10 元；②长富广场公司指定外墙所有文化砖、纸皮砖等装饰材料使用东莞唯美陶瓷厂定做的产品，上述装饰材料的价格应按厂方当时的报价计算。其中文化砖应按每平方米 130 元计算，纸皮砖应按每平方米 60 元计算，此两项合计少计价款为 1 955 805.44 元；③工程抗渗膨胀砼采用 UBA 低碱高效膨胀剂，UBA 膨胀剂的单价按 2003 年及 2004 年的市场价格 1 650 元/t，而非 900 元/t，因此应补 C30 及 C25 膨胀砼的价差 370 499.22 元，④2004 年东莞市排气管道（创 TGWE9 型）及排烟管道（TGCA6 型）的成品市场价为 80 元/m，而非排气管道 65 元/m 及排烟管道 33 元/m，应补价差 67 605.8 元；⑤C 栋独立费表（一）第 2、3 项及独立费表（二）所列费用 150 620 元未经双方确认，应以单独项目列出作为有争议的工程处理，不能作为确定的费用直接结算，该费用应从总额中剔除；⑥对于双方确认的增加工程结算应作单独项目工程按双方已确认的价格进行计算，无须按定额执行计算，双方已确认的价格为 1 385 456.31 元，对比应补计工程款 64 万元；⑦增加计算行政事业收费，该项费用有关部门已收取共 531 696 元，所以应补回此部分费用。另外，应补回社保金 66 837 953.10元 × 2.9% ＝ 1 938 300.64 元；⑧漏计的费用共 350 000 元，包括："三通一平"施工现场填碎石 4 500 m³，费用为 49 500 元；材料二次运输费 239 300 元；9 个月的材料堆放费 61 200 元；⑨按实结算的工程造价鉴定书中确定的利润 1 518 306.67 元没有根据。

东深公司认为双方所签合同因涉及挂靠而无效，因此按合同结算的工程造价鉴定书缺乏合法性。对按实结算工程造价鉴定书，东深公司基本同意莫志华的意见。

长富广场公司对涉案工程量的鉴定基本上没有异议，但认为基坑支护部分属于施工措施，不是增加的工程量。

东莞市华城工程造价咨询有限公司作出如下回应：①莫志华提到的沙石，由于没有具体品牌，故按照建委公布的信息价计算；②外墙砖是到唯美公司咨询的价格，并非市场价；③由于双方没有指定品牌的膨胀砼，故按照当时的市场价以及在网上查询的信息以平均价 1 200 元/t 计价；④因排气管道及排烟管道无指定品牌，故以建委公布的信息价计算，如果莫志华能够提供购买单据，法院对此单据予以认可，可以该单据计价；⑤C 栋独立费扣除 10 万元的原因是 C 栋没有完工就退场了，而现场清理是需要费用的，该费用是酌定的；⑥莫志华提出的行政事业收费问题，是作为成本来计算的，由于莫志华没有提交这些单据，故造价未计算该部分；⑦莫志华提出的漏计的费用，是包括在包干费中的；⑧增加工程的问题，有部分工程是双方协商确定的，在按合同结算的工程造价鉴定中，是按照双方协定计价的，在按实结算的工程造价鉴定中，是按照实际完成的工程量计价的；⑨对于长富广场公司提到的基坑支护问题，该部分造价已经单列出来，由法院确定是否计入工程总造价。

一审法院认为，综合本案案情及需判决的事项归纳成以下几个焦点：①本案的合同效力问题；②本案工程款如何确定；③长富广场公司的反诉请求应否支持；④莫志华已交纳的履约保证金 270 万元应否由长富广场公司返还；五是东深公司的诉讼请求应否支持。

（1）关于本案合同的效力问题

本案莫志华与东深公司在一审庭审及诉讼中自认莫志华挂靠东深公司承建涉案工程的事实，根据《建筑法》第 12 条："从事建筑活动的建筑施工企业、勘察单位、设计单位和工程监理单位，应当具备下列条件：①有符合国家规定的注册资本；②有与其从事的建筑活动相适应的具有法定执业资格的专业技术人员；③有从事相关建筑活动所应有的技术装备；④法律、行政法规规定的其他条件"及第 26 条："承包建筑工程的单位应当持有依法取得的资质证书，并在其资质等级许可的业务范围内承揽工程。禁止建筑施工企业超越本企业资质等级许可的业务范围或者以任何形式，用其他建筑施工企业的名义承揽工程。禁止建筑施工企业以任何形式允许其他单位或者个人使用本企业的资质证书、营业执照，以本企业的名义承揽工程"之规定，莫志华作为自然人，不具有承包建筑工程的资质，莫志华挂靠有资质的建筑施工企业东深公司承包工程，违反了上述法律的强制性规定。根据《合同法》第 52 条：……"有下列情形之一的，合同无效：……（5）违反法律、行政法规的强制性规定"及最高人民法院《关于审理建设工程施工合同纠纷案件适用法律问题的解释》第 1 条："建设工程施工合同具有下列情形之一的，应当根据合同法第 52 条第（5）项的规定，认定无效：……（2）没有资质的实际施工人借用有资质的建筑施工企业名义的。"东深公司与长富广场公司签订的《长富广场工程初步协议》、《东莞市建设工程施工合同》及《大朗长富商贸广场工程施工合同》依法应认定为无效。根据两原告之间订立的《长富商贸广场工程合作协议书》中约定的："甲乙双方必须保证本协议内容不得对外泄露，严格保密……"，结合在《长富广场工程初步协议》中载明的乙方为东深公司、《大朗长富商贸广场工程施工合同》上载明的承包人为东深公司、《东莞市建设工程施工合同》上载明的承包人为东深公司、有关施工现场签证单中施工单位、工程联系单中的收件单位均署名东深公司、有关工程造价协商往来文书中载明的收件单位是东深公司项目经理部、主体分部(子分部)工程验收记录中施工单位一栏签章者为东深公司、隐蔽工程载明的施工单位为东深公司、工程移交单中载明的移交单位为东深公司、东深公司大朗长富商贸广场工程项目经理部、长富广场公司提交的收款收据表明涉案工程进度款是向东深公司支付的、在有关协调会议中莫志华是以施工单位东深公司工作人员的名义参加的,即使是莫志华所提交的借条及借据也均是以东深公司大朗长富商贸广场工程项目经理部的名义借的。以上证据及事实表明,在合同的签订和履行过程中与长富广场公司发生法律关系的是东深公司,同时莫志华与东深公司未能提供充分的证据证明长富广场公司对于莫志华与东深公司之间的挂靠关系知情。因此,本案导致合同无效的根本原因在于莫志华与东深公司,东深公司明知莫志华无建筑资质而仍让其挂靠承建工程违法却仍然实施了上述行为,故应承担全部过错责任。

(2)本案工程款如何确定问题

《合同法》第 58 条规定:"合同无效或者被撤销后,因该合同取得的财产,应当予以返还;不能返还或者没有必要返还的,应当折价补偿。有过错的一方应当赔偿对方因此所受到的损失,双方都有过错的,应当各自承担相应的责任。"本案莫志华与东深公司要求是请求长富广场公司支付工程款,而长富广场公司取得的是莫志华与东深公司将劳动和建筑材料物化的建筑物。鉴于建设工程合同的特殊性,尽管合同被确认无效,但已经履行的内容不能适用返还的方式使合同恢复到签约前的状态,故只能按折价补偿的方式处理。但如何执行,各方当事人未能达成一致意见。如前所述,导致本案合同无效的原因在莫志华与东深公司,莫志华、东深公司不应因由其过错而导致合同无效反而获得比如期履行有效合同还要多的利益,同时,鉴于长富广场公司对于已完成工程的质量未提出异议,因此,本案虽然合同无效,但仍应按照实际完成的工程量以合同约定的结算办法来计算工程造价,增加、减少或变更的工程造价应参考合同约定及鉴定单位通常做法来计算,一审法院只能参照合同约定和参考专业机构鉴定结论来确定。

本案中共有两份合同,分别是 2003 年 5 月 19 日用于备案的东莞市建设工程施工合同(以下简称备案合同)和 2003 年 5 月 21 日的大朗长富商贸广场工程施工合同。合同结算时应以哪份合同为准,莫志华、东深公司主张以 2003 年 5 月 21 日的大朗长富商贸广场工程施工合同为准。长富广场公司称如判决应以备案合同为准,如调解应以 2003 年 5 月 21 日的大朗长富商贸广场工程施工合同为准。但长富广场公司对于按合同结算的工程造价鉴定书中鉴定公司确定的 2003 年 5 月 21 日的大朗长富商贸广场工程施工合同为结算的依据并无提出异议。可认定 2003 年 5 月 21 日的大朗长富商贸广场工程施工合同反映了各方当事人的真实意思表示,因此,应以 2003 年 5 月 21 日的大朗长富商贸广场工程施工合同作为本案结算的依据(以下所称的合同均指 2003 年 5 月 21 日的大朗长富商贸广场工程施工合同)。

一审法院委托了东莞华城工程造价咨询有限公司对工程造价进行结算,结论为:按合同结算的工程造价是 52 989 157.84 元。由于合同规定了所有工程价款的应缴税金,包括:营业税、教育费附加、城市建设维护税、代征所得税,均由承包人向税务部门交纳,所有预算外的其他费用,如:设备、人员进退场费、防护网费、卫生费、取土资源费、弃土费、相邻承包人之间的施工干扰等,已由承包人在议标报价时一起综合考虑于造价下浮率中,结算时不得计算,因此,有关的行政事业收费已经包括在合同价内,莫志华提出的增加计算行政事业收费 531 696 元的请求不予支持。由于未能举证证明,因此对于莫志华提出的增加社保金 1 938 300.64 元的请求,一审法院不予支持。关于长富广场公司提出的基坑支护不属实体工程,而是施工措施的问题。经咨询鉴定机构,基坑支护属于一项实体工程,因此,基坑支护应该作为增加工程,其造价应计入工程造价。关于莫志华对鉴定机构对有些材料以市场询价计算提出异议,要求以其购买价及运输价的总和计算材料价的问题。由于合同中已经固定了上述材料的产地及规格,而合同在"2.7 材料价格的确定"中规定,"本工程的材料按照本合同 2.6 中所列材料的价格计算,结算时不得调整",这就意味着订立合同时,合同价格已经规定了上述结算时的取价办法,因此,对于莫志华要求增加河沙及碎石价款的请求,一审法院不予支持。因鉴定单位的鉴定人员是具有专业知识的人员,鉴定程序合法,因此,鉴定机构以市场询价计算定额中未能涉及的材料价格,并无不当,对莫志华要求增加文化砖、纸皮砖等装饰材料、排气管道及排烟管道及 C30 和 C25 膨胀砼的价差请求,一审法院不予支持。关于莫志华提出的 C 栋独立费表中涉及的减少工程问题,在按合同结算的造价结算中,包括了清场及垃圾外运等的费用 10 万元,由于 5 月 21 日的合同约定了预算包干费用包括了完工清场后的垃圾外运,因此,鉴定机构扣减该部分费用符合合同的约定。至于 C 栋独立费表中扣减及修补洞口 12 030 个和扣减混凝土 10 m³ 的费用,该工程量有长富广场公司提供的由东深公司、长富广场公司及监理公司东莞市粤建监理工程有限公司共同盖章确认的《长富广场未完成工程量(实量)》为据,作为未完成的工程,应当在计算工程造价时扣减该部分的费用,莫志华要求补回 C 栋独立费表中涉及该部分费用的主张,缺乏依据,一审法院不予支持。关于莫志华提出的增加现场签证费 350 000 元,莫志华提交了 2003 年 9 月 17 日及 2004 年 10 月 30 日的施工现场签证单来证明。鉴于签证单上"东莞市粤建监理工程有限公司"一栏虽有工程师签名但该公司没有盖章,长富广场公司不予确认,而莫志华未能提供证据证明签名的工程师系东莞市粤建监理工程有限公司现场监理人员,因此,莫志华的该项证据不能证明该部分费用属其已支出且经长富广场公司同意支付的,对莫志华的该项请求,予以驳回。经询问东莞市华城工程造价咨询有限公司,莫志华针对按实结算的工程造价鉴定书提出的其他意见对于按合同结算的工程造价没有影响。综上,涉案工程总价款为 52 989 157.84 元。

(3)莫志华、东深公司关于支付工程款的请求应否支持

最高人民法院《关于审理建设工程施工合同纠纷案件适用法律问题的解释》规定支付工程款的前提条件是工程经竣工验收合格。涉案工程作为公共产品,其质量是否合格不能仅仅依据各方当事人的确认,需要经过建设行政主管部门依法验收方能确定。由于莫志华拒绝提供施工资料,涉案工程无法进入竣工验收程序,同时,莫志华请求支付工程款,就负有证明其所作工程经竣工验收合格的责任,现莫志华不配合竣工验收,对其要求支付工程款的诉讼请求,依法予以驳回。

(4)莫志华已交纳的履约保证金 270 万元应否由长富广场公司返还

莫志华提交了 2003 年 4 月 30 日中国建设银行进账单、2003 年 5 月 23 日的广东发展银行东莞分行进账单、清远市清新建筑安装工程公司东莞分公司出具的证明、东莞市金信联实业投资有限公司出具的证明,用以证明其支付了 270 万元的履约保证金。长富广场公司对两份进账单的真实性无异议,认为其收到了上述履约保证金,但对于清远市清新建筑安装工程公司东莞分公司出具的证明、东莞市金信联实业投资有限公司出具的证明的真实性不予确认,认为上述证明不能证明履约保证金属莫志华所有,而东深公司确认 270 万元的履约保证

金属莫志华所有并支付。由于长富广场公司确认其已收到合同约定的履约保证金，而当时签订合同时另一方是东深公司，现东深公司自认上述履约保证金属莫志华所有，因此，应当确认长富广场公司收到的270万元的履约保证金属莫志华所有。由于合同无效，长富广场公司依据合同取得的履约保证金应当返还莫志华，对莫志华要求长富广场公司返还履约保证金270万元的请求，一审法院予以支持。关于履约保证金的利息，由于合同中并无约定，故长富广场公司应从莫志华请求之日即莫志华起诉之日开始支付，利率为中国人民银行规定的同期同类贷款利率。

（5）东深公司的诉讼请求应否支持

对于东深公司请求长富广场公司支付工程款及其利息和退还履约保证金270万元及其利息的问题。由于东深公司出借资质给莫志华承建涉案工程的行为同样违反国家禁止性规定，为无效民事行为，同时东深公司并未承建涉案工程且履约保证金实为莫志华所支付，故对东深公司的诉讼请求，一审法院不予支持。

（6）长富广场公司反诉请求应否支持

长富广场公司已付工程款为57 860 815.68元，莫志华、东深公司应当返还长富广场公司多支付的工程款4 871 657.84元。虽然合同无效，但长富广场公司实际上已垫付了上述的工程款，莫志华、东深公司实际占用了资金，根据公平原则，莫志华、东深公司应向长富广场公司支付垫付工程款的利息。长富广场公司请求莫志华、东深公司返还其多支付的工程款的利息，起算时间为合同约定的竣工日期的第二日即2004年8月1日。由于涉案工程在莫志华、东深公司起诉时并未竣工且合同无效，故应从莫志华、东深公司起诉时即2005年4月20日开始计算上述利息，即莫志华、东深公司应从2005年4月20日起至清偿日止按中国人民银行规定的同期同类贷款利率计付长富广场公司多支付的工程款的利息。长富广场公司反诉要求莫志华、东深公司支付逾期完工的违约金，因合同无效，不存在违约的问题，故对长富广场公司的这一反诉请求，一审法院不予支持。长富广场公司提供了租赁合同以证明其由于莫志华、东深公司未能如期完工所遭受的租金损失，但上述合同未能载明长富广场公司减少部分租赁方租金及部分租赁方未能签订租赁合同是由于莫志华、东深公司未能如期完工所造成，因此，对长富广场公司的该项反诉请求，一审法院不予支持。长富广场公司要求的其他经济损失，由于未能提供证据证明，对其该项反诉请求一审法院也不予支持。

综上所述，依照《合同法》第52条第（5）项、第58条，《建筑法》第12条、第26条、最高人民法院《关于民事诉讼证据的若干规定》第1条、第2条、第71条、第72条及最高人民法院《关于审理建设工程施工合同纠纷案件适用法律问题的解释》第1条之规定，一审法院于2007年11月30日判决：

1）东深公司与长富广场公司签订的《长富广场工程初步协议》、《东莞市建设工程施工合同》、《大朗长富商贸广场工程施工合同》无效。

2）莫志华、东深公司于判决发生法律效力之日起10天内返还长富广场公司多支付的工程款4 871 657.84元及该款的利息（从2005年4月20日起按中国人民银行规定的同期同类贷款利率计至付清日止）。

3）长富广场公司于判决发生法律效力之日起10天内返还莫志华支付的履约保金270万元及该款的利息（从2005年4月20日起按中国人民银行规定的同期同类贷款利率计至付清日止）。

4)驳回莫志华其他的诉讼请求。

5)驳回东深公司的诉讼请求。

6)驳回长富广场公司反诉的其他诉讼请求。

各方当事人如未按本判决指定的期限履行给付金钱义务,应当依照《民事诉讼法》有关规定,加倍支付迟延履行期间的债务利息。本诉诉讼费137 059元、诉讼保全费75 520元、鉴定结算费611 146元共计823 725元,由莫志华承担358 320元,东深公司承担358 320元,由长富广场公司承担107 085元。本案反诉诉讼费44 360元,由长富广场公司(反诉原告)承担16 618元,由莫志华承担13 871元,由东深公司承担13 871元。

### 9.4.4 二审情况

**1. 上诉理由及请求**

莫志华不服一审判决,向广东省高级人民法院提起上诉称:①双方签订的施工合同无效,应该据实结算。2003年5月21日签订《大朗长富商贸广场工程施工合同》为实际施工依据,但并非结算依据。②最高人民法院《关于审理建设工程合同纠纷案件适用法律问题的解释》并没有规定所有未经验收合格的工程不能支付工程款。本案涉诉工程全部单项工程已经验收合格,只是没有进行综合验收,而且长富广场公司已经使用了建设工程。③一审判决违反公平原则。本案双方合同属无效合同,长富广场公司一直与莫志华个人洽谈合同,保证金由莫志华支付,工程施工管理由莫志华负责,长富广场亦向莫志华支付工程款,这些都足以证明长富广场公司一直知道并认可莫志华为实际施工人。一审判决认定合同无效的过错责任全部由莫志华和东深公司承担不当。④一审法院无故超期审理,损害当事人利益。故请求撤销一审判决,支持莫志华的起诉请求。

东深公司亦不服一审判决,上诉称:①长富广场公司对莫志华非法挂靠施工行为是明知的,一审判决东深公司和莫志华承担全部过错责任是错误的。双方签订合同时,长富广场公司就指定施工方项目经理为莫志华,合同附件中莫志华的《项目经理证书》也显示其并非长富广场公司员工。而且施工期间,长富广场公司将4 000多万元工程款汇入莫志华的指定账户,这些都说明挂靠施工行为是长富广场公司积极促成的。②一审判决在认定工程造价上存在错误。本案合同无效,一审法院再依照无效合同办理结算,在逻辑上存在矛盾。莫志华在编制施工预算报价时,图纸尚未最后完成,存在严重的缺项,施工单价也明显低于施工成本,按无效合同办理结算,显失公平。③长富商贸广场工程已实际交付使用,已基本销售完毕。依照合同约定,应视为验收合格。④一审判决东深公司与莫志华共同清偿长富广场公司487万元工程款不符合法律规定,应该先以挂靠者的资产清偿债务,被挂靠人承担补充清偿责任。

故请求:撤销一审判决第2)、3)、5)项,改判准许东深公司的诉讼请求。

**2. 被上诉方答辩**

长富广场公司针对莫志华的上诉答辩认为:①依照最高人民法院《关于审理建设工程施工合同纠纷案件适用法律问题的解释》第21条的规定,本案应适用经备案的建设施工合同作为本案审计评估的结算依据。②一审法院已经对涉案双方关于结算工程款问题进行了实质的处理,不存在一审法院实质性驳回莫志华请求支付工程款的事实。③涉案工程在洽谈、正式合同签署、工程质量验收、工程款支付、工程退场、工程尾项处理、工程纠纷洽商以及东莞市建设局协商处理都是由东深公司出具介绍信、签订涉案合同、提供收款银行账号、收据、组织派人处理的，莫志华与东深公司签订的挂靠承包合同是一秘密协议，泄露该协议的违约处罚是 10 万元。这些都证明挂靠承包的全部过错责任应由莫志华及东深公司承担。④由于莫志华非法挂靠和扰乱建筑市场行为造成涉案物业至今都无法竣工备案，形成巨大的社会隐患。请求二审法院维护长富广场公司的合法权益。

长富广场公司针对东深公司的上诉答辩认为，东深公司推定长富广场公司应当知道非法挂靠行为没有事实依据，一审法院认定涉案工程造价及处理方式基本程序是公平、合法的。一审判决认定东深公司对涉案返还工程款承担连带责任合理、合法。请求二审法院维护长富广场公司利益。

**3. 二审法院调查与判决**

二审法院查明的事实与一审法院查明的事实相同。

二审法院认为，莫志华以东深公司的名义与长富广场公司签订的《大朗长富商贸广场工程施工合同》等合同，违反了《建筑法》第 26 条第 2 款的规定，应确认为无效合同。鉴于建设工程合同的特殊性，双方无法相互返还，故只能按折价补偿的方式处理。从现有证据来看，并无证据显示长富广场公司在签约及履约过程中知道莫志华挂靠东深公司进行施工，因此，造成合同无效的过错责任应由莫志华和东深公司承担。

关于莫志华、东深公司提出合同无效，长富广场公司清楚挂靠事实，也存在过错，已完成的工程应按实结算的问题。无论签约还是履约过程中，莫志华都以东深公司项目经理的名义出现，莫志华的行为都代表东深公司，长富广场公司与莫志华协商有关工程事宜，依照莫志华的指令支付工程款都不能证明长富广场公司知道莫志华与东深公司之间的挂靠关系，莫志华、东深公司认为长富广场公司知道他们之间的挂靠关系证据不足，不予采纳。本案一审法院委托中介机构对已完成工程分别按合同及按实进行了结算，按实结算的工程造价远高于按合同价结算的工程造价。由于长富广场公司没有过错，讼争工程又已实际使用，那么依照公平和诚实信用原则，本案的处理就不能让无过错方长富广场公司承担合同外的损失。而且比照最高人民法院《关于审理建设工程施工合同纠纷案件适用法律问题的解释》第 2 条的规定，可以得出如下结论：除非合同无效的原因归于价格条款违反法律、行政法规的强制性规定，否则无效的施工合同仍应按照合同的约定确定工程造价。故一审法院比照原合同约定确定已完成工程的造价是正确的，予以维持。莫志华和东深公司关于应按实结算工程款的依据不足，不予支持。由于比照合同约定进行结算，长富广场公司已多支付了工程款，因此，莫志华、东深公司请求长富广场继续支付工程款依据不足，亦不予支持。

关于东深公司提出莫志华挂靠其进行经营，因此对于长富广场公司多付的工程款，应由莫志华的资产偿还，东深公司只应承担补充清偿责任，不应承担共同清偿责任的问题。莫志华以东深公司名义与长富广场公司签订合同、进行施工及收取工程款，东深公司亦予以认可，因此，长富广场公司支付的工程款应视为是莫志华和东深公司共同收取的，两者应共同承担还款责任。东深公司的该项上诉请求依据不足，不予支持。

综上，一审判决认定事实清楚，适用法律正确，依法应予维持。依照《民事诉讼法》第 153 条第 1 款第(1)项的规定，二审判决：驳回上诉，维持原判。二审案件受理费 181 419 元，由东深公司、莫志华各承担 90 709.5 元。

### 9.4.5 再审情况

莫志华不服该判决,向法院申请再审称:

1)东莞市华城工程造价咨询有限公司依据合同约定和据实结算分别做出了含税总造价为 52 989 157.84 元的《工程造价鉴定书》(简称合同造价鉴定报告)和工程含税总造价为 69 066 293.11 元的《工程造价鉴定书》两份鉴定结论。原审判决认定工程价款依据的是《合同造价鉴定报告》,该报告未经莫志华质证。根据《民事诉讼法》第 179 条第 1 款第(四)项规定,人民法院认定的主要证据未经质证的,应当再审。

2)《合同造价鉴定报告》存在以下错误:①2004 年 2 月 28 日,双方签订有一份《会议纪要》,该会议纪要明确了双方已达成钢材、水泥两大主要材料差价各承担 50% 的协议,但该份鉴定书没有按照该协议的内容对钢材、水泥的差价予以扣减,遗漏鉴定材料。②该份《工程造价鉴定书》存在对增加工程部分的少计和漏计的情况以及对减少工程存在多计的情况。具体理由见附件《关于大朗长富广场工程 < 工程造价鉴定书 > 按合同结算部分的异议》。③根据《建筑法》第 48 条规定:建筑施工企业必须为从事危险作业的职工办理意外伤害保险,支付保险费。莫志华依法交纳社保金 198 300.64 元,证明莫志华是奉公守法的公民,其依法履行建筑法规定的必须交的保险费。原审法院未能核实,简单以无证据为由不予支持违背事实。

3)2003 年 5 月 21 日《大朗长富商贸广场工程施工合同》结算条款是附条件的条款,在 2003 年 5 月 11 日《长富广场工程初步协议》中长富广场公司承诺将电力安装工程、街景工程、二次装修工程承包给莫志华前提下,工程总造价方能下浮 16.5%,但长富广场公司并没有按此履行,从而使 2003 年 5 月 21 日《大朗长富商贸广场工程施工合同》结算条款失去履行的条件和基础。本案所争议的工程并没有竣工验收,属未完工程。该项工程经过了增加工程、设计变更的情况,莫志华是依据实际完成工程量向长富广场公司主张工程款,该公司也是按实际工程量支付工程款,而不是按约定支付。原审判决依据 2003 年 5 月 21 日《大朗长富商贸广工程施工合同》结算工程款错误。

4)长富广场公司明知莫志华挂靠东深公司承包本案工程,原审法院认定长富广场公司不知情,合同无效的全部责任由莫志华承担错误。根据《民事诉讼法》第 179 条第 1 款第(2)、(4)、(6)项的规定,申请再审。

长富广场公司答辩称,原判决认定事实清楚,适用法律正确,应予维持。

法院再审查明:双方就材差问题,在广东省东莞市建设局的主持下,进行过调解。陈志鹏作为长富广场公司的代表,在大朗长富广场工程会议上表示,长富广场公司除愿意承担两大主材的价差的 50%,约 380 万元,为表示诚意,愿意再多补偿 100 万元给东深公司,即共计约 480 万元。

法院再审查明的其他事实与一审、二审查明的事实相同。

法院认为,本案双方当事人在再审中争议的焦点为:1)原判决对于合同无效后责任的认定是否适当。2)涉案工程款应如何计算。包括:①涉案工程款是应按照合同约定结算还是据实结算;②原审法院采信的《合同造价鉴定报告》是否经过质证;③该鉴定报告对于工程款数额的鉴定是否有误。

**1. 关于原判决对于合同无效后责任的认定是否适当的问题**

双方当事人对于合同无效均不存在争议，但莫志华认为原判决对于合同无效的责任认定有失公正。莫志华认为，长富广场公司对于其挂靠东深公司的行为应当知情，但未提供相应证据证明其主张。从莫志华与东深公司签订的保密协议的内容看，保密协议以外的第三人很难知晓他们之间的挂靠关系。涉案合同的签订主体为长富广场公司与东深公司，长富广场公司提交的收款收据表明涉案工程进度款是向东深公司支付的、且莫志华参加有关协调会议中亦是以东深公司的工作人员身份参加的，莫志华所提交的借条及借据也均是以东深公司大朗长富商贸广场工程项目经理部的名义借款的。以上证据及事实表明，在合同的签订和履行过程中与长富广场公司发生法律关系的是东深公司，而非莫志华。因此，莫志华与东深公司对于合同无效应当承担全部责任，原判决对于合同无效后责任的认定并无不当。即便长富广场公司对此知情，应承担一定的过错责任，也不影响本案的实体处理。过错责任的划分，仅在计算损失赔偿时有意义，对于涉案工程款数额的认定并无影响。依据《合同法》第 58 条的规定，"合同无效或者被撤销后，因该合同取得的财产，应当予以返还；不能返还或者没有必要返还的，应当折价补偿。有过错的一方应当赔偿对方因此所受到的损失，双方都有过错的，应当各自承担相应的责任"。而本案中双方仅对工程款的计算数额存在争议，双方当事人均未提起损害赔偿之诉，因此，过错责任的认定并不影响对于涉案工程款数额的计算。

**2. 关于涉案工程款应如何计算的问题**

（1）关于涉案工程款的计算依据

关于涉案工程款是应按照合同约定结算还是据实结算。鉴于建筑工程的特殊性，虽然合同无效，但莫志华与东深公司的劳动和建筑材料已经物化在涉案工程中，依据最高人民法院《关于审理建设工程施工合同纠纷案件适用法律的解释》第 2 条的规定，建设工程无效合同参照有效合同处理，应当参照合同约定来计算涉案工程款。莫志华与东深公司主张应据实结算工程款，其主张缺乏依据。莫志华与东深公司不应获得比合同有效时更多的利益。涉案工程款应当依据合同约定结算。

（2）关于《合同造价鉴定报告》是否经过质证

莫志华主张《合同造价鉴定报告》未经其质证。2006 年 9 月 6 日，一审法院开庭审理本案，莫志华、长富广场公司、东深公司以及鉴定单位均参加庭审。一审庭审过程中，一审法院要求各方当事人对本案两份鉴定报告发表意见，莫志华对于据实结算的鉴定报告发表意见，对于按合同结算的鉴定报告不认可，因此不予质证。一审法院已将相关证据材料在法庭出示并要求各方当事人互相质证，莫志华主张《合同造价鉴定报告》未经质证与事实不符。

（3）关于鉴定报告对涉案工程款数额的计算是否有误的问题

莫志华主张，鉴定报告存在对增加工程部分的少计和漏计的情况以及对减少工程存在多计的情况。东莞市华城工程造价咨询有限公司已对其异议给予解答。该鉴定机构主体合格且鉴定程序合法，因此，莫志华主张鉴定数额有误，缺乏依据，法院不予支持。

（4）关于长富广场公司是否多支付给莫志华与东深公司 480 多万元工程款

从法院再审查明的事实看，莫志华与长富广场公司曾在东莞市建设局的主持下进行过调解。就 760 万元钢材、水泥价差问题，长富广场公司表示愿意负担 50%，在此基础上，长富广场公司另行补偿 100 万元，两者相加共计约 480 万元，长富广场公司作出该意思表示，同时亦有已多支付 480 万元工程款的行为，应当认定其自愿补偿给莫志华与东深公司的行为，其现又主张莫志华与东深公司退回其多支付的工程款，有违诚实信用原则，法院不予支持。原判决认定莫志华、东深公司返还长富广场公司多支付的工程款 4 871 657.84 元及该款的利息，显属不当，应予纠正。

综上，依照《民事诉讼法》第 186 条第 1 款、第 153 条第 1 款第(3)项之规定，判决如下：

1)撤销广东省高级人民法院(2008)粤高法民一终字第 71 号民事判决。

2)维持广东省东莞市中级人民法院(2005)东中法民一初字第 11 号民事判决第 1)项、第 3)项、第 4)项、第 5)项、第 6)项。

3)撤销广东省东莞市中级人民法院(2005)东中法民一初字第 11 号民事判决第(2)项。

一审案件本诉诉讼费 137 059 元、诉讼保全费 75 520 元、鉴定费 611 146 元，共计 823 725 元，由莫志华负担 358 320 元，东深公司负担 358 320 元，长富广场公司负担 107 085 元；反诉诉讼费 44 360 元，由长富广场公司负担。

二审案件受理费 181 419 元，由莫志华负担 63 496.65 元、东深公司负担 63 496.65 元，长富广场公司负担 54 425.70 元。

本判决为终审判决。

# 9.5　建设工程施工合同纠纷案例 3

## 9.5.1　裁判摘要

最高人民法院《关于审理建设工程施工合同纠纷案件适用法律问题的解释》第 21 条关于"当事人就同一建设工程另行订立的建设工程施工合同与经过备案的中标合同实质性内容不一致的，应当以备案的中标合同作为结算工程价款的根据"的规定，是指当事人就同一建设工程签订两份不同版本的合同，发生争议时应当以备案的中标合同作为结算工程价款的根据，而不是指以存档合同文本作为结算工程价款的依据。

## 9.5.2　案件由来

上诉人(原审原告)：西安市临潼区建筑工程公司

被上诉人(原审被告)：陕西恒升房地产开发有限公司

西安市临潼区建筑工程公司(以下简称临潼公司)与陕西恒升房地产开发有限公司(以下简称恒升公司)建设工程施工合同纠纷一案，陕西省高级人民法院于 2007 年 3 月 19 日作出(2006)陕民一初字第 15 号民事判决。临潼公司不服该判决，向最高人民法院提起上诉。最高人民法院依法组成合议庭于 2007 年 9 月 21 日进行了开庭审理。临潼公司的委托代理人韩松、王东宽，恒升公司的委托代理人翟存柱、郝雅玲到庭参加诉讼。本案现已审理终结。

## 9.5.3　一审情况

### 1. 纠纷产生的原因

一审法院经审理查明：2003 年 3 月 10 日，临潼公司依照约定进入恒升公司位于陕西省西安市建工路 8 号的恒升大厦综合楼工程工地进行施工。同年 9 月 10 日，临潼公司与恒升公司签订《建设工程施工合同》，约定：恒升公司(甲方)将其建设的恒升大厦综合楼项目的土建、安装、设备及装饰、装修和配套设施等工程发包给临潼公司(乙方);开竣工日期:2003年3月10日至2005年9月10日;合同价款:承包总价以决算为准,由乙方包工包料。价款计算以设计施工图纸加变更作为依据。土建工程执行1999定额,安装工程执行2001定额,按相关配套文件进行取费,工程所用材料定额规定需要做差价的以当期信息价为准。定额信息价购买不到的,甲乙双方协商议价,高出定额部分作差价处理。施工现场签证作为合同价款组成部分并入合同价款内;价款支付及调整:工程施工到正负零时,甲方向乙方首次支付已完工程量95%的工程款。正负零以下工程,作为乙方第一次报量期。正负零以上工程,由乙方每月25日将当月工程量报甲方,经其审核后在次月1~3日内将上月所完工程量价款95%支付给乙方;竣工与决算:已完工程验收后,乙方应在15天内提出决算,甲方收到决算后在30天内审核完毕,甲方无正当理由在批准竣工报告后30天内不办理结算,从第31天起按施工企业向银行计划外贷款的利率支付拖欠工程款利息,并承担违约责任;违约与索赔:甲方不按合同约定履行自己的各项义务,支付款项及发生其他使合同无法履行的行为,应承担违约责任,相应顺延工期,按协议条款约定支付违约金和赔偿因其违约给乙方造成的窝工等损失。乙方不能按合同工期竣工,按协议条款约定支付违约金,赔偿因违约给甲方造成的损失;双方施工现场总代表人:甲方何西京,乙方张安明。合同还对双方应负责在开工前办理的事项、材料设备供应、设计、质量与验收等均作了具体明确的约定。

2004年4月5日,西安市城乡建设监察大队对未经招标的恒升大厦综合楼工程进行了处罚,恒升公司即委托临潼公司张安明在西安市招投标办公室补办了工程报建手续,双方所签合同已经备案。诉讼中双方持有的合同,内容区别是有无29-3条。恒升公司持有西安市城市建设档案馆出具的备案合同附有此条。其内容为:本工程为乙方垫资工程,以实结算,实做实收,按工程总价优惠8个点,工程结算以本合同为准。

2005年2月2日,恒升公司与临潼公司、设计单位、监理公司等就恒升大厦综合楼地基与基础分部工程,主体(1—10层)分部工程进行验收,认定该工程为合格工程。11—24层主体工程已完工但未进行竣工验收,恒升公司承认主体已封顶。同年2月26日,临潼公司作出恒升大厦综合楼《建设工程主体完决算书》,决算工程造价为31 020 507.31元,并主张已送达恒升公司,但无恒升公司签收的文字记录及其他证据佐证,恒升公司不予认可。后双方发生纠纷,致使工程于2005年4月停工至今。

一审法院依据临潼公司申请,委托陕西华春建设项目管理有限责任公司对恒升大厦综合楼已完工程造价和截至2006年6月22日的停窝工损失进行鉴定。2006年11月25日,2007年1月12日,陕西华春建设项目管理有限责任公司作出华春鉴字(2006)07号鉴定报告及对该报告的异议答复、补充意见确认:恒升大厦综合楼已完工程造价为20 242 313.44元;2004年4月至2006年6月22日的停窝工损失为346 421.84元。该工程造价中混凝土使用现场搅拌价,且按工程总造价优惠8个点即1 818 793.15元及四项保险费175 452.75元。对该鉴定结论,临潼公司认为该工程造价应依照合同约定采用信息价;商品混凝土应采用购买价;备案合同29-3内容是恒升公司事后添加的,所以优惠8个点即1 818 793.15元没有依据。恒升公司则认为:临潼公司停工的原因完全在于其自身,故停窝工损失根本没有计算的合法依据。

恒升公司主张已支付工程款12 219 182.8元,但临潼公司仅对2004年6月20日、9月15日张安明以工程款内容签收的175万元予以确认。对其他款项一审法院依据庭审质证意见作以下分类：

(1)项下 2 773 932.40 元恒升公司认为全部用于工程，应认定为已付工程款。临潼公司认可该笔款项用于工程，但认为是归还其借款 480 万元。

(2)项下款项共计 680 万元，恒升公司主张依张安明要求支付至陕西致圣装饰工程有限公司(以下简称致圣公司)，因张安明系该公司总经理。对此临潼公司不予认可，认为收款主体非临潼公司。

(3)项下款项 208 410 元，恒升公司主张由于临潼公司施工中不慎造成的支出，应认定为已付工程款。临潼公司认为依照监理公司的签证应由恒升公司承担。

(4)项下款项 686 840.4 元，恒升公司认为临潼公司口头承诺从工程款中予以扣减，应认定为已付工程款。临潼公司认为与本案无关，不予认可。

另查明：临潼公司工地代表张安明，系致圣公司总经理，该公司的法定代表人张宏发与其系父子关系。

**2. 原告起诉理由及诉讼请求**

临潼公司 2006 年 5 月 15 日起诉至一审法院称，2003 年 9 月 10 日，临潼公司与恒升公司签订《建设工程施工合同》，约定：由临潼公司包工包料承包恒升大厦综合楼工程，恒升公司按工程进度向其支付工程价款。工程施工到正负零时，恒升公司向临潼公司首次支付已完工程量 95% 的工程价款。正负零以上工程，由临潼公司每月 25 日报告当月工程量，经恒升公司审核后在次月 1～3 号将上月所完成工程量价款 95% 支付给临潼公司。若恒升公司不能依约支付工程款项，应赔偿因违约给临潼公司造成的损失，并支付逾期付款利息。临潼公司先后完成正负零以下工程、大厦主体工程，经验收均为合格，但恒升公司仅付工程款 284 万元。故请求：判令恒升公司立即支付拖欠的工程款 29 480 391.06 元及逾期利息 2 825 417 元；判令恒升公司赔偿临潼公司停、窝工损失 200 万元；判令恒升公司承担本案诉讼费用。

**3. 被告答辩**

恒升公司辩称，双方签订《建设工程施工合同》属实，但对该工程进行施工的不是临潼公司，而是借用临潼公司资质的个人包工头张安明。本案合同项目为商业、住宅用途的商品房，关系社会公共利益、公共安全，但对施工单位的选定却未进行招标投标工作，违反了法律、法规的强制性规定，本案合同应当认定无效，临潼公司主张的利息及损失的诉讼请求依法应予驳回；在施工过程中恒升公司多次替张安明支付材料款、水电费，并将部分工程款支付至其指定的致圣公司。截至目前，恒升公司支付的各项工程款为 12 219 182.8 元，但张安明从未按合同约定向恒升公司申报过工程量及申请支付工程款，故对造成的拖欠工程款、停窝工损失不承担责任。

**4. 一审法院审理及判决**

一审法院经审理认为：临潼公司与恒升公司双方签订并经西安市城乡建设委员会备案的建设工程施工合同，系双方当事人真实意思表示，张安明作为工地负责人组织施工，该工程应视为临潼公司实施完成，该合同内容不违反法律、行政法规的强制性规定，应依法有效。审理中双方当事人持有的合同内容不同，但鉴于备案合同手续是由临潼公司工地代表张安明办理，且一审法院对备案合同中有关 29-3 条内容到西安市城市建设档案馆进行了核查，故对备案合同应予以认定并作为结算依据。依照合同中对工程所用材料约定，定额规定需要做差价的以当期信息价为准，而混凝土不属于需要做差价的材料，不能采用信息价。一审庭审中，临潼公司未提供外购商品混凝土的相关证据，涉案工程也不在政府强制使用商品混凝土的范围内，故鉴定结论中混凝土采用现场搅拌价计算恒升大厦已完工程造价依据充分，临潼公司主张采用信息价计算造价及商品混凝土采用购买价的理由不能成立。同时该报告依据备案合同约定在总造价中优惠8个点并扣除四项保险费，符合合同和法律规定，应予采信。临潼公司未提供29-3条系事后添加的相关证据，故其主张不应在总造价中优惠8个点的理由不能成立。鉴定报告确定恒升大厦综合楼已完工程造价为20 242 313.44元，客观真实应予以采信。对于恒升公司已付的175万元工程款双方无争议予以确认。依照合同承包总价以决算为准由乙方包工包料的约定，对于临潼公司认可用于工程的(1)项下内容，因其没有证据证明借款事实的存在，故其主张的恒升公司归还借款的理由不能成立。对于(2)项下款项，恒升公司本应支付至临潼公司，但由于张安明既是临潼公司驻工地代表，又是致圣公司总经理，恒升公司主张应张安明要求支付至此理由成立，对于该公司签收的9笔580万元，应认定为已付工程款。对于2002年12月24日支付的100万元，因发生在双方进场、签订合同之前，且合同中并无预付款的特别约定，故不予认定。对于(3)项下共计208 410元，是临潼公司在施工中不慎发生天然气泄漏事故造成，应以监理公司的签证为依据认定责任，由临潼公司承担。对于租房费用因系工地实际发生费用，亦应由临潼公司承担，应认定为已付工程款。(4)项下共计686 840.4元，与本案工程无关联性，不予认定。综上，恒升公司已付工程款为10 532 342.4元。对临潼公司起诉请求的拖欠工程款利息，因该工程未竣工，工程价款亦未结算，故依据最高人民法院审理建设工程施工合同纠纷案件法律适用的相关规定，应从起诉之日起计算。由于临潼公司未按合同约定申报工程量及申请支付工程款，亦未提供监理公司确认的停窝工证据，故对其主张的停窝工损失不予采信。

据此判决：1)临潼公司与恒升公司签订并备案的《建设工程施工合同》依法有效；2)恒升公司于判决生效之日起30日内支付临潼公司工程款9 709 971.04元及利息(自2006年5月15日起按照同期同类银行贷款利率计息)。逾期履行，按照《民事诉讼法》第232条之规定，加倍支付迟延履行期间的债务利息；3)驳回临潼公司的其他诉讼请求。案件受理费181 539元、诉讼保全费10 520元、鉴定费30万元，共计492 059元，由临潼公司与恒升公司各承担246 029.50元。

### 9.5.4 二审情况

#### 1. 上诉理由及上诉请求

临潼公司不服一审判决，向最高人民法院提起上诉称：①本项工程因周边环境所限，不能在施工现场进行混凝土搅拌作业，整个大厦全部使用商品混凝土，诉讼中恒升公司也没有否认大厦实际使用商品混凝土的事实，只是强调要以实际购买价结算。一审判决按照现场搅拌混凝土价格计算工程造价，有违公平，恒升公司应按照鉴定报告以商品混凝土市场信息价计算的工程款向临潼公司支付工程欠款及利息。②一审判决以临潼公司未按合同约定申报工程量及申请支付工程款，亦未提供监理公司确认的停窝工证据为由，对停窝工损失不予认定明显错误。③恒升公司提交的存档合同文本是经过篡改和伪造的，不能作为定案的依据。双方2003年9月10日签订的《建设工程施工合同》一式四份均经备案，双方各持一份，存档两份。本案中恒升公司开始提供的合同文本与临潼公司提交的合同文本并无差异，在工程造价鉴定结果出来之后又提供添加了29-3款的存档文本。29-3款的字迹明显与前款不同，非一人所写，同时其内容又明显与其他条款相矛盾。④一审判决认定恒升公司已经向临潼公司支付了 1 053 万元工程款与实际不符。其一，（1）项下的 277 万元，临潼公司确实收到该款项，也用于工程建设，但系恒升公司归还之前所借债务。其二，一审判决认定恒升公司向致圣公司支付的 580 万元全部为恒升公司付给临潼公司的工程款是错误的，对于致圣公司收款收据上写明是恒升大厦工程款的 340 万元予以认可。其三，临潼公司是在执行恒升公司指令的施工方案时发生的事故，对此造成的实际损失，恒升公司当时就承诺完全由其承担，此事不仅有监理公司出具字据为证，也有其实际支付相关费用的事实相佐。5）一审判决恒升公司支付欠款利息的起息日不当，恒升公司约定给付工程款而不予给付，即属迟延履行合同义务，利息就应当产生，而不应从临潼公司起诉之日开始计息。为了简化违约利息计算的复杂性，请求从 2005 年 4 月 12 日停工之日起开始计息。故请求撤销一审判决；改判恒升公司支付工程款 22 173 276.52 元及利息，并赔偿停窝工损失 346 421 .60 元；一审、二审案件受理费、保全费、鉴定费由恒升公司承担。

**2. 答辩**

恒升公司答辩称：①临潼公司所主张备案合同 29 - 3 款是擅自添加的上诉理由，既不是事实也无足够的证据支持。备案合同中的 29 - 3 款是双方经过协商同意，由何西京填写的。该合同是施工方代表张安明和建设方代表何西京一起到建委办理的备案手续，张安明对备案合同中填写 29 - 3 款是知道或应当知道的。根据最高人民法院建设工程的司法解释的规定，建设工程施工合同若出现"阴阳合同"，即备案合同和实际履行合同，依法应以备案合同为有效合同并以此办理工程结算。②临潼公司提供不出反映本案所用混凝土是商品混凝土的直接证据，本案所涉工程所在位置也不在政府强制性使用商品混凝土的范围内，完全可以使用现场搅拌。根据一审鉴定单位的补充鉴定意见，本案所涉混凝土应当按现场搅拌价计价。③停窝工损失完全是临潼公司自身原因导致的，因而一审判决不支持临潼公司主张的停窝工损失是正确的。④恒升公司以工程款名义支付给致圣公司的款项应当被认定是本案所涉工程款。临潼公司主张恒升公司支付款项中有 480 万元是归还临潼公司的借款，而临潼公司未提供证据证明借款事实的存在，即便借款成立，也是双方的债权债务关系，与本案无涉，临潼公司应另行起诉。⑤恒升公司提供的证据足以证实本案所涉施工合同是实际施工人张安明借用临潼公司资质签订的，根据相关法律规定应当认定无效。

**3. 二审法院调查与判决**

最高人民法院二审查明：陕西华春建设项目管理有限责任公司 2006 年 11 月 25 日作出的华春鉴字（2006）07 号鉴定报告载明："①恒升大厦已完工程总造价 23 846 047.39 元是在该工程所采用的混凝土为商品混凝土且单价采用实际购买价的情况下计算的结果。这里所说的实际购买价，是指被告所提供的资料'陕西尧柏混凝土有限公司用于华业有限公司的商品混凝土报价单'中的商品混凝土单价。以此单价为依据所鉴定的恒升大厦已完工程总造价相对于其他两种总造价较真实。②恒升大厦已完工程总造价 22 734 914.34 元是在该工程所采用的混凝土为现场搅拌的情况下计算的结果。该工程所在位置不在地方政府强制性使用商品混凝土的范围内，可以使用现场搅拌混凝土，而且比较经济。③恒升大厦已完工程总造价 25 297 208.92 元是在该工程所采用的混凝土为商品混凝土且单价采用当期信息价的情况下计算的结果。""该工程停、窝工时间为自 2004 年 4 月至 2006 年 6 月 22 日，但数量没有建设单位指定的工地代表签证。"2007 年 1 月 12 日对该鉴定报告异议的答复及补充意见载明：

"工程造价中所含的四项保险费应在总造价中扣除,其金额为 175 452.75 元;鉴定报告中的已完工程造价应扣除六层以下及十七层以上部分的 90 厚 GS 板的造价,其金额为 498 355 元。"

另查明:陕西长安工程建设监理有限责任公司(以下简称长安监理公司)出具的《情况说明》载明:"①我项目部监理的恒升大厦综合楼《建设工程施工合同》复印件第 17 页第 29 条增订条款中仅有 29-1 款和 29-2 款。②在 2005 年 4 月 21 日资金专题会议上,双方没有提出垫资与优惠 8 个百分点的问题。"西安市城市建设档案馆存档的一份委托书,内容是恒升公司委托何西京前去西安市建委工程建设审批办公室办理招投标手续。《建设工程项目报建表》上也注明经办人是何西京。2004 年 3 月 15 日临潼公司向恒升公司出具的"法人代表授权委托书",授权张安明为临潼公司办理恒升大厦招投标事宜。

再查明:2004 年 1 月 1 日,临潼公司恒升大厦项目部编制了恒升综合大厦基础筏板砼施工方案,该方案第 5 条明确写到:"采用商品砼,砼配合比的选料要严格控制,水泥用尧柏股份公司尧柏牌 P.O32.5 水泥,自来水。"2004 年 1 月 10 日,长安监理公司经审查同意该施工方案。2004 年 10 月 18 日及 2006 年 2 月 26 日长安监理公司出具的恒升综合大厦主体工程 1—10 层及 11—24 层《质量评估报告》均载明:"对商品混凝土及砌体中用到的砂浆(混合砂浆)均按规范要求留置了足够数量的试块,进行了标准养护,作为评定主体中砼及砂浆强度的依据。"2005 年 6 月 2 日,长安监理公司出具的"关于恒升大厦工程审计过程中需要明确的几个问题"中写明:"砼搅拌现场无堆材料场地,施工中用砼全部为外购商品砼。"临潼公司还提供了在陕西尧柏混凝土有限公司购买商品混凝土的发票。

在二审庭审中,临潼公司提供了西北政法大学司法签订中心作出的鉴定结论:证明存档合同文本中 29-3 条款内容是恒升公司的何西京私自添加的。恒升公司认为:西北政法大学的鉴定结论只能说明 29-3 条款是何西京书写,这一点本身不存在任何异议,根本无须通过鉴定加以证明。

最高人民法院认为:根据临潼公司的上诉请求和庭审调查辩论,双方当事人争议的焦点问题为:①本案所涉工程应以哪个《建设工程施工合同》文本作为结算依据;②一审判决关于混凝土采用现场搅拌价计算恒升大厦已完工程造价是否适当;③恒升公司已向临潼公司支付工程款的数额;④临潼公司主张的停窝工损失是否应得到支持;⑤恒升公司应从何时开始向临潼公司支付所欠工程款利息。

(1)关于本案所涉工程应以哪个《建设工程施工合同》文本作为结算依据的问题

恒升公司与临潼公司于 2003 年 9 月 10 日签订《建设工程施工合同》,2004 年 4 月 5 日在西安市城乡建设委员会进行了备案。双方当事人在一审举证期限内向一审法院提供的《建设工程施工合同》文本内容是一致的,即没有 29-3 条款的内容。长安监理公司出具的《情况说明》也证明《建设工程施工合同》的文本没有 29-3 条款的内容。《建设工程施工合同》第 11 条约定了工程进度款的问题,对具体的工程进度和付款期限做了明确约定,恒升公司自己也主张已向临潼公司支付工程款 12 219 182.8 元,而 29-3 条款的内容与《建设工程施工合同》第 11 条明显矛盾。

最高人民法院《关于审理建设工程施工合同纠纷案件适用法律问题的解释》第 21 条规定:"当事人就同一建设工程另行订立的建设工程施工合同与经过备案的中标合同实质性内容不一致的,应当以备案的中标合同作为结算工程价款的根据。"该条是指当事人就同一建设工程签订两份不同版本的合同，发生争议时应以备案的中标合同作为结算工程价款的依据，而不是指以存档合同文本为依据结算工程价款。恒升公司提交的西安市城市建设档案馆存档的《建设工程施工合同》文本，该合同文本上的 29 - 3 条款是恒升公司何西京书写的，没有证据证明该条款系经双方当事人协商一致。故应以一审举证期限届满前双方提交的同样内容的《建设工程施工合同》文本作为本案结算工程款的依据。一审判决仅凭招投标补办手续档案中有临潼公司向恒升公司出具的"法人代表授权委托书"，认定备案合同手续是由临潼公司工地代表张安明办理并按恒升公司提交的存档合同文本作为工程价款结算根据，缺乏事实和法律依据，最高人民法院应予纠正。

（2）一审判决关于混凝土采用现场搅拌价计算恒升大厦已完工程造价是否适当的问题

根据恒升大厦工程设计施工方案关于采用商品砼的具体要求、长安监理公司工程主体质量评估报告中关于采用商品砼符合规范要求的评估结论、长安监理公司出具的关于全部采用商品砼的情况说明以及临潼公司从陕西尧柏混凝土有限公司购买商品混凝土的发票等一系列证据足以证明本案所涉工程采用的是商品砼而非现场搅拌砼。陕西华春建设项目管理有限责任公司对恒升大厦综合楼已完工程造价作出的华春鉴字（2006）07 号鉴定报告也认为："恒升大厦已完工程总造价 23 846047.39 元是在该工程所采用的混凝土为商品混凝土且单价采用实际买价情况下计算的结果。以此单价为依据所鉴定的恒升大厦已完工程总造价相对于其他两种总造价为真实。"故恒升大厦已完工程总造价应以鉴定结论中的 23 846 047.39 元为依据，对恒升公司以混凝土现场搅拌价格计算工程造价的主张及临潼公司以商品混凝土市场信息价计算工程造价的主张均不予采信。

（3）关于恒升公司已向临潼公司支付工程款的数额问题

一审判决认定恒升公司已付工程款数额为 10 532 342.4 元，临潼公司认为该认定数额错误。临潼公司提出异议的有三个方面，其一是主张恒升公司向其借款 480 万元应从恒升公司的已付工程款中予以扣除。最高人民法院认为：临潼公司的诉讼请求是要求判令恒升公司支付拖欠的工程款及利息，赔偿停、窝工损失。支付工程款与借款是两个不同的法律关系，临潼公司主张将借款 480 万元从恒升公司已付工程款中直接扣除缺乏相应的法律依据，最高人民法院不予支持，临潼公司主张的借款问题应另行解决；其二是临潼公司主张恒升公司支付给致圣公司的 580 万元不应全部认定为恒升公司已付工程款。最高人民法院认为：对于恒升公司已付工程款数额的认定问题，一般来讲，收款人应当是临潼公司，如果是按临潼公司的要求向其他单位付款，恒升公司应出具临潼公司委托付款方面的证据，而恒升公司并没有提供相关证据。鉴于临潼公司已认可其中的 340 万元为恒升公司已付工程款，故恒升公司支付给致圣公司的 340 万元应认定为恒升公司已付工程款；其三是临潼公司主张天然气泄漏事故造成的支出 208 410 元应由恒升公司承担。最高人民法院认为：对天然气泄漏事故造成的支出 208 410 元，应以长安监理公司最后出具的说明为依据，临潼公司主张由恒升公司承担依据不足，最高人民法院不予采信。综上，恒升公司已付工程款的数额应认定为 8 132 342.4 元。

（4）关于临潼公司主张的停窝工损失是否应得到支持的问题

最高人民法院认为：虽然陕西华春建设工程项目管理有限责任公司 2006 年 11 月 25 日出具的鉴定报告中，对于恒生大厦工程停、窝工损失计算为 346 421.84 元，但该鉴定报告也明确说明："该工程停、窝工时间为自 2004 年 4 月至 2006 年 6 月 22 日，但数量没有建设单位指定的工地代表签证。"一审判决以临潼公司未按合同约定申报工程量及申请支付工程款，亦未提供监理公司确认的停、窝工证据，故对临潼公司主张的停、窝工损失不予支持。由于二审中临潼公司也没有提供相关证据支持其主张，故对临潼公司上诉要求恒升公司按鉴定报告计算的 346 421.84 元支付停、窝工损失，最高人民法院亦不予支持。

（5）关于恒升公司应从何时开始向临潼公司支付所欠工程款利息的问题

最高人民法院认为：依照最高人民法院《关于审理建设工程施工合同纠纷案件适用法律问题的解释》第 18 条规定："利息从应付工程价款之日计付。当事人对付款时间没有约定或者约定不明的，下列时间视为应付款时间：1）建设工程已实际交付的，为交付之日；2）建设工程没有交付的，为提交竣工结算文件之日；3）建设工程未交付，工程价款也未结算的，为当事人起诉之日。"合同有约定的，应当遵从当事人约定，只有在当事人对付款时间没有约定或者约定不明的，才分别不同情况适用该条司法解释的规定。从本案双方当事人签订的《建设工程施工合同》的约定来看，约定工程施工到正负零时，甲方向乙方首次支付已完工程量95%的工程款。正负零以下工程，作为乙方第一次报量期。正负零以上工程，由乙方每月25日将当月工程量报甲方，经其审核后在次月1～3日内将上月所完工程量价款95%支付给乙方。故一审判决恒升公司从临潼公司起诉之日起支付工程欠款利息不当，最高人民法院予以纠正。临潼公司主张从 2005 年 4 月 12 日停工之日起支付利息，最高人民法院照准。

综上，根据《民事诉讼法》第 153 条第 1 款第 2）项之规定，判决如下：

1）维持陕西省高级人民法院（2006）陕民一初字第 15 号民事判决第 1）项、第 3）项。

2）变更陕西省高级人民法院（2006）陕民一初字第 15 号民事判决第 2）项为：恒升公司于本判决生效之日起 30 日内支付临潼公司工程款 15 039 897.24 元及利息（自 2005 年 4 月 12 日起按照中国人民银行同期同类贷款利率计息）。

逾期不履行本判决确定的金钱给付义务，应当依照《民事诉讼法》第 232 条之规定加倍支付迟延履行期间的债务利息。一审案件受理费等按一审判决执行；二审案件受理费181 539元，由恒升公司负担72 616 元，临潼公司负担1 08 923 元。

本判决为终审判决。

### 重点与难点

重点：

1. 勘察设计单位的法律义务。
2. 施工单位的法律义务。
3. 建设单位的法律义务。
4. 无效建设工程合同的处理原则。
5. 民事诉讼程序。
6. 财产保全。

难点：

1. 施工单位的法律义务。
2. 民事诉讼程序。
3. 审判监督程序。
4. 财产保全和合同保全的区别。

## 思考与练习

1. 为什么针对同一诉讼案件，不同法院的审判结果时常不一致？

2. 我国现行的审判监督程序有何缺点？应如何改进？

3. 该如何设计解决建设工程合同纠纷的有效机制？

4. 某建筑公司与某开发公司的施工合同纠纷案例

某建筑公司诉某开发公司施工合同纠纷一案，法院终审判决开发公司应在 2008 年 11 月 12 日前一次性支付所欠工程款 300 万元，建筑公司胜诉。但开发公司没有在规定的履行期限内支付欠款。2010 年 9 月建筑公司的领导要求公司有关人员向法院申请强制执行时，有关人员汇报说：公司现在才申请强制执行，已超过规定的 6 个月申请强制执行期限，法院不会再受理了，只能与开发公司协商解决。

问题：

(1) 建筑公司有关人员的说法是否正确，该公司还能否对开发公司的欠款向法院申请强制执行？

(2) 申请强制执行已经生效的民事诉讼判决期间为多长，从何时起算？

(3) 申请执行时效中止、中断的情形有哪些？

# 参考文献

[1] 白非，姚菊芬，赵春兰. 担保法[M]. 杭州：浙江大学出版社，2004.

[2] 黄松有. 担保法司法解释实例释解[M]. 北京：人民法院出版社，2006.

[3] 蔡永民. 比较担保法[M]. 北京：北京大学出版社，2004.

[4] 臧漫丹. 工程合同法律制度[M]. 上海：同济大学出版社，2011.

[5] 罗高举. 担保合同实务[M]. 北京：知识产权出版社，2005.

[6] 徐文虎，陈冬梅. 保险学[M]. 上海：上海人民出版社，2004.

[7] 陈立双，段志强. 保险学[M]. 南京：东南大学出版社，2005

[8] 栗芳，许谨良. 保险学[M]. 北京：清华大学出版社，2006.

[8] 中国法制出版社. 合同法律司法解释判例小全书[M]. 北京：中国法制出版社，2010.

[9] 何佰洲. 工程合同法律制度[M]. 北京：中国建筑工业出版社，2003.

[10] 陈伟珂，黄艳敏. 工程风险与工程保险[M]. 天津：天津大学出版社，2005.

[11] 陈津生. 建设工程保险实务与风险管理[M]. 北京：中国建材工业出版社，2008.

[12] 谢亚伟. 工程项目风险管理与保险[M]. 北京：清华大学出版社，2009.

[13] 宋宗宇. 建设工程合同纠纷处理[M]. 上海：同济大学出版社，2008.

[14] 徐霄枭，朱建君. 建设工程合同纠纷成因分析[J]. 山西建筑，2013，39(19).

[16] 陈科军. 浅谈建筑工程合同纠纷的处理及防范[J]. 经营与管理，2011.18(11).

[17] 法律出版社法规中心. 工程建设法律法规全书[M]. 北京：法律出版社，2014.

[18] 宓群，秦中伏. 建筑工程纠纷解决模式探究[D]. 杭州：浙江大学，2012.

[19] 冯玉军. 法律基础[M]. 北京：宗教文化出版社，2013.

[20] 黄先蓉. 出版法律基础[M]. 武汉：武汉大学出版社，2013.

[21] 魏胜强. 法律基础[M]. 北京：科学出版社，2011.

[22] 杨立新. 民法[M]. 北京：中国人民大学出版社，2011.

[23] 胡雪梅. 民法[M]. 北京：清华大学出版社，2011.

[24] 刘文生，夏露. 工程合同法律制度与工程合同管理[M]. 北京：清华大学出版社，2011.

[25] 王利明，房绍坤，王轶. 合同法[M]. 北京：中国人民大学出版社，2013.

[26] 李旭东，李锴. 合同法[M]. 重庆：重庆大学出版社，2011.

[27] 吴弘，李集. 合同法[M]. 北京：中国政法大学出版社，2011.

[28] 马艳平. 合同法[M]. 北京：中国经济出版社，2013.

[29] 黄彤. 合同法[M]. 杭州：浙江大学出版社，2013.

[30] 朱昊. 建设工程合同管理与案例评析[M]. 北京：机械工业出版社，2008.

[31] 生青杰. 工程建设法规[M]. 北京：科学出版社，2011.

[32] 丁士昭. 建设工程法规及相关知识[M]. 北京：中国建筑工业出版社，2013.

[33] 李启明. 土木工程合同管理[M]. 南京：东南大学出版社，2002.

[34] 刘晓勤. 建设工程招投标与合同管理[M]. 上海：同济大学出版社，2009.

[35] 宇德明. 施工索赔[M]. 北京：中国铁道出版社，2004.